U0352179

# 发光材料
## Luminescent Materials

G. Blasse　B.C. Grabmaier　著

陈昊鸿　李　江　译
陈昊鸿　校

高等教育出版社·北京

图字：01-2017-9143 号

Translation from the English language edition：

*Luminescent Materials*

by G. Blasse and B. C. Grabmaier

Copyright © Springer. Verlag Berlin Heidelberg 1994

This Springer imprint is published by Springer Nature

The registered company is Springer-Verlag GmbH Germany

All Rights Reserved

## 图书在版编目（CIP）数据

发光材料 / （荷）乔治·布拉塞（G. Blasse），
（德）芭芭拉·克丽斯塔·格雷伯梅耶
（B. C. Grabmaier）著；陈昊鸿，李江译. -- 北京：
高等教育出版社，2019.11（2022.11重印）
书名原文：Luminescent Materials
ISBN 978-7-04-052656-1

Ⅰ.①发…  Ⅱ.①乔…  ②芭…  ③陈…  ④李…  Ⅲ.
①发光材料  Ⅳ.①TB39

中国版本图书馆 CIP 数据核字（2019）第 188438 号

| | | | | | | | |
|---|---|---|---|---|---|---|---|
| 策划编辑 | 任辛欣  刘剑波 | 责任编辑 | 刘占伟 | 封面设计 | 杨立新 | 版式设计 | 徐艳妮 |
| 插图绘制 | 于 博 | 责任校对 | 窦丽娜 | 责任印制 | 刘思涵 | | |

| | | | |
|---|---|---|---|
| 出版发行 | 高等教育出版社 | 网　址 | http：//www.hep.edu.cn |
| 社　址 | 北京市西城区德外大街 4 号 | | http：//www.hep.com.cn |
| 邮政编码 | 100120 | 网上订购 | http：//www.hepmall.com.cn |
| 印　刷 | 唐山市润丰印务有限公司 | | http：//www.hepmall.com |
| 开　本 | 787mm×1092mm  1/16 | | http：//www.hepmall.cn |
| 印　张 | 17.5 | | |
| 字　数 | 320 千字 | 版　次 | 2019 年 11 月第 1 版 |
| 购书热线 | 010-58581118 | 印　次 | 2022 年 11 月第 2 次印刷 |
| 咨询电话 | 400-810-0598 | 定　价 | 69.00 元 |

本书如有缺页、倒页、脱页等质量问题，请到所购图书销售部门联系调换
版权所有　侵权必究
物料号　52656-00

# 译者的话

　　发光材料的重要性是不言而喻的。正如本书第 1 章所言，它已经渗入人类生活和生产的方方面面，以日常生活为例，手机、计算机、电视机、装饰品和照明灯具等都有它的身影。因此，有关发光材料的研究、开发、生产和应用是基础科学、工程应用和商业经营领域的主要方向。

　　发光材料为什么会发光？怎样才能获得高效的发光材料？现有的技术能不能实现发光材料的设计？在新颖的发光现象背后有着什么神奇的机理？……回答这些问题并不仅仅是发光材料研究者的专利，而且也是切身利益与发光材料密切相关的大众都应该关心的事情。比如，博物馆想让观众看到文物真正的色彩，那么就要了解照明灯具的发光及其特点，才能买到合适的灯具；而对古铜色皮肤感兴趣的健美爱好人士如果对发光材料稍有了解，那么在选择日光浴灯的时候就会更有把握。因此，一本既可以引导读者踏入发光材料领域而开始自己的研究工作，又可以对一般人普及发光材料的有关知识，提高他们应用发光材料效率的通俗性读物是必不可少的。

　　目前，国内有关发光材料的书籍要满足上述的要求仍有所差距。这些书基本上可以分为两大类。一类是专业有余而普及性不足，一翻开就是满页公式符号，要求读者具有一定的专业背景，这足以吓退大多数读者，甚至连发光材料研究领域的入门者也敬而远之。而另一类则是普及过度却专业不足——内容深度不够，有的甚至就是一大堆材料的说明而已。这就使得读者只见树木，不见森林，停留于肤浅、特定的材料及其发光性质，而不能触及背后的机制并做到融会贯通。

　　造成国内已有书籍存在这些缺陷的主要原因在于相关书籍的作者涉及的领域不够广泛，他们或者是偏于基础研究，或者是偏于工程应用，因此写出来的文字也就打上了各自的知识烙印。同样的缺点也可见于国外大多数有关固体发光的英文书籍中。显然，要提供更好的读物，要求作者在基础与应用两个领域都可以做到纵横捭阖，或者说作者应当是通才，既能在基础研究方面皓首穷经，又能在工程应用上有所建树。这对于大多数专家而言是过于苛求了，不过幸运的是《发光材料》这本书的作者恰好满足上述要求。

　　可以不客气地说，搞发光材料研究的学者如果不知道 G. Blasse 教授，那么他的眼界肯定还需要进一步开阔。目前已有的发光现象，特别是发光中心能级跃迁的归属所引用的文献若不断回溯的话，大多数都会汇聚到他的文章。这种局面的出现并不是偶然的，因为 G. Blasse 教授从事发光研究的时期（20 世纪 60 年代到 90 年代）恰好是稀土发光材料登上历史舞台并大放光芒的时代，而且也是现有大多数发光学理论建立并逐步完善的时代，这就为他登上发光材料研究的峰巅创造了前提，而另一个关键前提是他在飞利浦研究实验室和西门子研究实验室都工作过，这两大公司都是世界数一数二的发光器件供应商，因此他的研究一开始就紧密围绕着应用展开，因而对于现在很多已经商业化的材料，比如发红光的 $Y_2O_3$:Eu、发黄绿光的 $Y_3Al_5O_{12}$:Ce 等是他当年关注或首发的材料就不值得惊讶了。

既顺应发光材料蓬勃发展的历史潮流，又能始终坚持研究的实用性，这使得 G. Blasse 教授虽然在 1996 年就退休了，但是他的基础研究成果到现在仍然不时被引用，而他对发光材料发展的见解也仍未过时。比如，他在《发光材料》这本书中提到陶瓷块体会在闪烁体方面获得应用的设想就已经被当前闪烁透明陶瓷材料的发展所证实，而 ZnO 和 ZnS 等的 n 型与 p 型半导体也被成功制备出来，从而为发光二极管增加了新的成员。再如，他对稀土发光材料的发展预言虽然表面看起来是负面的——他指出按照当时的发展路线，有关照明显示和阴极射线发光材料领域难有重大突破，更主要的是在经济廉价上下功夫——但是直到目前为止，这些断言仍然是无奈的事实：各种发光材料层出不穷，而能够商业化的基本上还是原来的、G. Blasse 教授曾研究过的那几种，并且很多研究也的确是在追求廉价取代产品。上述现象的根本原因就在于当前发光学和发光材料的主流仍然是沿着他们所开辟的道路前进，因此要取得真正的重大突破，就必须在基础理论和实用技术上有革新性的进展。

这或许就是经典著作的魅力所在——一方面足以让人们对大多数的学科问题有所认识，另一方面又为人们指出了学科发展的方向；其中肯定或积极性的预言可以直接作为今后的努力方向，而负面或否定性的预言则鞭策人们竭力从根本上突破该预言所涉及的现有理论的限制，从而实现对它的破除。可以说，本书的经典性就体现在它对以往、现在和将来发光材料发展脉络的熟练把握上，而且就算今后出现了根本性变革，在 G. Blasse 教授预言不会有重大突破的领域获得了革命性的进展，也不会降低它的启发和指引作用。

另一位作者 B. C. Grabmaier 教授的参与进一步促进了本书的普及性和实用性，并且提高了基础与应用之间的融会程度。这是因为她一方面就职于公司，以提供企业所需的材料为目的，偏向于工程应用；另一方面，她的工作又是在 G. Blasse 教授做顾问的前提下进行的，因此两人的合作其实就是基础研究与工程应用研究之间的交汇，从而很好地避免了前述国内外其他固体发光著作偏于基础理论或偏于工程应用的缺点。另外，有了 B. C. Grabmaier 教授的参与，基于她的工程师视角，这本书的文字叙述也就更加通俗易懂，少了很多学究式、自得其乐式的枯燥理论腔调。

总之，凭借 G. Blasse 教授在基础研究与工程应用方面的精深造诣，并且在 B. C. Grabmaier 教授的协助下，这本书在专业理论与应用开发之间张弛有度，在内容的选取上真正实现了二者的平衡。更可贵的是，G. Blasse 教授所处的时代也是现有固体发光学相关理论诞生、发展并基本定型的时代，他可以直接与相关学者进行交流合作，对这些理论的理解是基于第一手资料的，与后来其他学者只能通过文献了解是不可同日而语的。因此这本书在发光机制、发光材料设计和发光现象解释上的讨论清晰易懂，避免了有些专业教材常见的"教得糊涂，学得也糊涂"的现象。

正如作者在序言中所提的，这本书是有兴趣了解固体发光领域的基本知识，定性或半定量解释有关固体发光的问题乃至把握固体发光发展方向的读者值得一阅的优秀读物。不仅想涉足固体发光领域的研究者可以从中把握固体发光的概念、理论、材料以及发展方向，而且想应用发光材料的工程师或有关人员也可以更好地理解发光现象以及隐藏在筛选和应用材料背后的机理，使得自己的决策或选择更为理性。甚至可以作为一本涉及固体发光的用途、术语和实际应用材料介绍的科普读物，让那些想领略固体发光学或发光材料风采的普通大众有个清晰与全面的了解并从中受益。

这本书的出版，首先要感谢刘剑波编辑的提议和支持；同时也要感谢高等教育出版社相关人员为本书所付出的辛苦工作以及中山大学梁宏斌教授对出版译著的肯定和推荐。另外我们感谢 G. Blasse 教授友善提供了书中图片的版权、作者近照以及在翻译过程中的帮助；也感谢荷兰皇家科学院院士 Andries Meijerink 教授在本书翻译过程中对一些歧义性问题讨论上的帮助以及在学术会议上对这本译著的介绍和推广。

囿于译者的见识，书中固陋之处在所难免，还请各位专家学者不吝赐教，便于再版时加以修正。

译者：陈昊鸿　李江
2019 年 7 月
chen-h-h@ mail. sic. ac. cn
lijiang@ mail. sic. ac. cn

# 重印说明

　　本书中文版出版后受到了国内发光材料领域相关人士的关注，并作为教材得到了推广。另外，荷兰皇家科学院院士兼国际发光学会主席 Andries Meijerink 教授也在第十一届发光材料国际研讨会（Phosphor Safari 2019，厦门）等国内学术会议上对本译著进行了介绍，进一步扩大了它的知名度和影响力。

　　本书中文版重印版本订正了原中文版中几处书写错误和不通顺的语句，其中包括英文原版的一处错误（图 4.2 中激发态的能级符号被标反了）。译者非常感谢井冈山大学的孙心瑗教授，大多数的勘误要归功于他将本书作为学校教材时反馈的意见。

　　译者对本书中文版的失误深表歉意，已经购买 1 版 1 次的读者，可以直接和译者联系，获得一份勘误表，方便自行对照订正。

　　囿于译者的才疏学浅，重印版本的疏漏仍在所难免，欢迎各位专家学者不吝赐教，以便及时纠正。

陈昊鸿

2022 年 8 月

E-mail：chen-h-h@ mail. sic. ac. cn

# 序

发光现象的迷人与发光材料的重要性是毋庸讳言的，但与此相伴的却是相关书籍的缺失。曾经有很多涉足这些领域的初学者希望我们能推荐一本可以让他们了解发光及其应用的书籍，然而我们却表示无能为力。因为已有的貌似很有用的书已经完全过时了，比如最早在 20 世纪 40 年代末由 Kroger、Leverenz 和 Pringsheim 等编写的一批著作就是如此。同样地，后来由 Goldberg（1966）和 Riehl（1971）等编著的也由于内容陈旧而不值得推荐。

在最近 10 年内，虽然也出现了好几本高质量的著作，但是它们中没有一本可以被看作是通俗性读物。实际上，基于发光学的多学科交叉的知识特征，我们也认识到要写出这样一本书是非常困难的。因为它不仅需要涉及固体物理、分子光谱、配位场理论、无机化学、固体与材料化学等学科的知识，还需要将之合理搭配，不失偏颇。

有些作者尝试采用合作的手段来实现这类混合型著作的创作，也就是一本书由多个作者参与，并由这些专家各自撰写的章节组成。而我们则打算单打独斗——虽然我们明了基于自己的知识与经验来创作这样一本书是一项困难的工作。我们清楚这种做法引起的各种麻烦，而且所采用的解决办法也可能不会让所有人都满意。不过，如果这本书可以激发刚涉足这一领域的部分研究者的兴趣，并且可以指导他或她如何走上研究的正途，那么就达到了我们的主要目的。

尽管从目录上看可能不是很清楚，不过这本书在总体上可以被分为三大部分。第一部分（第 1 章）面向那些对发光学完全一无所知的读者做了一个有关发光和发光材料的非常通俗性的介绍。接下来的第二部分（第 2~5 章）对发光学的相关理论进行概要性的综述，首先是介绍发光中心处于激发态时的情形（第 2 章：吸收），随后是发光中心返回基态的若干种可能途径（第 3 章：有辐射返回；第 4 章：无辐射跃迁；第 5 章：能量转移与迁移）。行文尽量保持简单易懂的风格，有关更深入以及数学化的讨论，读者可以参考别的书籍。

剩下的第三部分由讨论许多发光应用的 5 个章节组成，即照明（第 6 章）、阴极射线管（第 7 章）、X 射线发光粉和闪烁体（第 8 和第 9 章）以及其他若干种应用（第 10 章）。这些章节讨论了面向具体应用的已用或者可用的发光材料，同时，基于前面章节所涉及的理论模型讨论了它们的性能。另外，这些应用的原理以及相关材料的制备也有简单涉及。最后，有关一些一般不好理解的内容(术语、光谱单位、文献和发射光谱)以附录的形式列于书后。

　　我们非常感谢 Jessica Heilbrunn 夫人(乌特勒支大学)耐心为书稿打字，并且对好几个月中一遍又一遍的校正毫无怨言。同时，也感谢 Rita Bergt 小姐(慕尼黑大学)帮助绘制了部分图形，以及我们的一些同事提供了原始的相片并同意由我们随意支配。

　　这本书能够出版，有赖于我们与很多同事长时间的讨论以及他们的鼓励。这些交流——既有口头的，也有书面文字的——所覆盖的范围要比这本书本身多得多。在这本书的撰写过程中，与 P. W. Atkins、F. Auzel、A. Bril、C. W. E. van Eijk、G. F. Imbusch、C. K. Jørgensen 和 B. Smets 等各位博士的交流对我们也是非常有帮助的。

　　许多年来，我们工作于发光学领域并且自得其乐。因此我们希望这本书不仅可以帮助读者理解发光现象、设计新的材料以及改进发光材料，而且也可以让他们在这些工作中获得幸福。

G. Blasse，乌特勒支大学

B. C. Grabmaier，慕尼黑大学

1994 年春

# 目　录

# 第 1 章
# 发光材料绪论

　　本章主要面向发光材料领域的入门者。其实发光材料
（luminescent materials）就在你我的身边——不管在实验室还是在家
里，你都与它们朝夕相处。如果觉得不可思议，不妨打开手边的荧
光灯，舒服地看看电视，或者望一眼计算机的显示器，你就可以看
到发光材料的身影。如果说得更专业些，还可以想想你在医院看到
的 X 射线照相机，或者研究所中的激光器，这些设备的核心就是
由发光材料组成的。不过，讲得这么高深并没有必要，因为发光材
料无所不在——就连超市中的洗衣粉也包含发光材料。

　　上面已经提到发光材料在人类社会中无处不在，这就产生了一
个问题："什么是发光材料？"其答案如下："发光材料又称为发光
粉（phosphor）[①]，是一种可以将某类能量转化为除热辐射之外的其

---

　　[①]　旧时发光材料主要以粉末出现，"phosphor"通常翻译为"发光粉"或者"荧光粉"。随着科技的
进步，发光材料已经扩展到玻璃、陶瓷和晶体形态，因此当后面不涉及粉末的时候，本书一律改为"发
光材料"，以免引起歧义，而涉及粉末的时候则仍译为"发光粉"——按照作者的意见（参见第 6 章），
"荧光"其实已不常见，因而"荧光粉"也应当少用。此处统一说明，后面不再赘述。——译者注

他电磁辐射的固体。当某个固体加热到 600 ℃ 以上时会发出红外辐射。这种辐射就是热辐射(不是发光)。发光材料发出的电磁辐射通常位于可见光范围,不过也可以落在其他光谱范围,比如紫外或红外波段。

很多不同类型的能量都可以用来发光。比如电磁辐射(通常是紫外光)激发可以产生光致发光,电势场激发可以产生电致发光,机械能(比如碾磨)激发可以产生摩擦发光,X 射线激发可以产生 X 射线发光,化学反应能激发可以产生化学发光……需要指出的是,热致发光指的不是热辐射,而是用其他不同的方式激发的一种有光产生的激励现象。

为了解释有关发光材料的定义,图 1.1 给出了某种光致发光材料晶体或其陶瓷中的某个晶粒的简图。这一体系包含了一个基质晶格和一个发光中心,后者通常称为激活剂。这种体系的现实例子有常见的发光材料 $Al_2O_3:Cr^{3+}$(红宝石)和 $Y_2O_3:Eu^{3+}$,其中基质晶格就是 $Al_2O_3$ 和 $Y_2O_3$,而激活剂则是 $Cr^{3+}$ 和 $Eu^{3+}$ 离子。

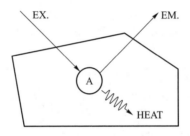

图 1.1　某个位于基质晶格中的发光离子 A 的示例。其中 EX. 表示激发,EM. 表示发射(有辐射地返回基态),HEAT 则表示无辐射地返回基态

这种体系的发光过程如下:用于激发的辐射被激活剂吸收,从而将激活剂提升到激发态(参见图 1.2)。通过辐射的释放,激活剂可以从激发态返回基

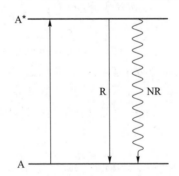

图 1.2　图 1.1 中发光离子 A 的能级示例图。其中 * 代表激发态,R 和 NR 分别表示有辐射和无辐射地返回基态

态。由于吸收是普遍存在的，因此这样看来，不管是哪种离子或者材料都可以产生发光。但是事实并非如此，其原因在于这种辐射释放的过程存在一个竞争者，即无辐射返回基态的过程。在后一个过程中激发态的能量被用于激发基质晶格的振动，即用于加热基质。因此，为了制备高效的发光材料，就必须尽量抑制这种无辐射过程。

这种光致发光体系可测试的常规性质就是发射的光谱能量分布（发射光谱）、激发的光谱能量分布（激发谱，在上述这种简化的条件下，其激发谱通常与吸收谱是相同的）以及辐射与无辐射返回基态速率的比值。这个比值确定了发光材料的转换效率。

接下来再次看下红宝石（$Al_2O_3$:$Cr^{3+}$）。这种漂亮的红色宝石在紫外或可见辐射激发下会出现深红发光。早在 1876 年，著名科学家 Becquerel 就用太阳光作为激发光源研究了它的光谱特性。他认为红宝石的颜色和发光都是基质晶格的本征特性。虽然他有过很多正确的发现，但是这一次却错了。红宝石在可见光和紫外光光谱范围内的光吸收其实是 $Cr^{3+}$ 造成的，$Al_2O_3$ 基质晶格与这个光学过程毫无关系。事实上，$Al_2O_3$ 是没有颜色的。因此在红宝石这个例子中，图 1.1 所示的激活剂 A 是 $Cr^{3+}$，而基质晶格则是 $Al_2O_3$。这种发光材料中基质晶格的唯一用途就是紧紧地固定 $Cr^{3+}$。

很多发光材料的情形要比图 1.1 描述的更为复杂，因为这时用于激发的辐射不是被激活剂所吸收，而是被其他的离子，比如基质晶格中加入的其他离子所吸收。这种离子吸收了用于激发的辐射，随后再转移给激活剂。此时就可以将该吸收离子称为敏化剂（参见图 1.3）。

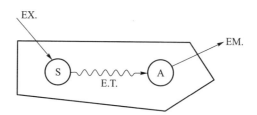

图 1.3　从敏化剂 S 到激活剂 A 间的能量转移示意图，其中 E.T.表示能量转移，其他标记的含义可以参见图 1.1

这里再举一个常见的发光材料例子，即灯用发光粉 $Ca_5(PO_4)_3F$:$Sb^{3+}$，$Mn^{2+}$。其中 $Mn^{2+}$ 不能吸收紫外辐射，而是仅有 $Sb^{3+}$ 可以吸收。由于 $Mn^{2+}$ 并不是直接被激发的，而是通过 $Sb^{3+}$ 将激发能量转移给 $Mn^{2+}$（参见图 1.4），因此在紫外辐照下，这种材料的发光既有 $Sb^{3+}$ 的蓝光，又有 $Mn^{2+}$ 的黄光。相应的发光过程可以书写如下，其中 $h\nu$ 表示频率为 $\nu$ 的辐射，而星号则代表激发态：

$$Sb^{3+} + h\nu \rightarrow (Sb^{3+})^*$$

$$(Sb^{3+})^* + Mn^{2+} \rightarrow Sb^{3+} + (Mn^{2+})^* \text{①}$$

$$(Mn^{2+})^* \rightarrow Mn^{2+} + h\nu$$

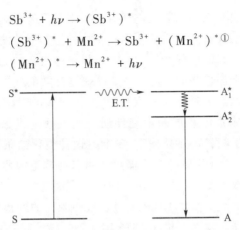

图 1.4　从 S 到 A 的能量转移示意图。其中 S→S* 的跃迁称为吸收（或者叫激发），相应地，$A_2^* \rightarrow A$ 的跃迁就是发射。电子通过能量转移（E.T.）布居到 $A_1^*$ 能级，随后无辐射衰减到稍低的 $A_2^*$ 能级，从而避免逆向能量转移，即从 A 到 S 的发生

以上这 3 个方程分别表示吸收、能量转移和发射。若 $Sb^{3+}$ 附近没有 $Mn^{2+}$，就发射自己的蓝光。对有关固体的概念不熟悉的读者需要注意：通常发光中心的浓度是 1 mol%②的数量级，并且作为一级近似，这些发光中心被认为是随机分布在基质晶格中的。因此 $Sb^{3+}$ 既可以同 $Mn^{2+}$ 相邻，也可以局部孤立存在。

不过，激活剂的浓度在一些场合下可以达到 100%。这可以说明发光材料的本质规律的确是相当复杂的。事实上，一些高激活剂浓度下的发光现象长期以来得不到解释，从而阻碍了理解发光材料的进程。高激活剂浓度发光材料的一个典型例子就是 $CaWO_4$，其中钨酸根基团就是发光中心。由于其基质晶格由 $Ca^{2+}$ 和 $WO_4^{2-}$ 组成，因此钨酸根基团同时也是基质晶格的结构单元。在 X 射线照相领域，$CaWO_4$ 材料到现在已经用了 75 年，并且在钨矿业中，它的发光也可用于寻找 $CaWO_4$。矿工们使用紫外灯，凭借钨酸盐的可见发光就可以找到富含钨的矿床！第 5 章会进一步讨论为什么有些时候，高浓度的激活剂对于发光反而是致命的，而另一些时候这种高浓度则可以产生很高的发光输出。

外来能量除了激发低浓度的敏化剂或激活剂，也可以改为激发基质晶格。采用 X 射线或者电子束来激发就是其中的例子。很多时候，基质晶格会将所得的激发能量转移给激活剂，这时的基质晶格就起到敏化剂的作用。为了说明这种现象，这里再举一些例子。在 $YVO_4:Eu^{3+}$ 中，紫外辐射会激发钒酸根基

---

① 原文错，多了个"+"号。——译者注
② mol%表示摩尔百分比，即占总摩尔数的比例大小。——译者注

团，即激发基质晶格，而所得的发射却是 $Eu^{3+}$ 的发射。这就表明基质晶格可以将它的激发能量转移给 $Eu^{3+}$。另一个类似的例子是 $ZnS:Ag^+$，即用于显像管的蓝色发光阴极射线发光粉。采用紫外辐照、电子束或 X 射线可以激发硫化物基质晶格，然后由它将这些激发能量快速传递给激活剂（即 $Ag^+$）。

尽管没有讨论过一丁点的理论基础背景（后面的第 2~5 章将会涉及），但是现在已经可以明确在发光材料中起着更为重要作用的几个物理过程：

（1）发生在激活剂自身、其他离子（敏化剂）或者基质晶格（参见第 2 章）中的吸收；

（2）激活剂的发光（参见第 3 章）；

（3）无辐射返回基态——这个过程会降低材料的发光效率（参见第 4 章）；

（4）发光中心之间的能量转移（参见第 5 章）。

概略介绍完发光材料的这些发光机制后，接下来也同样对发光材料的应用做个简介。

首先是光致发光现象可用于荧光灯。这类应用的面世甚至要早于第二次世界大战。荧光灯含有一根玻璃管，所装的低压汞在放电时会产生紫外辐射（这种辐射的 85% 是 254 nm 的射线），而管子内壁则涂有某种灯用发光粉（或者是多种灯用发光粉的混合物）。这种发光粉可以将低压汞发出的紫外辐照转化为白光。从电—光转换效率的角度看，荧光灯要比白炽灯高出不少。

近十来年间，稀土激活发光粉在荧光灯中的应用极大提高了光输出和显色性，从而使得这类荧光灯不再局限于商店和办公场所使用，如今也已经进入了日常家居生活。值得指出的是，这类长期以来被认为是稀少的、独特的并且难以分离的化学元素就是以这种方式同人类生活密切联系起来的。当代的荧光灯[①]包含了以下稀土离子：二价铕以及三价的铈、钆、铽、钇和铕。有关这类光致发光的重要应用将在第 6 章进行更详细的介绍。

现在很难想象没有阴极射线管的日子该如何度过。不信可以想象一下没有电视机或计算机显示器的后果。在阴极射线管中，发光材料被涂在玻璃管的内壁。在阴极射线管工作时，它们将遭到位于玻璃管尾部的电子枪发射的高速电子的轰击。当电子撞击到发光材料上，这种材料就会发出可见光。彩色显像管内部有三支电子枪，一支辐照蓝色发光材料而获得蓝色图像，相应地，其他两支通过同样的方法分别产生红色和绿色的图像，然后 3 幅图像叠加成我们所看到的彩色图像。

一个高速电子会在发光材料中产生很多可以在发光中心中进行复合的电

---

① 按照作者在后面第 6 章乃至附录的叙述，这里应当是"发光灯"（luminescent lamp）为宜。——译者注

子–空穴对。这种产生多对电子–空穴的倍增性是衡量阴极射线管是否可用于显示器的决定性因素之一。显然，相应的发光材料是属于激发过程发生于基质晶格中的那一类发光材料。有关这类发光材料乃至用于投影电视的发光材料的讨论将在第 7 章中介绍。采用阴极射线激发的方式可以将投影显示屏做到直径为 2 m 的程度，不过，投影显示应用对荧光材料的需求在目前仍难以得到满足。

现在开始介绍能够将 X 射线辐照转为可见光的材料。当伦琴在 1895 年发现 X 射线时，他就差不多同时意识到这种射线在相机胶卷上的曝光效率非常差，这是因为胶卷并不能有效吸收 X 射线，从而需要长时间的辐照才能获得清晰的图像。现在人们明白这种长时间辐照对于病人而言是有害的。而且长时间辐照实际上也有一个缺点：病人是个活体（比如他需要呼吸，并且可能还要附加其他活动），从而只有短时间辐照下拍摄的图像才是清晰的[①]。

因此伦琴开始研究可以有效吸收 X 射线并且将它们的能量转为可以让相机胶卷充分曝光的射线。他很快就发现密度为 $6.06 \text{ g} \cdot \text{cm}^{-3}$ 的 $CaWO_4$ 可以满足这些要求。从那时开始，这种化合物已经在所谓的 X 射线增强屏中用了很久。图 1.5 给出了采用这种方法的 X 射线照相术的示意图。

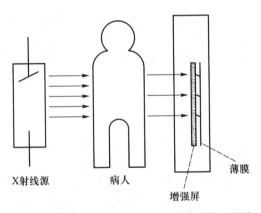

X射线源　　　　病人　　　　　薄膜

增强屏

图 1.5　基于增强屏的医学放射摄影系统示意图

正如在灯用发光粉和（部分的）阴极射线用发光粉领域一样，目前 $CaWO_4$ 的霸主位置已经让位于稀土激活的 X 射线发光粉（参见第 8 章）。为了致敬这个曾经的冠军，同时也为了丰富读者的见闻，图 1.6 给出了 $CaWO_4$ 的晶体结

---

① 普通相机拍摄动态图像时，因为曝光时间不够短，所以不同时刻的不同动作会叠加在同一图像上，从而得到的是模糊的混合图像。缩短曝光时间（这里指辐照时间）就意味着可以缩短每一张照片拍摄所需的时间，从而实现高速摄像，获得每个时刻清晰的图像。——译者注

构，这是一个由 $Ca^{2+}$ 和可发光的 $WO_4^{2-}$ 基团构成的晶格。图 1.7 进一步给出了商用 $CaWO_4$ 粉末的电子显微图像。

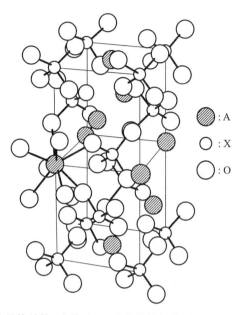

图 1.6　$CaWO_4$ 的晶体结构（白钨矿）。这类结构的化学通式是 $AXO_4$，其中较大的金属离子为 A，而较小的金属离子为 X

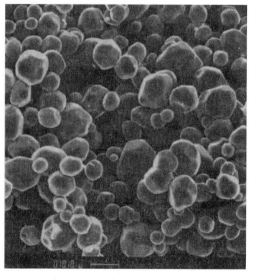

图 1.7　$CaWO_4$ 发光粉（放大倍数为 1 000）

该领域最近的发展是蓄光发光粉(storage phosphor)的发现。这些材料可以"记忆"屏幕上给定点所吸收 X 射线的数量。当(红外)红色激光扫描被辐射过的屏幕时会激发出可见光,其发光强度正比于所吸收的 X 射线数量。第 8 章将进一步讨论如何制备这种材料以及这些发光现象背后的物理机制。

X 射线计算机断层扫描(X-ray computed tomography)是这一发光材料更为专业的应用例子之一。这种医学放射照相法(the method of medical radiology)可以获得人体内部的截面图像(参见图 1.8)。相关系统除了 X 射线源以外,关键的部件就是包含了大约 1000 片固态发光体(晶体或陶瓷)的探测器。这些发光体与光电二极管或者光电倍增管连在一起,其对应的发光材料必须严格满足已经明确的性能需求,从而才能被接受而用于这一方向。

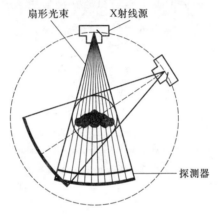

图 1.8　X 射线计算机断层扫描的原理示意图。其中病人位于该图的中心,
而 X 射线源和探测器则绕着病人旋转

了解了这些有关 X 射线照相技术的例子后,听到 α 射线和 γ 射线也可以通过发光材料来探测就不觉得惊讶了。这时采用的发光材料经常以大块单晶的形式出现,而且一般被叫作闪烁体(scintillator)。闪烁体的应用范围涵盖了医疗诊断[比如正电子发射断层扫描(PET)]、核物理以及高能物理。在高能物理领域的一个专业应用例子就是位于 CERN(日内瓦)的 LEP 设备上使用了 12 000 块 $Bi_4Ge_4O_{12}$($3 \times 3 \times 24$ cm$^3$)单晶作为面向电子和质子的探测器。有关闪烁体的讨论将在第 9 章中展开。

有关发光材料的应用实际上还有很多种类没有涉及——虽然其中的一部分在第 10 章中会进行讨论。为了避免读者先入为主地认为发光(的应用)仅限于固体范畴,这里需要介绍一下那些未提及的应用中的一个方向,即基于发光分子的荧光免疫分析。这是免疫分析领域所用的一种旨在检测生物分子的方法。从敏感性和特异性而言,这种方法比其他的方法(比如采用放射性分子的方法)更具优势。实践中,这种方法主要用于低浓度化合物的临床检测,具体包括在样本上用发光物质做标记以及随后针对这些物质的发光测试。

图 1.9 描述的分子是这一领域中的典型代表之一。它的发光物质就是前面已经涉及的 $Eu^{3+}$。这个离子被联吡啶分子组成的笼子包围,形成的这种配位化合物称为穴状配合物,其分子式可以写成 $[Eu \subset bpy. bpy. bpy]^{3+}$。有机分子笼可以保护 $Eu^{3+}$,使得它的发光不会被周围(水)环境所猝灭。如果这种穴状配合物被紫外辐射激发,联吡啶分子会吸收这些激发辐射,接着将它们的激发能量转移给 $Eu^{3+}$,然后 $Eu^{3+}$ 就可以发出红光。

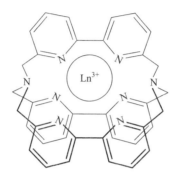

图 1.9　$[Ln \subset bpy. bpy. bpy]^{3+}$ 穴状配合物

配位化学家将这种从联吡啶到 $Eu^{3+}$ 的能量转移称为天线效应。当然,这种行为与前面介绍的机制(参见图 1.3)是完全一样的——在固态科学领域,这种效应被简单称为能量转移。在第 10 章中会说明,类似穴状配合物这样的分子与类似图 1.3 描述的固体之间在物理规律方面是非常相似的。

最后要涉及的激光堪称发光材料应用中的翘楚。在发光过程中,激发态通过自发发射而有辐射地衰减回基态,即不同激活剂离子的发光互不相关。如果大部分的发光离子通过某种方式维持在激发态(这种情况称为布居反转/粒子数反转),那么单个自发发射的光子(辐射量子)就可以激励其他处于激发态的离子而产生发光,这个过程就称为受激发射。其所发出的这种光是单色、相干并且无发散的。激光的性质取决于特定激励过程产生的发光结果。实际上,"laser(激光)"这个词语就是"light amplification by stimulated emission of radiation(利用辐射的受激发射来实现光的放大)"的首字母缩略词。虽然本书不会涉及激光与激光物理,但是书中仍会涉及可以产生受激发射的材料,具体视需要而定——毕竟任何一种激光材料也是发光材料的一员。

如果对激光材料也是发光材料的说法觉得难以置信,那么可以回忆一下本章开头提到的红宝石($Al_2O_3 : Cr^{3+}$)。从这种材料的发展来看,首先,在很久以前，Becquerel 就研究过它的发光及其光谱，随后在固态物理领域，红宝石又是若干重要现象的原始载体。其中最重要的可能就是基于红宝石第一次获得了固态激光（Maiman，1960）。这就可以说明发光与激光之间是相互关联的。另一个说明两者相关的例子就是近几年来，采用激光光谱技术可以认为是解释和掌握发光过程最合适的办法。

希望这个介绍性的章节可以鼓励或者激发读者阅读并掌握发光与发光材料的物理和化学知识。

# 参 考 文 献

鉴于第 1 章是泛泛的介绍性章节，因此就没有给出具体的参考文献。对本章内容感兴趣的读者如果想要拓展有关能级、离子、光谱学以及固态化学的基础物理与化学知识，可以参考物理与无机化学领域的普通教材。笔者个人推荐的教材如下：牛津大学出版社出版的 P. W. Atkins 的《Physical Chemistry》第 4 版（1990）以及 D. F. Shriver、P. W. Atkins 和 C. H. Langford 的《Inorganic Chemistry》（第 14 和 18 章）（1990）。有关红宝石的发展史可以参见斯普林格-柏林-海德堡-纽约出版的、由 W. M. Yen 和 M. D. Levenson 共同编辑的《Spectroscopy and New Ideas》中 G. F. Imbusch 撰写的综述（1988）。对于需要探讨近几十年来发光材料重要进展的读者，则可以综合比较本书与 J. L. Ouweltjes 在《Modern Materials 5》（1965）中撰写的综述"Luminescence and Phosphors"（从第 161 页开始）。

# 第 2 章
# 发光材料如何吸收激发能？

## 2.1　总论

发光材料吸收了激发能才能发光，因此吸收过程将作为本章的主题，并且重点放在针对紫外辐照的吸收上。而发射过程则在下一章中进行介绍。

首先探讨一下 $Y_2O_3:Eu^{3+}$ 这种常见发光材料的光学吸收光谱。图 2.1 是它的光谱示意图。从图中的长波段（即低能段）开始看，可以依次发现如下的特征：

（1）很弱的窄线；

（2）最大值位于 250 nm 的宽带；

（3）很强的波长 $\lambda \leqslant 230$ nm 吸收区。

由于纯 $Y_2O_3$ 的吸收光谱只有最后面的部分，因此那些窄线以及位于 250 nm 的宽带必定来自 $Eu^{3+}$，而 $\lambda \leqslant 230$ nm 的吸收光谱则属于基质晶格 $Y_2O_3$。

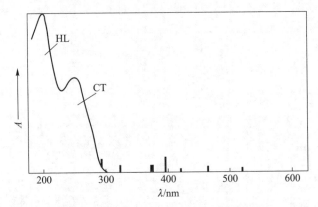

图 2.1　$Y_2O_3:Eu^{3+}$ 的吸收光谱示意图。其中 $A$ 是以任意单位表示的吸收强度，窄线来自 $Eu^{3+}$ 的 $4f^6$ 组态间的跃迁，CT 是 $Eu^{3+}-O^{2-}$ 间电荷转移跃迁，而 HL 是基质晶格 $Y_2O_3$ 的吸收光谱

现在考虑一下 $Y_2O_3:Eu^{3+}$ 中 $Eu^{3+}$ 发光的激发光谱。由于这种光谱是随激发波长的变化而改变发光输出大小的，因此应当与吸收光谱是相关的。$Y_2O_3:Eu^{3+}$ 的激发光谱与吸收光谱的确明显一致，这就说明：

（1）如果 $Eu^{3+}$ 被直接激发（锐线和 250 nm 宽带），就可以观察到 $Eu^{3+}$ 的发光，不过更重要的是下面的第二个发现；

（2）如果基质晶格 $Y_2O_3$ 被激发（$\lambda \leqslant 230$ nm），观察到的发光却属于 $Eu^{3+}$。这就可以认为被基质晶格 $Y_2O_3$ 吸收的激发能被转移给了激活剂 $Eu^{3+}$。这个转移过程在后面会详细阐述（第 5 章）。目前需要的是懂得有关激发能的吸收不仅局限于激活剂本身，而且也可以发生在其他地方。

高速电子、$\alpha$ 射线、$\gamma$ 射线和 X 射线等高能激发一般是激发基质晶格。要直接激发激活剂只能采用紫外或可见辐射。比如 $Y_2O_3:Eu^{3+}$ 发光粉用于荧光灯时（254 nm 激发）是激活剂本身被激发（250 nm 宽带），而作为阴极射线或 X 射线发光粉时则是基质晶格被激发。

本章主要介绍针对这类辐射的吸收——这是因为紫外或可见辐射的波长容易改变，从而可以明确用什么光以及何种波长进行激发。这种结果正如发光材料学的先驱 H. A. Klasens 经常说的："如果一束紫外光的激发相当于按下钢琴的一个键，那么阴极射线或 X 射线激发就等于是将钢琴扔下了楼梯。"

现在回到图 2.1 所示的吸收光谱。其中的一个关键问题很快就会被注意到了，那就是为什么有些光谱分布狭窄而另一些则相当宽阔，同时为什么这边的强度很低而那边的强度却特别高。由于很多书已经对此给出了详细解释[1-3]，因此这里将简单回答这些问题。

光吸收谱带的形状，即宽阔或狭窄的样子可以用位形坐标图来解释。这种图给出了吸收中心随位形坐标变化的势能曲线。位形坐标描述的是吸收中心具有的一种振动模式。与很多教科书一样，这里考虑的振动模式也是处于中心的金属离子不动，而周围的配体同步沿着金属离子-配体成键方向来回移动，即对称伸缩（或者呼吸）振动模式。图 2.2 给出了示例图。

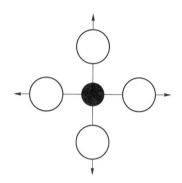

图 2.2　正方形配位基团的对称伸缩振动，其中配体（空心圆）同步沿远离或趋近处于中心的金属离子方向移动

因为金属-配体间距 $R$ 是采用这种振动模式时发生变化的结构参数，因此相应的位形坐标图就简化为间距 $R$-能量 $E$ 的曲线。读者应该发现，采取这样的做法会忽略其他振动模式。旧教科书认为这种处理是合理的近似，不过后来已经发现这样做是危险的，因为它没有考虑激发态的畸变——如同本书后面将要提到的，这种畸变经常可以遇到。

图 2.3 的位形坐标图画出了 $E$ 相应于 $R$ 的变化。首先考虑最低能量态，即基态对应的曲线。它的形状是抛物线，其最小值位于 $R_0$。曲线呈现抛物线的形状是因为假定这种振动是简谐振动，即回复力 $F$ 与位移成正比：$F = -k(R - R_0)$，此时同这种力对应的势能与 $R$ 之间就存在抛物线的关系：$E = 0.5k(R - R_0)^2$，而该抛物线的最小值 $R_0$ 对应着基态时所取的平衡间距。

这种运动问题改用量子力学来求解（按照谐振子来处理）可以得到不同振子的能级 $E_v = (v + 0.5)h\nu$，其中 $v = 0, 1, 2, \cdots$，而 $\nu$ 是谐振子的频率。图 2.3 给出了一部分谐振子能级。有关这类能级的简单推导可以参见参考文献 [4]。

上述振动能级的波函数也是可以求出的，不过在这里只需知道在最低振动能级（$v=0$）处，体系最可能存在的状态位于 $R_0$ 位置，而对于高 $v$ 值的能级则位于拐点处，即位于抛物线的边上（类似经典钟摆的情形），而不是在最低点（参见图 2.4）。

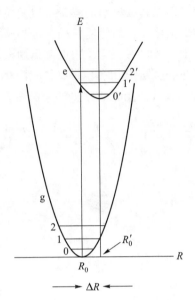

图 2.3　位形坐标图（可参见文中说明）。其中基态（g）具有的平衡距离 $R_0$ 和各个振动态 $v = 0$，1，2；而激发态（e）的平衡距离是 $R_0'$，振动态包括 $v' = 0$，1，2。两条抛物线的偏移为 $\Delta R = R_0' - R_0$

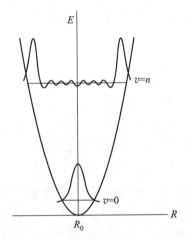

图 2.4　最低振动能级（$v = 0$）和更高振动能级（$v = n$）的振动波函数图形

　　关于基态的说明同样适用于激发态：在 $E$-$R$ 图中，激发态也是以抛物线形状出现，只不过具有不同的平衡位置（$R_0'$）和力常数（$k'$）。造成这种差异的客观事实是激发态中的化学键与基态不同（后者通常会更弱）。图 2.3 中也给出了代表激发态的抛物线，相对于基态抛物线彼此错开了 $\Delta R$。

在采用位形坐标模型解释光吸收过程前还需要记住如下事实，即这种方法考虑的是发生吸收的金属离子与其周围振动之间的相互作用，并且两条抛物线之间的跃迁是电子跃迁。因此这个模型原则上考虑的是电子与所考虑光学中心振动之间的相互作用。$\Delta R = R_0'-R_0$ 实际上就是定性描述这种相互作用的数量。

在光吸收过程中，吸收中心从基态被移动到激发态。那么如何用图 2.3 中的位形坐标来描述这种跃迁呢？重要的一点就是要懂得在这种图中，光学跃迁是以垂直跃迁的方式发生的。其原因就在于从基态到激发态的跃迁是电子类型的，而在图中可以发生水平移动的则是原子核，间距 $R$ 代表的是原子核之间的距离。另外由于电子的运动速度要比原子核快得多，因此将电子跃迁看作在静止的核环境中发生是一种合理的近似[1]。最终就使得这种电子跃迁成为图 2.3 中的垂直跃迁。而原子核仅在跃迁发生后才进入所需的位置(参见第 3 章)。

光吸收跃迁从最低振动能级，即 $v=0$ 开始，因此最概然跃迁发生在振动波函数取得最大值的 $R_0$ 位置(参见图 2.5)。跃迁的终点位于激发态抛物线的边上，这是因为在该处，激发态振动能级的波函数也取得了最大幅度值。这种跃迁对应吸收带的峰值。另外跃迁也可以——虽然很少——从高于或者低于 $R_0$ 的 $R$ 位置开始，从而导致吸收带的宽化[2](参见图 2.5)，这是因为 $R>R_0$ 时，跃迁的能级差要比 $R=R_0$ 来得小，而 $R<R_0$ 时则要更大。

如果 $\Delta R=0$，那么一条抛物线恰好位于另一条的正上方，这时光学跃迁的带宽就消失了，即原来的吸收带变成了狭窄的线段。

可以容易得到基态 $v=0$ 振动能级与激发态 $v=v'$ 振动能级间的光学跃迁概率正比于[1,4]：

$$\langle e|r|g\rangle\langle X_{v'}|X_0\rangle \tag{2.1}$$

式中，函数 $e$ 和 $g$ 分别代表激发态和基态的电子波函数；$r$ 是促使跃迁发生的电偶极算符；$X$ 是振动波函数。如果要考虑整个吸收带，上述的几项需要遍历 $v'$ 进行求和。

式(2.1)的第一部分是与振动无关的电子矩阵元，而第二部分给出了振动的叠加作用。正如下面将要说明的，对于吸收光谱而言，前者给出了跃迁的强度，而后者则确定了吸收带的形状。

关于前述的后一个结论可以做如下说明：当 $\Delta R=0$ 时，因为 $v=0$ 和 $v'=0$

---

①　这里说的其实就是量子力学中有名的玻恩-奥本海默近似，即电子的运动与原子核的运动由于各自速度与质量差异很大，因此可以分开处理。当电子运动时，原子核假定不动；而原子核运动时，电子可以迅速进入新的平衡状态。——译者注

②　这里的宽化是自然或者本征宽化，实际的光谱曲线还包括仪器宽化，比如狭缝过大时通过卷积追加的宽化。——译者注

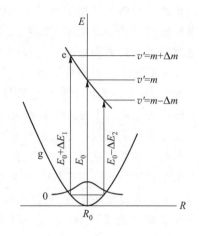

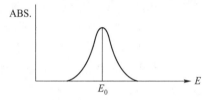

图 2.5　位形坐标图中具有可观相对偏移的两个抛物线间的光吸收跃迁
产生了一个宽阔的吸收带，具体可参见文中介绍

两个能级的振动波函数在同样的 $R$ 位置，即 $R_0$ 处具有最大幅度值，因此两者可以实现最大的振动重叠，此时吸收光谱由一条线组成，对应从 $v=0$ 到 $v'=0$ 的跃迁。由于没有振动参与，因此这种跃迁称为零振动或零声子跃迁。相应地，如果 $\Delta R \neq 0$，$v=0$ 能级可与 $v'>0$ 的几个能级实现最大的振动重叠，从而产生了宽吸收带。

吸收带越宽，$\Delta R$ 值就越大。因此从吸收带的宽度可以直接看出激发态与基态之间的 $\Delta R$ 差异有多大（以及化学键的差异有多大）。

$\Delta R=0$ 的状态通常称为弱耦合结构，$\Delta R>0$ 为中强耦合结构，而 $\Delta R \gg 0$ 时则是强耦合结构。这里的"耦合"指的是电子与所考虑光学中心的振动之间的耦合，$\Delta R$ 值给出了这种相互作用的强度。

如果温度升高，那么吸收的初态就可以出现在 $v>0$ 的能级，这会导致吸收带的宽化。利用位形坐标图也可以轻松解释这种常见的现象。

现在转而考虑矩阵元 $\langle e|r|g \rangle$ 体现的光吸收跃迁的强度问题。不是每一个 $g$ 和 $e$ 之间的可能跃迁都可以产生光吸收，因为这需要由选律来确定。

这里需要提出的重要选律有两条，即：

（1）自旋选律：处于不同自旋态（$\Delta S \neq 0$）的能级之间的电子跃迁是禁阻的；

（2）宇称选律：具有相同宇称的能级之间的电子（电偶极）跃迁是禁阻的，比如 d 壳层内、f 壳层内以及 d-s 壳层之间的电子跃迁就是如此。

这些选律在固体中很少成为金科玉律。这种情形类似于交通道德水平不高的城镇，当信号灯是绿色的时候，每个人都可以通过（允许跃迁，不违反选律），而红灯时仍有少数人违背交通规则而通过（禁阻跃迁，但是选律被部分解禁）。选律的解禁是因为原始未受微扰的波函数彼此发生了混合。这种混合可以出现在好几种物理行为中，比如自旋-轨道耦合、电子-振动耦合、奇晶体场参数项等。有关它们的处理超出了本书的范畴，有兴趣的读者可以自行参考文献［1］和［3］。

接下来回到图 2.1。$Y_2O_3$ 的基质晶格吸收带很宽而且强度大，这意味着激发态与基态的差别非常大。事实的确如此——基态的最高占据能级是氧的 2p 轨道，而激发态的最低未占据能级是氧的 3s 轨道与钇的 4d 轨道的混合物。不用继续啰唆，读者自然会明白 $Y_2O_3$ 的这种最低能量的光学跃迁会引起化学键与 $\Delta R$ 的巨大改变。

强度较低是 $Eu^{3+}$ 的吸收特征。这首先是由于它的浓度低（用于测得图 2.1 所示光谱的样品中大约有 1% 的 Eu），其次是因为受选律的影响。在图 2.1 的吸收光谱中，250 nm 处的吸收带属于 $Eu^{3+}-O^{2-}$ 键中的电荷转移跃迁：电子从 $O^{2-}$ 跳到 $Eu^{3+}$ 上，因此 $\Delta R$ 很大并且吸收带宽阔。这种跃迁没有触犯选律，因此强度高。弱小的窄线来自 $Eu^{3+}$ 非成键 $4f^6$ 壳层中电子的跃迁。会产生窄线是因为这些跃迁满足 $\Delta R = 0$。由于这些跃迁是宇称选律禁阻的，因此实际上非常弱小（通常允许跃迁是其 $10^6$ 倍以上）。

这一节介绍了通常情况下紫外与可见波段吸收带的性质，第 2.3 节将进一步介绍特定的例子。

## 2.2　基质晶格的影响

对于不同基质晶格中给定的同一种发光中心，其光学性质一般是不一样的。这个结论并不值得奇怪——毕竟这个发光中心直接接触的环境是不一样的。相关影响将在这一节中部分涉及。要介绍的这些效应对于发光材料学而言具有举足轻重的地位。换句话说，如果已经了解发光中心的发光性质是如何受到基质晶格影响的，那么就能轻松地预测所有发光材料。

为了说明基质晶格对发光中心光吸收的影响，可以考虑一下 $YF_3:Eu^{3+}$（参见图 2.6）的吸收光谱，并且与 $Y_2O_3:Eu^{3+}$ 的吸收光谱（参见图 2.1）进行对比，一眼就可以看出两者存在着如下的差别：

（1）在 $YF_3$ 中没有看到与 $Y_2O_3$ 基质晶格相同的吸收带，也没有观察到属于 YF$_3$ 的吸收带，这是因为它所处的波长比图 2.6 所给的最小波长还要短；

（2）在 YF$_3$:Eu$^{3+}$ 中的同样位置上没有看到与 Y$_2$O$_3$:Eu$^{3+}$ 一样的电荷转移吸收带，而是出现在 150 nm 附近，这意味着从 F$^-$ 移走一个电子要比从 O$^{2-}$ 移走需要更多的能量；

（3）YF$_3$:Eu$^{3+}$ 吸收光谱中增加了位于 140 nm 附近的属于 Eu$^{3+}$ 的 4f→5d 允许跃迁；

（4）两个吸收光谱中属于 Eu$^{3+}$ 4f$^6$ 组态内的跃迁都是狭窄的弱线。这是因为 4f 电子被全充满的 5s 和 5p 轨道包围而被充分屏蔽，所以周围环境对 Eu$^{3+}$ 的影响实际上可以忽略。

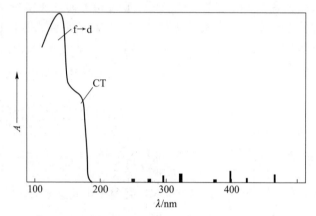

图 2.6　YF$_3$：Eu$^{3+}$ 的吸收光谱示意图，其中"CT"与"f→d"分别表示 Eu$^{3+}$–F$^-$ 的电荷转移跃迁和 Eu$^{3+}$ 的 4f$^6$→4f$^5$5d 跃迁

进一步仔细观察这些狭窄的吸收线就可以清楚发现刚才粗略查看图 2.1 和图 2.6 时遗漏的细节差异：氟化物中吸收线的强度要比氧化物的小，而且其相应的位置相比于氧化物稍微往高能方向移动；此外，在高分辨率的条件下，两种材料中这些谱线的劈裂结果也是不一样的。

接下来介绍一下决定不同基质晶格中同一给定离子出现不同光谱性质的主要因素。首先要提到的就是共价性[5-8]。要提高共价性，电子之间的相互作用就要减弱。这是因为此时它们可以蔓延到更宽的轨道范围，从而轨道重叠增加而提高共价性。因此，如果能级差由电子相互作用决定，那么当共价性增加时，这些能级之间的电子跃迁将会移向更低的能量位置。这种效应被称为电子云扩展（nephelauxetic）效应①。表 2.1 中给出了本质不同的两个例子，即 Bi$^{3+}$

---

①　单词"nephelauxetic"的意思是（电子）云扩展。

($6s^2$)和 $Gd^{3+}$($4f^7$)。前者具有一个 $6s^2 \rightarrow 6s6p$ 的吸收跃迁，由于 6s 和 6p 电子位于该离子的表面上，因此具有巨大的电子云扩展效应。相反地，后者给出的是源自 $4f^7$ 壳层内跃迁的微弱吸收，这是因为该壳层位于离子内部，因此电子云扩展很小。与 $Bi^{3+}$ 和 $Gd^{3+}$ 在不同基质晶格中的电子云扩展效应的变化一样，$YF_3$ 中 $Eu^{3+}$ 的 $4f^6$ 壳层内的跃迁呈现的能量位置要略高于 $Y_2O_3$（参见上文）也是这种电子云扩展效应起作用的示例。

表 2.1　$Bi^{3+}$ 和 $Gd^{3+}$ 的电子云扩展效应，相应的共价性从高到低变化①

| Bi³⁺[9] | | Gd³⁺[10] | |
|---|---|---|---|
| 基质晶格 | $^1S_0-^3P_1/(10^3 cm^{-1})$ a | 基质晶格 | $^8S-^6P_{7/2}/(10^3 cm^{-1})$ b |
| $YPO_4$ | 43.000 | $LaP_3$ | 32.196 |
| $YBO_3$ | 38.500 | $LaCl_3$ | 32.120 |
| $ScBO_3$ | 35.100 | $LaBr_3$ | 32.096 |
| $La_2O_3$ | 32.500 | $Gd_3Ga_5O_{12}$ | 31.925 |
| $Y_2O_3$ | 30.100 | $GdAlO_3$ | 31.923 |

a　$6s^2 \rightarrow 6s6p$ 跃迁的能量最低分支。

b　$4f^7$ 壳层内的最低能量跃迁。

共价性更高就意味着相关离子之间的电负性差异更小，因此这些离子间的电荷转移跃迁也就往更低的能量方向移动。其实这个结论在前文中已经涉及，即相比于更加共价化的氧化物 $Y_2O_3$，所观察到的氟化物 $YF_3$ 的 $Eu^{3+}$ 电荷转移吸收带具有更高的能量。表 2.2 中给出了更多的实例。需要说明的是，在硫化物中，铕通常是二价的[11]，因为硫化物中 $Eu^{3+}$ 的电荷转移态能量太低，从而三价的铕不稳定，很容易自发变为二价。

表 2.2　几种基质中 $Eu^{3+}$ 的电荷转移跃迁的峰值位置

| 基质晶格 | $Eu^{3+}$ CT 的最大值/($10^3 cm^{-1}$) |
|---|---|
| $YPO_4$ | 45 |
| YOF | 43 |
| $Y_2O_3$ | 41.7 |

①　原文单位漏了"$10^3$"。——译者注

| 基质晶格 | $Eu^{3+}CT$ 的最大值/$(10^3\ cm^{-1})$ |
|---|---|
| $LaPO_4$ | 37 |
| $La_2O_3$ | 33.7 |
| $LaOCl$ | 33.3 |
| $Y_2O_2S$ | 30 |

参考文献[5-7]给出的其他离子的电荷转移跃迁现象与此类似，读者可进一步参考。

晶体场是基质晶格影响给定离子光学性质的又一个因素。它就是在周围环境作用下产生的位于所考虑离子位置处的电场。某些离子的光学跃迁在光谱中的位置可以用晶体场强度来确定，其中最为常见并且也最为靠谱的例子就是过渡金属离子。比如，为什么具有同样的晶体结构，只是由于组分不同，$Cr_2O_3$ 是绿色的，而 $Al_2O_3:Cr^{3+}$ 则是红色的？定性地回答其实很简单：在红宝石（$Al_2O_3:Cr^{3+}$）中，$Cr^{3+}$（色彩的来源）占据体积更小的 $Al^{3+}$ 格位，因此感受的晶体场要强于 $Cr_2O_3$，其光吸收跃迁相比于 $Cr_2O_3$ 具有更高的能量，从而导致两者颜色存在差别。

另外，晶体场还可以引起某些光学跃迁的劈裂，从而得到如下显而易见的结论：基质晶格不同→晶体场不同→光谱劈裂不同。基于这种方法，光学中心就可以用作检测周围环境的探针，即通过观察光谱劈裂的结果就可以获得该位置的对称性信息。

晶体场的非偶次（奇次）对称性[①]可以解禁宇称选律。读者可不要低估这种看起来很学究式的结论的重要性：如果没有非偶对称的晶体场，那么就没有彩色电视机和节能灯了——这些在后面会进行介绍。

到目前为止，固体中每个光学中心的周围环境与对称性都是默认为一样的，比如 $YF_3$ 中的 $Eu^{3+}$ 就是如此，其中全部 $Y^{3+}$ 所处的晶体学格位都是等价的。不过需要注意的是，在粉末中，外表面以及内表面都很大，因此靠近表面的 $Eu^{3+}$ 与体内的 $Eu^{3+}$ 具有不同的共价性和晶体场，因此这些表面 $Eu^{3+}$ 的光学跃迁能量与体内 $Eu^{3+}$ 的就略有差别，从而体现为光谱展宽这样的特征。这种现象称为非均一宽化（参见图 2.7）。同理，其晶体结构中的点缺陷对这类展宽也

---

① 文献中常见的"非中心对称"就是其中的示例。要理解这些概念，甚至包括"宇称"，可以将它们与初等数学中的"奇函数/偶函数"概念进行类比。因为奇函数 $f(x) = -f(-x)$，而偶函数 $f(x) = f(-x)$，因此有中心对称就意味着取偶函数，即宇称或对称性为偶次型，而非中心对称，则取奇函数，称为奇次型。——译者注

是有贡献的。

　　说到这里，原先貌似简单的 $Y_2O_3:Eu^{3+}$ 就变得更加复杂了。这是因为其晶体结构中的 $Y^{3+}$ 有两种对称性不同的晶体学格位，从而处于这两个格位上的 $Eu^{3+}$ 具有不同的光谱性质。

　　显然，由于玻璃中不存在平移对称性，因此所有的光学中心彼此都具有不同的环境，这就必然产生了非均一宽化，从而使得玻璃的吸收带一般要比晶态固体宽得多。

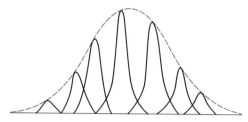

图 2.7　非均一宽化示意图，基质晶格中每个位置产生的个体吸收跃迁彼此稍有不同，而虚线则表示实验所得的吸收光谱

## 2.3　孤立离子的能级图

　　基于理解发光材料的发光性质这一需要，本节将更为详细地讨论一些特定（成组的）离子的能级性质。更详细的介绍可以参考其他书籍（比如参考文献［1，7，8］）。为了简单起见，能级图只给出一种间距，该间距即为基态的平衡距离，因此相比于一个位形坐标图来说（比如图 2.3 和图 2.5），此时包含的信息就较少。

### 2.3.1　过渡金属离子（$d^n$）

　　过渡金属离子有未充满的 d 壳层，它们的电子组态是 $d^n(0<n<10)$。基于 d 电子之间的相互作用以及晶体场，田边（Tanabe）和菅野（Sugano）计算出了这种组态对应的能级，相关的示例可以参见图 2.8 ~图 2.10，各自对应的 d 电子组态为 $d^1$、$d^3$ 和 $d^5$。

　　能级图中的最左侧（晶体场 $\Delta=0$）表示自由离子的能级。在固体等体系中，这些能级有很多会因为 $\Delta \neq 0$ 而劈裂为两个或更多的子能级。另外，最低的能级，也就是基态能级落在 $x$ 轴上。自由离子的能级可以表示为 $^{2S+1}L$，其中 $S$ 代表总自旋量子数，而 $L$ 是总轨道角动量量子数。$L$ 的大小可以是 0（用 S 表示）、1（P）、2（D）、3（F）和 4（G）等。这些能级的简并度（degeneracy）是 $2L+1$，并且在晶体场中可以发生劈裂。晶体场中离子的能级标记为$^{2S+1}X$，其中 X 可以是 A(非简并)、E(二重简并)和 T(三重简并)，可以用下标进一步表示某种对称属性。需要更详细介绍的读者可以参考文献[12]和[13]。所介绍的这些命名方式可以在图 2.8~图 2.10 中自行验证。

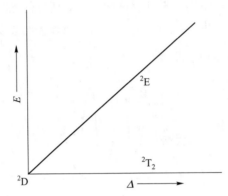

图 2.8　八面体晶体场中 $d^1$ 组态的能级与 Δ 的函数关系示意图，其中自由
离子能级符号为$^2D$

图 2.8($d^1$ 组态)是 3 个组态示例中最简单的一个。在八面体对称性条件下，其自由离子的五重轨道简并($^2D$)能级被劈裂为两组能级($^2E$ 和$^2T_2$)。这里选择八面体晶体场是因为过渡金属离子中最常见的配位就是八面体配位。正如图 2.11 所示，此时只可能存在一个从$^2T_2$到$^2E$的光学吸收跃迁。其能级差$^2E-^2T_2$就等于晶体场强度 Δ。对于一般的三价过渡金属离子，Δ 大约是 20 000 cm$^{-1}$，也就是相应的光学跃迁坐落于可见光谱范围。这就是为什么过渡金属离子常常具有美丽颜色的原因。除此之外，这个$^2T_2 \rightarrow ^2E$的跃迁还可以作为晶体场强度确定跃迁能量大小的一个典型例子。

不过，需要注意的是上述的跃迁是禁阻的，毕竟它发生于 d 壳层内的不同能级之间，因此其宇称是一样的。事实上就算有了这种跃迁——也可称为晶体场跃迁——过渡金属离子的颜色仍旧是暗淡的。通过将这种电子跃迁与合适对称类型的振动进行耦合，宇称选律就可以获得解禁而得到较强的发光[13]。不过，四面体对称性中由于自身没有对称中心，因此宇称选律也可以采用其他的方式来解禁，比如将少量宇称相反的其他波函数与 d 电子波函数进行混合就可以实现这个效果[13]。因此现实中相比于八面体配位，四面体配位过渡金属离子的颜色就要亮得多了。

多电子的情形要更为复杂(参见图 2.9 和图 2.10)。不过，利用选律还是可以预测一下吸收光谱的。对于具有 3 个 d 电子的离子，比如 Cr$^{3+}$(3d$^3$)，其

基态能级为 $^4A_2$。基于自旋选律，光吸收可以合理近似地认为只可能发生于自旋四重（$2S+1=4$）的能级。进一步考虑则只有 3 个跃迁是可能的，即 $^4A_2 \rightarrow {}^4T_2$、$^4T_1(^4F)$ 和 $^4T_1(^4P)$。$Cr^{3+}$ 的吸收光谱确实也是由 3 种低强度（宇称选律）的吸收带组成，如图 2.12 所示。这类宇称禁阻跃迁[①]通常只有在非常精细的测量中才可以看到。

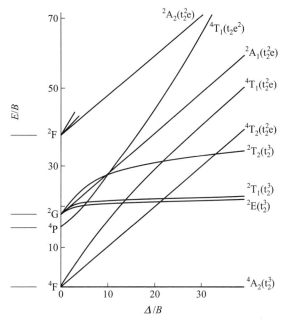

图 2.9　$d^3$ 组态的田边−菅野图。其中左侧为自由离子的能级，右侧则是晶体场能级[括号中为未成对电子晶体场能级分布（occupation of the one-electron crystal-field levels）[②]]，需要注意的是属于同一子组态的能级趋向于平行，能量 $E$ 和八面体晶体场强度 $\Delta$ 利用 $B$ 进行归一化后再行绘图，$B$ 是描述电子间排斥作用的参数

　　最后的例子是 $Mn^{2+}$ 的 $d^5$ 组态。这种离子已经用在很多发光材料中，非常有代表性。它的田边−菅野图可以参见图 2.10。在八面体配位条件下，其基态能级为 $^6A_1$。由于所有的光吸收跃迁都是宇称和自旋禁阻的，因此实际的 $Mn^{2+}$ 应该是无色的，但是，包含的化合物，比如 $MnF_2$ 和 $MnCl_2$ 则有浅浅的玫瑰红色。有关的吸收光谱可以参见图 2.13，大量由自旋六重态到自旋四重态的跃

---

　　①　原文是"自旋禁阻跃迁"，这显然是错误的，而前面的句子提到宇称，并且这 3 个跃迁恰好是"宇称禁阻"的，因此据此改正。——译者注

　　②　即 3 个 d 电子按照不成对的规则分布于晶体场能级中。具体也可以参见后面 $Mn^{2+}$ 的有关说明。这里的"one-electron"意指"未成对"。对于 d 轨道，这种分布最多满足 5 个电子（$d^5$）。——译者注

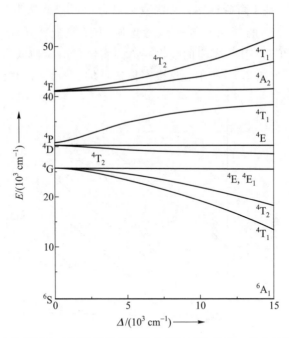

图 2.10　$d^5$ 组态的能级与八面体晶体场强度之间的函数关系。其中的横轴是基态能级
（$^6S \rightarrow {}^6A_1$），同时为了清晰起见，图中忽略了二重态，只给出六重和四重

迁可以被观察到，这与图 2.10 的结果一致。就自旋选律而言，$Mn^{2+}$ 的摩尔吸收系数要比 $Cr^{3+}$ 低两个数量级，而 $Cr^{3+}$ 离子的跃迁又要比允许跃迁（宇称选律决定）小 3 个数量级以上。

　　$Mn^{2+}$ 吸收光谱中有趣的现象是不同吸收跃迁的宽度不同。尤其是实际上位置一致的 $^6A_1 \rightarrow {}^4A_1$ 和 $^4E$ 谱带非常窄，而 $^6A_1 \rightarrow {}^4T_1$ 和 $^4T_2$ 跃迁则相当宽。前面已经提到谱带的宽度取决于跃迁与振动的耦合。由于晶体场强度随晶格振动而变化，因此田边-菅野图也就可以预测吸收带的宽度了。当吸收后进入的激发态能级与基态能级（即 $x$ 轴）平行，那么 $\Delta$ 的变化就不会影响到跃迁能量，此时可以料定会得到一个狭窄的吸收带。反之，如果激发态能级相对于 $x$ 轴有个倾斜度，那么 $\Delta$ 的变化就能影响跃迁能量，从而可以预期会出现一个宽阔的吸收带。通过比较图 2.11～图 2.13 与图 2.8～图 2.10，读者可以自行验证这些结论的正确性。

　　上面给出了相关结论的物理背景，这里就以 $Mn^{2+}$ 为例加以说明。基态能级的电子组态按未成对电子晶体场组成可以写成 $t_2^3 e^2$，而作为激发态晶体场能级的 $^4A_1$ 和 $^4E$ 来自与基态相同的电子组态，因此在位形坐标图中，$\Delta R$ 为 0，从而 $^6A_1 \rightarrow {}^4A_1$ 和 $^4E$ 的跃迁产生的是线状吸收光谱，这与实验结果是一致的。

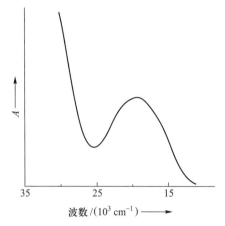

图 2.11 水溶液中 $Ti^{3+}(3d^1)$ 在的吸收光谱，其中大约 20 000 $cm^{-1}$ 处的谱带是 $^2T_2 \rightarrow {}^2E$ 跃迁，而紫外区的强谱带则属于电荷转移跃迁

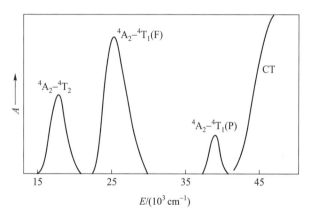

图 2.12 氧化物中 $Cr^{3+}$ 的吸收光谱示意图。其中自旋允许的晶体场跃迁清晰可见，而高能量处则出现了电荷转移（CT）跃迁

不过 $^4T_1$ 和 $^4T_2$ 能级对应的组态与基态不同，它们是 $t_2^4 e^1$，考虑到包含 $t_2$ 轨道的化学键与包含 e 轨道的化学键存在差异，显然这种电子组态对应的位形坐标图中抛物线的平衡位置不同于基态电子组态 $t_2^3 e^2$，从而使得 $^6A_1 \rightarrow {}^4A_1$ 和 $^4E$ 这样的跃迁中发生了 $R_0$ 的变化（即 $\Delta R \neq 0$），因此就会观测到相当宽的吸收光谱。

在紫外波段，由于配体-金属电荷转移跃迁的存在，过渡金属离子一般具有强而宽的吸收带。接下来要讨论的有关这种跃迁的例子看起来简单，但其实是很重要的没有任何 d 电子的实例。在这里将这种离子标记为 $d^0$ 离子，典型的示例有 $Cr^{6+}$ 和 $Mn^{7+}$。它们各自的氧化物（即铬酸盐和高锰酸盐）具有鲜艳的颜色。这种深色是因为它们的电荷转移跃迁落入了可见光区域。当然，从发光

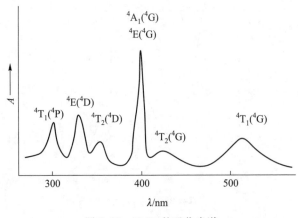

图 2.13　MnF$_2$ 的吸收光谱

材料的角度来看，更重要的 d$^0$ 离子示例是 V$^{5+}$（3d$^0$）、Nb$^{5+}$（4d$^0$）和 W$^{6+}$（5d$^0$）。

## 2.3.2　d$^0$ 组态的过渡金属离子

就各自的发光性能而言，YVO$_4$、YNbO$_4$ 和 CaWO$_4$ 等化合物是非常重要的发光材料。它们的吸收光谱在紫外波段都有强而宽的谱带。这种跃迁包含了从氧离子到 d$^0$ 离子的电荷转移过程[14]，即一个电子从非成键轨道（属于氧离子）被激发到某个反键轨道（主要是金属离子的 d 轨道），因此相应的化学键在光学跃迁发生后会被弱化，从而 $\Delta R \gg 0$ 且具有宽阔的带宽。

这种吸收跃迁的光谱位置取决于很多因素：d$^1$→d$^0$ 离子化的电离能、配体的数目和属性以及晶格中离子间的相互作用。这里就不再进一步讨论，而是采用下面的例子做个说明：

（1）CaWO$_4$ 的首个吸收跃迁处于 40 000 cm$^{-1}$（250 nm）处，而 CaMoO$_4$ 的则在 34 000 cm$^{-1}$（290 nm）处，加上其他因素都一样，因此出现这种差别的原因就是 Mo 的第六电离能（70 eV）相比于 W 的要更高（61 eV）；

（2）含 WO$_4^{2-}$ 基团的 CaWO$_4$ 的首个吸收跃迁位于 40 000 cm$^{-1}$ 处，而含 WO$_6^{6-}$ 基团的 Ca$_3$WO$_6$ 的则在 35 000 cm$^{-1}$ 处，这就说明随着配体①数目的增加，电荷转移跃迁带会移向低能位置；

（3）含有孤立 WO$_6^{6-}$ 基团的 Ca$_3$WO$_6$ 的电荷转移跃迁在 35 000 cm$^{-1}$ 处，而 WO$_6^{6-}$ 基团彼此共用氧离子的 WO$_3$ 的则落在可见光区（WO$_3$ 为黄色物质），这就说明发光中心之间的相互作用会影响到电荷转移跃迁带。

---

①　即氧离子。——译者注

### 2.3.3 稀土离子($4f^n$)

稀土离子的特征是有一个未完全填满的 4f 壳层。这个 4f 轨道位于离子的内部，被外围填满的 $5s^2$ 和 $5p^6$ 轨道所屏蔽。因此，基质晶格对 $4f^n$ 组态内的光学跃迁的影响并不大（不过也很重要）。图 2.14 给出了三价稀土离子中来源于 $4f^n$ 组态的主要能级随数值 $n$ 的变化。图中横杆的宽度给出了晶体场劈裂程度的大小。相比于过渡金属离子，这种劈裂是很小的。

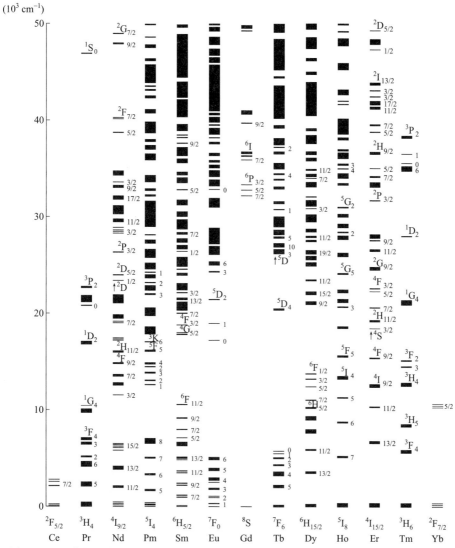

图 2.14 三价镧系离子的 $4f^n$ 组态能级图［经允许转载自 Carnall W T, Goodman G L, Rajnak K, Rana R S (1989) J. Chem. Phys. 90: 343］

　　稀土离子 $4f^n$ 组态内的光学吸收跃迁受宇称选律的强烈制约，因此一般来说，稀土氧化物 $RE_2O_3$ 接近于白色——虽然这些光学吸收跃迁能级都处于可见光区域，但其中只有 $Nd_2O_3$ 是明显带色的（浅紫色）。商业镨和铽的氧化物呈现深色则是因为同时存在着三价和四价离子（参见下文）。

　　图 2.15 以水溶液中 $Eu^{3+}$ 的吸收光谱给出了一个例子。其中有关尖锐的吸收线的讨论已经在前面讲过了，即它们是来自 $4f^n$ 组态内、$\Delta R = 0$ 的跃迁。同时也要注意：它们的摩尔吸收系数都很小。

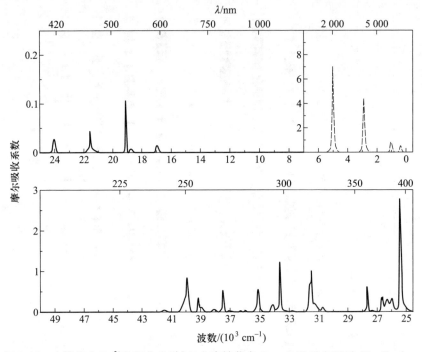

图 2.15　水溶液中 $Eu^{3+}$ 的吸收光谱［经允许转载自 Carnall W T（1979）Handbook on the physics and chemistry of rare earths, vol. 3. North Holland, Amsterdam, p. 171］

　　宇称选律要如何解禁呢？其答案是只要振动可以施加一个很微弱的影响就可以了。要了解有关这种影响的主要结论的读者可以参考文献［15］。当稀土离子所占的晶体学格位不具有反演对称性的时候，相应晶体场的非偶型项就更为重要。此时这些非偶型项可以促使少量宇称相反的波函数（比如 5d）与 4f 波函数发生混合。通过这种方式，$4f^n$ 组态之间的跃迁强度就会有所增加。光谱学者通常以如下方式来介绍这种现象：（禁阻的）4f-4f 跃迁从（允许的）4f-5d 跃迁中攫取了一部分强度。已有文献中给出了这类稀土光谱的很多说明，其中一些文献只是做了简单地介绍，而其他的则相当详尽，读者可以进一步参考文献[1，16-19]。

如果稀土离子的吸收光谱可以测到足够高的能量区域，那么也可以观察到允许跃迁，这就是接下来要讨论的内容。

### 2.3.4 稀土离子(4f-5d 与电荷转移跃迁)

前文提到的稀土离子的允许光学吸收跃迁是不同组态之间的跃迁，包括两种类型，即

（1）电荷转移跃迁($4f^n \rightarrow 4f^{n+1}L^{-1}$，其中 L 为配体)；

（2）$4f^n \rightarrow 4f^{n-1}5d$ 跃迁。

这两种都是允许的，同样满足 $\Delta R \neq 0$，而且光谱都以宽吸收带的形式出现。电荷转移跃迁出现在可以被还原的稀土离子身上。而 4f-5d 跃迁则需要可以被氧化的稀土离子。因此四价稀土离子($Ce^{4+}$、$Pr^{4+}$、$Tb^{4+}$)具有电荷转移吸收带[20]，比如橙色的 $Y_2O_3:Tb^{4+}$ 就是因为电荷转移吸收带位于可见光区而有了颜色。

另一方面，二价稀土离子($Sm^{2+}$、$Eu^{2+}$、$Yb^{2+}$)则具有 $4f \rightarrow 5d$ 跃迁，其中 $Sm^{2+}$ 的吸收位于可见光区域，而 $Eu^{2+}$ 和 $Yb^{2+}$ 则位于近紫外区域。

有变为二价趋势的三价离子($Sm^{3+}$、$Eu^{3+}$、$Yb^{3+}$)在紫外光区域会出现电荷转移吸收带，对于电负性较低的硫化物①，$Nd^{3+}$、$Dy^{3+}$、$Ho^{3+}$、$Er^{3+}$ 和 $Tm^{3+}$ 等也可以有电荷转移跃迁(光谱位于 30 000 $cm^{-1}$ 左右)。

趋向于成为四价的三价离子($Ce^{3+}$、$Pr^{3+}$、$Tb^{3+}$)在紫外区域会出现 $4f \rightarrow 5d$ 吸收带。图 2.16 就给出了这样一个例子。

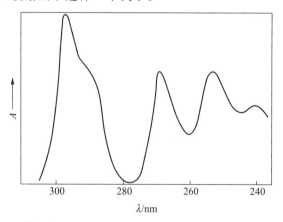

图 2.16　$CaSO_4$ 中 $Ce^{3+}(4f^1)$ 的吸收光谱：由于属于激发态的 5d 组态发生晶体场劈裂，因此 $4f \rightarrow 5d$ 跃迁有 5 个成分

①　这里指的是硫相对于氧而言，电负性更低，从而与金属离子之间的共价性(共用电子的能力)更强，也就更容易发生电荷转移跃迁。这也是前文提到 $Eu^{3+}$ 不会存在于硫化物的原因。——译者注

文献[21]中给出了有关这类光学跃迁的更详细的讨论，读者可以自行参考。

### 2.3.5　$s^2$ 组态的离子

基于 $s^2 \to sp$ 跃迁（宇称允许的），$s^2$ 组态的离子在紫外光区域存在强烈的光吸收。$s^2$ 组态给出了单个基态能级，即 $^1S_0$。这种标记的下标表示离子的总角动量量子数 $J$ 大小。而 sp 组态按能量递增顺序依次产生了 $^3P_0$、$^3P_1$、$^3P_2$ 和 $^1P_1$ 能级。

从自旋选律的角度看，唯一的光吸收跃迁预期是 $^1S_0 \to {}^1P_1$。实际上这种跃迁的确是吸收光谱的主要部分（参见图 2.17）。然而，谱图上也可以看到 $^1S_0 \to {}^3P_1$ 的跃迁。这是因为发生了自旋-轨道耦合，从而自旋三重态与单重态发生混合，元素原子量越大，这种混合就越多。因此 $As^{3+}(4s^2)$、$Sb^{3+}(5s^2)$、$Bi^{3+}(6s^2)$ 系列离子的实际自旋禁阻跃迁强度就更大。

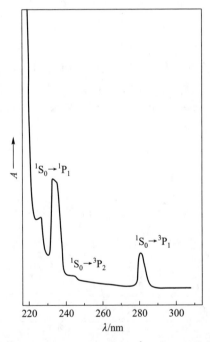

图 2.17　$KI\text{-}Tl^+$ 的吸收光谱。其中 $Tl^+$ 有 $6s^2$ 组态。图中标明了源于 $6s^2 \to 6s6p$ 的跃迁，能量较高处的吸收跃迁来自电荷转移和基质晶格

由于总角动量没有变化（$\Delta J \neq 0$），因此 $^1S_0 \to {}^3P_0$ 跃迁仍然保持禁阻状态。$^1S_0 \to {}^3P_2$ 跃迁同样也是禁阻的（$\Delta J = 2$ 是禁阻跃迁），但是它与振动耦合后

所得的强度就可以不为 0。有关 $s^2$ 离子的能级及其跃迁的更详细讨论可以参考文献[22]。

因为同 p 电子成键的结果是不同于与 s 电子成键的，因此 $\Delta R \neq 0$，从而可以预期吸收带将是宽带。$s^2$ 离子的带宽严重依赖于基质晶格，这在下一章中会进行讨论。

## 2.3.6　$d^{10}$ 组态的离子

$d^{10}$ 组态的离子，比如 $Zn^{2+}$、$Ga^{3+}$、$Sb^{5+}$ 等在短波紫外波段有强而宽的吸收带。近年来已经确定这些离子也可以发光[23]。虽然尚不清楚这种光吸收跃迁的真实本质，但是可以明确它包含了一个从配体（氧离子的 2p 轨道）到反键轨道的电荷转移跃迁，其中反键轨道由 $d^{10}$ 离子和配体共同构成。可以认为这种方式产生的跃迁会表现为大跨距和高强度的吸收带。

## 2.3.7　其他电荷转移跃迁

前面已经给出了若干个电荷转移跃迁的例子。它们都属于 LMCT（配体-金属电荷转移）类型。不过，MLCT（金属-配体电荷转移）类型也是可以有的——虽然在氧化物中很少看到，但是在配位化合物中，这种转移跃迁就相当普遍。

另一种电荷转移跃迁类型是 MMCT（金属-金属电荷转移）[24,25]，即电子从一种金属离子转移到另一种金属离子上。如果所涉及的离子属于同一种元素，那么这种电荷转移就称为价间电荷转移。具体的例子就是含有 $Fe^{2+}$ 和 $Fe^{3+}$ 的普鲁士蓝以及含有 $Bi^{3+}$ 和 $Bi^{5+}$ 的 $BaBiO_3$。而在不同类金属之间跃迁的例子则是蓝宝石（$Al_2O_3 : Fe^{2+}, Ti^{4+}$，其色彩来自 $Fe^{2+} \rightarrow Ti^{4+}$ 的电荷转移）、$YVO_4 : Bi^{3+}$（$Bi^{3+} \rightarrow V^{5+}$ 的电荷转移）和发光材料 $CaWO_4 : Pb^{2+}$（$Pb^{2+} \rightarrow W^{6+}$ 的电荷转移）。

从客观的角度来说，属于这类跃迁的所有吸收带都是很宽的。

## 2.3.8　色心

最常见的色心是 F 心，以卤化物，比如 KCl 为例，这种色心由处于空穴中的一个电子组成，因此只能存在于固体中。利用描述氢原子光谱的方法可以合理近似描述 F 心的吸收光谱。根据这种描述，首要的光学跃迁就是 $1s \rightarrow 2p$（宇称允许）。由于 KCl 最大吸收位于红光波段，因此含有 F 心的 KCl 晶体具有鲜艳的蓝色。

关于这些跃迁的理论到目前已经了解得非常透彻。除了 F 心以外还有其他类型的色心，不过相关介绍已经超出了本书的范畴，有兴趣的读者可以参考文献[1]和[2]。

## 2.4　基质晶格的吸收

正如前面提到的，针对辐射的吸收并不一定需要靠发光中心本身，而是可以由基质晶格来完成。在基质晶格的吸收中，显然可以简单分为两个子类：一类产生了自由载流子（电子与空穴），另一类则没有产生载流子。通过光电导测试可以区分这两种类型。

前一种类型的例子就是 ZnS。这是一种可用于阴极射线发光粉的基质，并且这种化合物属于半导体。当激发能量高于它的禁带宽度 $E_g$ 时就产生了光吸收。这种吸收产生了导带中的电子和价带中的空穴。由于 ZnS 价带顶主要由 S 的特征能级组成，而导带底则有相当多的 Zn 的特征能级，因此这种光学跃迁属于电荷转移类型，其能量位置可以随着 ZnS 中 Zn 或 S 被其他元素的取代而变动（参见表 2.3）。

**表 2.3　部分 ZnS 型半导体及其光吸收**

|  | $E_g$/eV | 颜色 |
|---|---|---|
| ZnS | 3.90 | 白色 |
| ZnSe | 2.80 | 橙色 |
| ZnTe | 2.38 | 红色 |
| CdS | 2.58 | 橙色 |
| CdTe | 1.59 | 黑色 |

然而，并不是每种基质晶格受到光激发时都会产生自由的电子和空穴。正如前面提到的 $CaWO_4$，其受到的紫外辐照是被 $WO_4^{2-}$ 基团吸收的。处于激发态的钨酸根基团中，空穴（位于氧离子处）和电子（位于钨离子处）一直结合在一起——它们之间的相互作用强大到足够制止类似 ZnS 中电子与空穴的分离。这样键合在一起的电子-空穴对就称为激子。尤其是当键合得紧密，就如同在 $CaWO_4$ 中的那样，这时的激子就是弗仑克尔（Frenkel）激子[1,26]。另一个例子就是 NaCl 中位于真空紫外波段 8 eV（150 nm）处的首个吸收带。它来自 $Cl^-$ 的 $3p^6 \rightarrow 3p^5 4s$ 跃迁。这种强烈耦合的电子-空穴对只存在于离子化合物中。

当阴极射线、X 射线和 γ 射线等高能射线辐照某种材料时，其中发生的过程更加复杂。当这些射线进入固体中时，它们会引起固体的电离，而电离效果则取决于射线的类型和能量大小。电离过程产生了很多二次电子。经过热化后，这些二次电子会产生大量的电子-空穴对，其结果就好比用恰好超过带隙的紫外辐射进行辐照一样。

　　本章介绍了针对射线的吸收过程及其跃迁来源，并且以紫外辐射以及发光中心自身的吸收为重点。吸收后的体系就处于激发态，因此下一章就要考虑它们如何返回基态。有些时候它们可以简单地沿吸收跃迁的路线逆向回到基态，但是更多的时候，它们更趋向于采用其他的路线，而不介意多走弯路。

# 参 考 文 献

［1］　Henderson B，Imbusch GF（1989）Optical spectroscopy of inorganic solids. Clarendon，Oxford.

［2］　Stoneham AM（1985）Theory of defects in solids. Clarendon，Oxford.

［3］　DiBartolo B（1968）Optical interactions in solids. Wiley，New York.

［4］　Atkins PW（1990）Physical chemistry，4th ed.. Oxford University Press，Oxford.

［5］　Jørgensen CK（1962）Absorption spectra and chemical bonding in complexes. Pergamon，Oxford.

［6］　Jørgensen CK（1971）Modern aspects of ligand field theory. North-Holland，Amsterdam.

［7］　Lever ABP（1984）Inorganic electronic spectroscopy，2nd ed.. Elsevier，Amsterdam.

［8］　Duffy JA（1990）Bonding，energy levels and bands in inorganic solids. Longman Scientific and Technical，Harlow

［9］　Blasse G（1972）J. Solid State Chem. 4：52.

［10］　Antic-Fidancev E，Lemaitre-Blaise M，Derouet J，Latourette B，Caro P（1982）C. R. Ac. Sci. Paris 294：1077.

［11］　Flahaut J（1979）Ch. 31 in Vol. 4 of the Handbook on the physics and chemistry of rare earths. North-Holland，Amsterdam.

［12］　Shriver DF，Atkins PW，Langford CH（1990）Inorganic chemistry. Oxford University Press，Oxford.

［13］　Cotton FA（1990）Chemical applications of group theory，3rd ed.. Wiley，Chichesterter.

［14］　Blasse G（1980）Structure and Bonding 42：1.

［15］　Blasse G（1992）Int. Revs Phys. Chem. 11：71.

［16］　Judd BR（1962）Phys. Rev. 127：750；Ofelt GS（1962）J. Chem. Phys. 37：511.

［17］　Camall WT（1979）Chapter 24 in Vol. 3 of the Handbook on the physics and chemistry of rare earths（Gschneidner KA Jr，Eyring L eds.）. North-Holland，Amsterdam.

［18］　Blasse G（1979）Chapter 34 in Vol. 4 of the Handbook on the physics and chemistry of rare earths（Gschneidner KA Jr，Eyring L eds.）. North-Holland，Amsterdam；（1987）Spectroscopy of solid-state laser-type materials（DiBartolo B. ed.）. Plenum，New York（1987）179.

[19]　Peacock RD（1975）Structure and Bonding 22：83.

[20]　Hoefdraad HE（1975）J. Inorg. Nucl. Chem. 37：1917.

[21]　Blasse G（1976）Structure and Bonding 26：43.

[22]　Ranfagni A，Mugnai D，Bacci M，Viliani G，Fontana MP（1983）Adv. Physics 32：823.

[23]　Blasse G（1990）Chem. Phys. Letters 175：237.

[24]　Blasse G（1991）Structure and Bonding 86：153.

[25]　Brown DB（ed.）（1980）Mixed-valence compounds. Reidel，Dordrecht.

[26]　Kittel C，Introduction to solid state physics（several editions）. Wiley，New York.

# 第 3 章

# 辐射返回基态：发射

## 3.1 引言

第 2 章中已经介绍了发光体系用于吸收激发能量的几种方法。接下来的几章将进一步关注其回到基态的可能途径。本章考虑的是有辐射返回基态的途径，并且吸收与发光过程均发生于同一个发光中心。满足这种条件的典型例子就是没有基质晶格吸收并且浓度不高的发光中心的光致发光（参见图 1.1）。

作为对比，后面的第 4 章讨论的是无辐射返回基态。随后第 5 章介绍了返回基态的其他可能方式，即将离子所得的激发能转移给其他成分（参见图 1.3）。

本章按以下方式组织内容：首先结合位形坐标（参见第 2 章）做概括性的讨论，接着介绍各种典型的发光离子，最后探讨余辉和受激发射（stimulated emission）等比较重要的发光现象。

## 3.2　漫谈发光中心的发射

继第 2 章的例子，图 3.1 再次给出了位形坐标图。这里事先认为激发态和基态两条抛物线之间存在偏移。根据第 2 章的结论，就可以知道这时的吸收是宽带，并且使得发光中心跃迁到激发态的高振动能级上。随后发光中心首先返回激发态的最低振动能级，同时将多余的能量传给周围环境。这个过程也可以改用另一种说法，即原子核改变各自的位置以满足新（激发态）的场合，从而使得原子核间距等于激发态的平衡间距，其中位形坐标变化为 $\Delta R$。这个过程被称为弛豫（relaxation）。

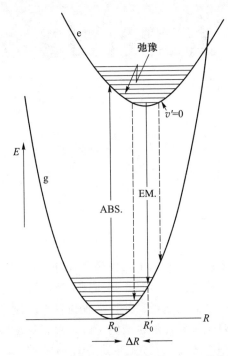

图 3.1　位形坐标图（也可参考图 2.3）。为了清晰起见，g→e 吸收跃迁只画了一处（具有最大强度的跃迁）。吸收（ABS.）后体系落在激发态的高振动能级位置，随后弛豫到最低振动能级 $v'=0$ 处。最后发生宽带的 e→g 发射（EM.）。$\Delta R$ 给出了两抛物线之间的偏移

弛豫中通常不会有发射，就算是有，其强度也不大[①]。这可以从各自的速率

---

① 结合下文，就算弛豫过程有发光，因为这个过程的时间很短（$10^{-13}$ s），按照 $10^8$ s$^{-1}$ 计算，每秒也只有 $10^{-5}$ 个光子。——译者注

看出来：非常快的发光速率是 $10^8$ s$^{-1}$，而一般振动的速率就可以达到 $10^{13}$ s$^{-1}$左右。

在释放辐射的条件下，发光体系可以从激发态的最低振动能级自发回到基态。关于这一过程的规律与用于吸收过程的一样。其中的不同就在于发射是自发发生的（即不存在外界辐射场①），而吸收则只能在外界辐射场存在时才能发生。如果发射时有外界辐射场参与作用，那么这种吸收的逆过程就是受激发光（参见第 3.6 节），属于非自发发光。

利用发射的手段，发光中心将落入基态的某个高振动能级，这时又发生了弛豫，不过现在的终点是基态的最低振动能级。这些弛豫过程导致发射的能量小于吸收的能量（参见图 3.1）。这里给出了一个例子——图 3.2 是 LaOCl 中 Bi$^{3+}$发光过程所得的发射和激发（相当于吸收）光谱。其中（最低②）激发带与发射带的最大值之间的能量差称为斯托克斯（Stokes）位移。显然，$\Delta R$ 值越大，斯托克斯位移就越大，相应的光谱带就越宽。

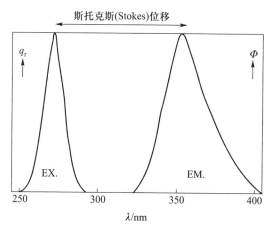

图 3.2　LaOCl:Bi$^{3+}$中发光中心 Bi$^{3+}$的发射（EM.）和激发（EX.）光谱。其中斯托克斯位移大约为 9000 cm$^{-1}$。本图及后面各图中的 $q_r$ 表示相对量子输出，而 $\Phi$ 表示每固定波长间隔的光谱辐射功率。两者均为任意单位

如果两条抛物线对应的力常数一样（即形状相同），那么弛豫过程的能量损失大小就是 $Sh\nu$/抛物线，其中 $h\nu$ 为两个振动能级的能量间隔，而 $S$ 是一个整数，从而斯托克斯位移的大小就是 $2Sh\nu$。常数 $S$ 称为黄-里斯（Huang-Rhys）耦合参数③，其大小正比于 $(\Delta R)^2$（具体可参见文献[1]）。$S$ 可以表征电子-晶

①　辐射场即通常所说的激发源。——译者注
②　这里表示最低激发态振动能级，具体可参见图 3.1。——译者注
③　黄（Huang）就是著名科学家黄昆，由于他做出了主要贡献，因此 $S$ 因子有时也称为黄昆因子。实验计算所得的 $S$ 不一定是整数，因此文献中也有 $S$ 带小数部分的报道。——译者注

格耦合的强度，如果 $S<1$，为弱耦合结构；$1<S<5$ 为中强耦合结构；而 $S>5$，则为强耦合结构。

如果用 $R$ 表示中心金属离子与配体的距离，那么吸收-发射过程中 $R$ 的循环就是如下的一幅图像：首先是发生了吸收，而 $R$ 不动；接着发光中心往外运动直到进入新的平衡位置($R+\Delta R$)；随后在 $R$ 不变的条件下出现了发射；最后发光中心往里收缩 $\Delta R$ 而回到基态的平衡位置。不过，这种经典物理的描述经常与现实不符，因为多数时候，相对于基态，激发态可以发生畸变。

有这种畸变的典型例子是 $Te^{4+}$[2]。在诸如化合物 $Cs_2SnCl_6:Te^{4+}$ 中该离子发黄光（参见图 3.3）。其斯托克斯位移为 7 000 $cm^{-1}$。发射光谱结构清晰，由大量等距离间隔的谱峰组成（参见图 3.3），每两个谱峰之间的能量差为 240 $cm^{-1}$。这个能量差值相应于基态的一种振动模式。从拉曼光谱可以知道这种 240 $cm^{-1}$ 振动模式不是金属-配体化学键同步伸缩的振动模式($\nu_1$)，而是发光基团 $TeCl_6^{2-}$ 八面体的四角形畸变($\nu_2$)(tetragonally distorted)（参见图 3.4），此时的位形坐标对应的是 $\nu_2$。这就意味着光吸收后的弛豫过程中，八面体基团发生了四角形畸变，而发射之后则弛豫回没有畸变的基态。类似的结果也出现于 $CrO_6^{9-}$ 中的 $Cr^{3+}$ 乃至钒酸根 $VO_4^{3-}$ 中（下文将会提到）。

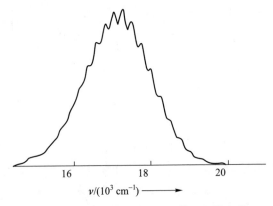

$\nu/(10^3 \ cm^{-1})$ ———

图 3.3　4.2 K 下 $Cs_2SnCl_6:Te^{4+}$ 的发射光谱

客观上需要考虑发光中心与所有可能振动模式的耦合结果。不过幸运的是，多数情况下起主要耦合作用的仅有一种振动模式，即除了这种模式之外的其他振动模式的耦合参数 $S$ 并不大，以至于可以忽略不计，这样才能进行光谱分析。反之，如果需要考虑与多种振动模式的耦合，那么光谱就被展宽，并且可以提供的信息量急剧减少，以至于没办法进行分析。

描述吸收光带形状的规律（参见第 2 章）同样可用于描述发射带的形状。图 3.5 给出了不同发光物质，即 $Gd^{3+}$、$UO_2^{2+}$ 和 F 心的发射光谱。这些光谱均

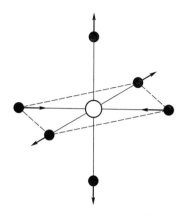

图 3.4　八面体 $ML_6$（M：金属离子，L：配体离子）的 $\nu_2$ 振动模式

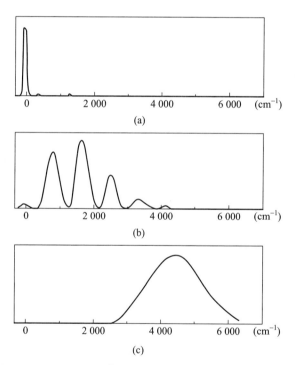

图 3.5　低温下 $GdAl_3B_4O_{12}$（a）、$UO_2^{2+}$（b）和 F 心（c）的发射光谱。零声子线的位置一般放在 0 cm$^{-1}$。图（a）中主要是零声子线（$Gd^{3+}$，$S\sim0$），图（b）也有（$S\sim2$），但是到了图（c）则消失不见（$S>5$）。图（a）中发光的具体位置位于紫外区域，图（b）是绿光区域，而图（c）则处于红外区域

以零声子线为基准，按照同样的能量比例标尺绘制。在 $Gd^{3+}$ 中，零声子线占优势（弱耦合），而 $UO_2^{2+}$ 中也清楚存在由 $\nu_1$ 振动模式引起的等距谱峰分布（对称伸缩振动模式，中强耦合），至于 F 心则体现为宽带，并且零声子线的强度为 0（强耦合）。总之，发光物质的本质决定了 $S$ 的大小（即电子-晶格耦合的强度）。

不过，基质晶格对发射光谱的形状也存在影响。比如，在 $Cs_2SnCl_6$ 的 $Te^{4+}$ 发射光谱可以观察到振动结构（参见图 3.3），但是到了 $ZrP_2O_7:Te^{4+}$，这个结构就看不到了，并且发射带变宽了两倍多。而 $Bi^{3+}$ 在 $ScBO_3$ 的发射光谱中可以看到振动结构，改为 $LaBO_3$ 也消失了[3]。振动结构的消失意味着 $S$ 或者位移 $\Delta R$ 的增大。由于刚性的环境会降低 $\Delta R$ 和 $S$ 值，因此这时的斯托克斯位移就会更小，并且振动结构在合适的条件下就可以被观测到。需要注意的是，对于能够无辐射返回基态的过程，这种刚性的影响甚至更为显著（参见第 4 章）。

基质晶格对吸收跃迁的影响（参见第 2 章）理所当然也会作用于发射跃迁中。不过这时的影响不同于基质晶格对 $\Delta R$ 和 $S$ 的影响，因此基质晶格对发射跃迁的影响不好解释：毕竟有好几种效应的影响需要进行甄别，而这往往并非一件易事。

另外，吸收光谱中光吸收强度可以利用简便又经典的方法测得[4]，而改为发射光谱则不一样了。要计算发射强度，需要用到的一个关键性质就是激发态的寿命。就允许跃迁而言，这个寿命并不长，约 $10^{-7} \sim 10^{-8}$ s，而固体中的强禁阻跃迁的时间就要长得多了，有几个 $10^{-3}$ s。激发态寿命对于很多应用都是非常重要的，因此值得更为详细地讨论。首先，对于图 3.1 中的双能级体系（一个激发态，一个基态），其激发态布居的下降可以如下计算：

$$\frac{dN_e}{dt} = -N_e P_{eg} \tag{3.1}$$

式中，$N_e$ 值是一次激发脉冲后产生的处于激发态的发光离子数目；$t$ 是时间；$P_{eg}$ 则是从激发态到基态的自发发射概率。

积分后就得到

$$N_e(t) = N_e(0)e^{-P_{eg}t} \tag{3.2}$$

可以进一步改写为

$$N_e(t) = N_e(0)e^{-t/\tau_R} \tag{3.3}$$

式中，$\tau_R(=P_{eg}^{-1})$ 是辐射衰减寿命，显然，强度的对数对时间作图将给出一条直线，图 3.6 就给出了这样一个例子。经过 $\tau_R$ 时间后，激发态的布居就降低到原来的 $1/e$（37%）。

式（2.1）对于发射跃迁依然有效。就如同吸收跃迁那样，原子核部分确定了发射带的形状，而电子部分则与辐射衰减时间的数值有关。

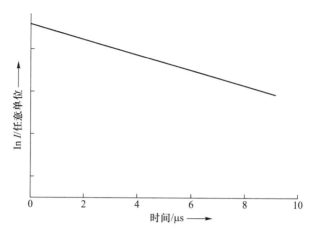

图 3.6 室温下 $SrB_4O_7 : Eu^{2+}$ 中 $Eu^{2+}$ 发射的衰减曲线。这条曲线是经脉冲激发后，将发光强度 $I$ 取对数并且对时间作图而得到的，与式（3.3）一致，为一条直线

接下来列举几种发光中心，一方面可以说明本节所提的一般性知识，另一方面也同时介绍了它们在这几种发光中心内的应用。

## 3.3　典型的发光中心

### 3.3.1　碱金属卤化物的激子发光

这一节从卤化物开始是因为这些化合物中的本征发光中心在激发态中的弛豫并不简单，其机制直到最近才利用现代化实验技术得以揭开。下文所举的这个例子可以说明弛豫的过程，同时也介绍了所用仪器技术，即飞秒光谱仪的威力[5]。

现在考虑 KCl 这个给定的例子。它事实上是一种非常简单的化合物。以往已经报道过它的最低光吸收带来自 $Cl^-$ 的 $3p^6 \rightarrow 3p^5 4s$ 跃迁。其激发态可以认为是一个位于 $Cl^-$ 上（在 3p 壳层）的空穴伴随着一个直接近邻 $Cl^-$ 的电子——这是因为 $Cl^-$ 的外层 4s 轨道弥散于 $K^+$ 的周围。现在看一下吸收后发生了什么结果。首先是空穴倾向于与两个 $Cl^-$ 键合而形成 $V_K$ 心。这种色心由一个赝 $Cl_2^-$ 分子组成，并且位于相应的两个 $Cl^-$ 所处的晶格位置上，那个电子就围绕 $V_K$ 心运动。通过这种方式，一个自陷激子就诞生了。总之，一个电子和一个空穴键合在一起就成为一个激子，通过弛豫过程（$Cl^{-*} \rightarrow V_K \cdot e$），激子的能量下降，此时它就被束缚在晶格中了。

多年以前，通常的看法是 KCl 的发光来自自陷激子的复合，即电子落入

$V_K$ 心的空穴中，随后激子的能量就以辐射的形式被发射出来。然而最近却发现 $V_K \cdot e$ 激子可以进一步弛豫：整个赝 $Cl_2^-$ 分子会移向其中一个 $Cl^-$ 的晶格位置（这可以称为 H 心），而此时构成色心的电子就移到空出来的另一个 $Cl^-$ 位置上（这就是常见的 F 心）。这种新的弛豫状态被称为 F-H 对。它的能量要低于 $V_K \cdot e$ 弛豫状态。图 3.7 给出了这几步弛豫过程。实际上，这么大的弛豫自然会产生巨大的斯托克斯位移（在碱金属卤化物中，就达到好几个 eV）。当发射完成后，F-H 组态就弛豫回基态，即 $e_{Cl} \cdot (Cl_2^-)_{Cl} \rightarrow 2Cl_{Cl}^-$[①]，下标代表晶格位置。

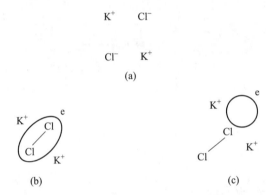

图 3.7　碱金属卤化物中激发态弛豫过程示意图。(a) 基态；(b) $V_K$ 心和一个电子组成的自陷激子；(c) F-H 色心对。电子用它的轨道表示(手绘线)并标记了"e"，而赝 $Cl_2^-$ 分子(即被束缚的空穴)用 Cl-Cl 表示。具体也可参见文中介绍

这个例子足以用来说明发射过程明显不同于(简单的)吸收过程。要详细了解各种细节的读者可以参考文献[5]。这里要再次提醒的是碱金属卤化物弛豫自陷激子的寿命($\sim 10^{-6}$ s)要长于允许跃迁的期望值($10^{-7} \sim 10^{-8}$ s)。这可以归因于实际的发射态包含了部分自旋三重态的特征——当电子与空穴的自旋方向平行时就产生了这种三重态。基于自旋选律(参见第 2 章)，这种发射跃迁就会被(部分地)禁阻。

### 3.3.2　稀土离子(线状发光)

前面的图 2.14 已经给出了三价稀土离子 $4f^n$ 组态的能级。由于 4f 电子与外界环境很好地被隔离开来，因此在位形坐标中，这些能级将以平行抛物线的形式出现($\Delta R = 0$)，从而发射跃迁在光谱中将呈现锐线的形状。由于这种跃迁

①　原文估计是排版错误，误为"2CldCl-"。——译者注

不改变宇称,因此激发态的寿命很长($\sim 10^{-3}$ s)。

图2.14所给的能级实际上是可以被晶体场劈裂的。不过,由于$5s^2$和$5p^6$电子的屏蔽,这种劈裂其实很小——过渡金属离子($d^n$)的晶体场强度是以好几万 $cm^{-1}$ 的大小为特征的,而稀土离子($f^n$)中才只有几百个 $cm^{-1}$。

说完了这些一般性的结论,接下来就介绍一下几种重要的稀土离子。

### 3.3.2.1 $Gd^{3+}$($4f^7$)

$Gd^{3+}$外围具有半充满的4f壳层,从而产生一个很稳定的基态$^8S_{7/2}$,其激发态能级所处的能量位置超过了 32 000 $cm^{-1}$,因此发射光就落在紫外光谱范围。基态$^8S_{7/2}$能级(非简并轨道)不能被晶体场劈裂,从而低温下发射光谱就成了一条线,即只有从$^6P_{7/2}$能级被晶体场劈裂后所得的最低能级到$^8S_{7/2}$的跃迁。然而,实际测得的光谱却可以包含多个跃迁产生的谱线,其原因在于:

(1) 首先在低于$^6P_{7/2} \rightarrow {}^8S_{7/2}$电子跃迁的能量位置通常会存在微弱的电子振动跃迁(vibronic transition)。在这类电子振动跃迁中其实同时发生了两种跃迁,即电子跃迁(electronic transition)(这里就是$^6P_{7/2} \rightarrow {}^8S_{7/2}$)和振动跃迁(vibrational transition)。因此,电子跃迁(这种情况下,一般称为零声子跃迁或者原点)和电子振动跃迁之间的能量差就确定了发射中被激发的振动模式对应的频率值[1]。在图3.5中,一条电子振动线出现在$Gd^{3+}$发射光谱中低于电子原点(electronic origin)的 1 350 $cm^{-1}$位置,其生成也包含了硼酸根基团振动的贡献。很多稀土元素的光谱中都可以观察到这类电子振动跃迁(作为示例,可以自行参考文献[6])。

(2) 其次是在高能位置可以观察到比当前电子跃迁能量更高的其他跃迁,它们来自$^6P_{7/2}$能级产生的更高的晶体场能级。由于晶体场劈裂不大,因此即使温度低到 4.2 K,在各个晶体场能级中的分布也是可观的[2]。图3.8以$LuTaO_4$中$Gd^{3+}$在室温下的发射光谱做了说明:图中有 4 条属于$^6P_{7/2} \rightarrow {}^8S_{7/2}$跃迁的谱线,它们源自$^6P_{7/2}$的 4 个晶体场能级;除此之外,图中还有 3 条属于$^6P_{5/2} \rightarrow {}^8S_{7/2}$跃迁的谱线,这是因为$^6P_{5/2}$产生的晶体场能级,尤其是高能级部分在室

---

① 原先电子在两个能级之间发生的跃迁过程耦合了晶格的振动过程,因此电子跃迁能量下降,发光往长波方向移动,而少掉的能量就是振动跃迁吸收的能量,可以根据 $E = h\nu$ 算出振动的频率。这里作者将耦合后的电子跃迁称为电子振动跃迁,不涉及现在常见的声子概念,但其实两者是一致的,不过是说法有差别而已,如果采用声子的概念,就是在电子跃迁的发生中除了发射光子,还发射了声子,此时光子的能量要低于零声子发射时光子的能量(零声子线或原点),而声子的频率由能量差确定。——译者注

② 由于晶体场能级之间差距小(劈裂小),因此体系中微小的涨落(不太高的温度或微弱的热振动)就足以让电子获得足够的能量而分布到更高的晶体场能级。后面有关 $LuTaO_4$ 的 $Gd^{3+}$ 发光劈裂也是如此。——译者注

温下也可以通过热振动而实现电子在这些能级中的分布。

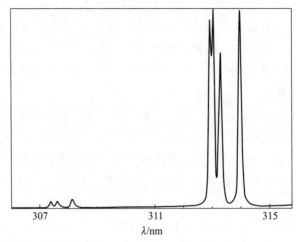

$\lambda/\mathrm{nm}$

图 3.8　室温下 $LuTaO_4$:$Gd^{3+}$ 中发光 $Gd^{3+}$ 的发射光谱。其中 $^6P_{7/2} \rightarrow {}^8S_{7/2}$ 跃迁含
有 4 个组分（长波侧），而 $^6P_{5/2} \rightarrow {}^8S_{7/2}$ 跃迁则有 3 个组分（短波侧）

（3）如果被足够高的能量激发（比如 X 射线），那么就可以看到更多的跃迁。图 3.9 给出了这样的例子。组成为（$LaF_3$:$Gd^{3+}$）的化合物在 X 射线激发下，能量从低到高依次出现了来自 $^6P$、$^6I$、$^6D$ 和 $^6G$ 能级的发射光[7]。

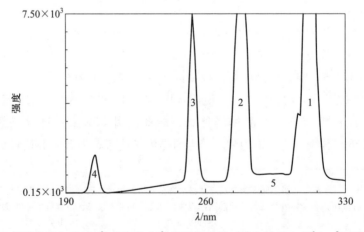

$\lambda/\mathrm{nm}$

图 3.9　X 射线激发 $LaF_3$:$Gd^{3+}$ 中发光 $Gd^{3+}$ 的发射光谱。其中谱线 1 是 $^6P \rightarrow {}^8S$ 跃迁，谱线
2 是 $^6I \rightarrow {}^8S$ 跃迁，谱线 3 是 $^6D \rightarrow {}^8S$ 跃迁，谱线 4 是 $^6G \rightarrow {}^8S$ 跃迁，而带 5 是 $LaF_3$ 的自陷激
子发射带（$V_K$ 型色心，参见 3.3.1 节）

### 3.3.2.2 Eu$^{3+}$(4f$^6$)

Eu$^{3+}$的发光通常落在红色光谱区域。这些谱线在照明和显示(彩色电视机)领域有重要应用。它们对应于受激发的$^5D_0$能级到4f$^6$组态对应的$^7F_J$($J=0$、1、2、3、4、5、6)能级的跃迁。由于$^5D_0$能级在晶体场中不会劈裂(因为$J=0$),因此发射跃迁的劈裂意味着发生了$^7F_J$能级的晶体场劈裂。具体可参见图3.10。另外,除了可以看到这些发射线之外,通常也可以出现更高的$^5D$能级,即$^5D_1$和$^5D_2$,甚至是$^5D_3$产生的发射。有关这些高能发射能否发生的决定性因素将在第4章中进行讨论。

$^5D_0 \rightarrow {}^7F_J$发射非常适合用来探讨稀土特有的尖锐光谱的跃迁概率问题。如果稀土离子在晶体点阵中占据的位置具有反演对称性,那么4f$^n$组态能级间的光学跃迁中,属于电偶极跃迁的就被严格禁阻(宇称选律),而只有遵守选律$\Delta J=0$,$\pm 1$(但$J=0$到$J=0$是禁阻)的磁偶极跃迁(相对微弱很多)或者改用电子振动电偶极跃迁形式[①]的才可以发生。

反之,如果该稀土离子所处位置没有反演对称性,那么此时存在的非偶晶体场项就会在原有4f$^n$组态能级中混入相反的宇称态(参见2.3.3节),此时电偶极跃迁就不再是严格禁阻,而是可以在光谱中产生(微弱)谱线了。这就是所谓的受迫电偶极跃迁(forced electric-dipole transition)。一些跃迁,即具有$\Delta J=0$,$\pm 2$的对于这种效应超级敏感,即使稍微偏离了反演对称性,它们在光谱中就立即被显著化了。

现在回过头来看图3.10就可以发现它符合上述结论。这张图给出了NaLuO$_2$:Eu$^{3+}$和NaGdO$_2$:Eu$^{3+}$的发射光谱。虽然两者的基质晶格都属于岩盐结构,但是一价和三价金属离子各自组成不同的超结构。在NaLuO$_2$中,稀土离子占据的位置具有反演对称性,而NaGdO$_2$中,虽然稀土离子是八面体配位,但是由于金属离子超结构的影响,相对于反演对称性有个微弱的偏移。

在NaLuO$_2$:Eu$^{3+}$中,$^5D_0 \rightarrow {}^7F_1$发射跃迁占据主要地位。其他所有跃迁仅以很弱乃至宽化的谱峰形式存在,因此主要属于电子振动跃迁,缺乏电子原点谱线。由于初始能级为$^5D_0$,因此实验中可观测到的、唯一可能的磁偶极跃迁就是$^5D_0 \rightarrow {}^7F_1$。而施加于稀土离子所处位置的三方晶体场将NaLuO$_2$中的该跃迁劈裂为两条谱线。

在NaGdO$_2$:Eu$^{3+}$中则是$^5D_0 \rightarrow {}^7F_2$的发射跃迁占优势,不过其他谱线也可以观测到。Eu$^{3+}$的这种发光情况是很典型的,其原因在于当初始能级满足$J=0$时,根据受迫电偶极跃迁理论[8]将产生一个选律,即跃迁到具有非偶$J$的能级

---

① 参考前面的电子振动跃迁。即电偶极跃迁同声子耦合,从而不再受字称选律的限制。——译者注

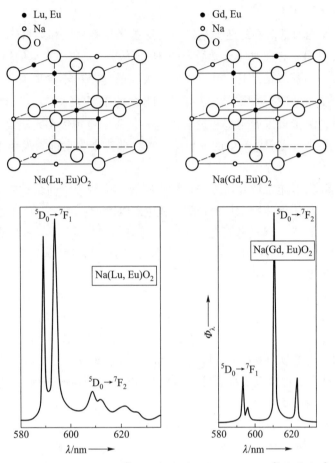

图 3.10  $NaLuO_2$ 和 $NaGdO_2$ 中 $Eu^{3+}$ 的发射光谱。在 $NaLuO_2:Eu^{3+}$ 光谱中，$^5D_0 \rightarrow ^7F_1$ 谱线占优势；而在 $NaGdO_2:Eu^{3+}$ 光谱中，$^5D_0 \rightarrow ^7F_2$ 谱线占优势。在该图上方给出了各自的基质晶格示意图，也可参阅文中的介绍

将被禁阻，更进一步地，$J = 0 \rightarrow J = 0$ 的跃迁也是禁阻的——因为这时总轨道角动量没有变化。这样就使得光谱产生了如下的结果：虽然存在代表磁偶极跃迁发射的 $^5D_0 \rightarrow ^7F_1$，但是其强度不如受迫电偶极跃迁 $^5D_0 \rightarrow ^7F_2$；此时这种对是否反演对称超级敏感的受迫电偶极跃迁发射实际上居于主要地位，而其他的受迫电偶极跃迁，诸如 $^5D_0 \rightarrow ^7F_{4,6}$ 等则是微弱的谱线。

上述例子表明，与 $Eu^{3+}$ 红光有关的应用要求发射光主要来自 $^5D_0 \rightarrow ^7F_2$ 跃迁，这就意味着这种超敏感性是材料研究中需要考虑的重点。

### 3.3.2.3　$Tb^{3+}(4f^8)$

$Tb^{3+}$ 发光来自 $^5D_4 \rightarrow ^7F_J$ 跃迁，其主要落在绿光波段。另外，更高能级

的 $^5D_3 \rightarrow {}^7F_J$ 跃迁也常常出现在发射光谱中，主要处于蓝光波段。图 3.11 给出了 $Tb^{3+}$ 的发射光谱示例。因为这些跃迁中的 $J$ 值很大，所以这些能级在晶体场中会劈裂成很多子能级，从而使得光谱看起来很复杂。

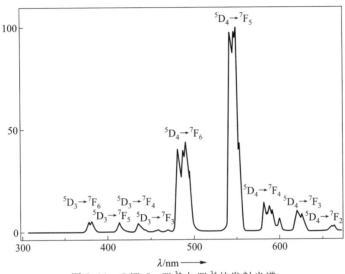

图 3.11　$GdTaO_4 : Tb^{3+}$ 中 $Tb^{3+}$ 的发射光谱

#### 3.3.2.4　$Sm^{3+}(4f^5)$

$Sm^{3+}$ 发光位于橙红色光谱范围，由 $^4G_{5/2}$ 能级到基态能级 $^6H_{5/2}$ 及其更高的 $^6H_J(J > 5/2)$ 能级的跃迁组成。

#### 3.3.2.5　$Dy^{3+}(4f^9)$

$Dy^{3+}$ 的发光来源于 $^4F_{9/2}$ 能级，其中占优势的是它到 $^6H_{15/2}$（～470 nm）和 $^6H_{13/2}$（～570 nm）的跃迁。后者的 $\Delta J = 2$ 并且对环境超级敏感。一般情况下，$Dy^{3+}$ 发光是白色的，当基质晶格产生了超敏感效应时则转为黄色。

#### 3.3.2.6　$Pr^{3+}(4f^2)$

$Pr^{3+}$ 的发光颜色主要取决于基质晶格：比如当发光来源于 $^3P_0$ 能级，随基质不同，它可以在 $Cd_2O_2S : Pr$ 中发绿色光（$^3P_0 \rightarrow {}^3H_4$），也可以出现 $LiYF_4 : Pr$ 中红光同样很强的结果（$^3P_0 \rightarrow {}^3H_6, {}^3F_2$）。相应地，如果发光来源于 $^1D_2$ 能级，那么就是红光或近红外光。有关确定发光是来源于 $^3P_0$ 还是 $^1D_2$ 能级的因素可以参考后面的讨论。这里需要另行指出的是 $^3P_0$ 发光的衰减时间非常短（几十个 μs），而且这些跃迁不仅没有违背自旋选律，其中的 4f 轨道分布还随着稀土元素质量的降低（核电荷数更少）而更为分散，从而更有利于 4f 组态与反宇称组态的混合[9]。

稀土离子的发光并不一定就是锐线发射——这正是接下来要讨论的内容。

### 3.3.3　稀土离子(宽带发射)

有好几种稀土离子可以实现宽带发光。这些发光跃迁中，电子是从 5d 轨道返回 4f 轨道(也可参见 2.3.4 节)。下面首先讨论三价离子($Ce^{3+}$、$Pr^{3+}$、$Nd^{3+}$)，然后再讨论二价离子($Eu^{2+}$、$Sm^{2+}$、$Yb^{2+}$)的宽带发光。

#### 3.3.3.1　三价离子

由于 4f 轨道只有一个电子，因此 $Ce^{3+}(4f^1)$ 是三价离子中最简单的例子。其激发态的电子组态是 $5d^1$，而 $4f^1$ 基态的电子组态在自旋-轨道耦合下分为两个能级，即 $^2F_{5/2}$ 和 $^2F_{7/2}$，两者能量差大概是 $2\,000\ cm^{-1}$。在晶体场作用下，$5d^1$ 组态可以进一步劈裂为 2~5 个组分，最低与最高晶体场能级差可以达到 $15\,000\ cm^{-1}$ 左右(参见图 3.12)。

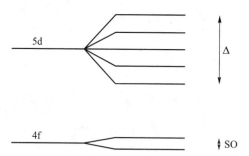

图 3.12　$Ce^{3+}(4f^1)$ 的能级分布示意图。左边部分是没有进一步考虑相互作用的结果，此时只有简并的 4f 和 5d 能级；而右边则是考虑了相互作用后的结果：自旋-轨道(SO)耦合将 4f 能级劈裂成两部分(间距约 $2\,000\ cm^{-1}$)；而晶体场($\Delta$)则将 5d 能级劈裂成总跨度大约为 $15\,000\ cm^{-1}$ 的 5 个晶体场能级

$Ce^{3+}$ 的发光来自 $5d^1$ 组态中最低晶体场能级到基态两个能级之间的跃迁，从而其发射是典型的双带形状(参见图 3.13)。因为 5d→4f 跃迁是宇称允许并且自旋选律也不起作用，因此该发射跃迁是完全允许的，从而强度很大。另外，$Ce^{3+}$ 发光的衰减时间短，只有几十 ns。如果发光波长较长，那么衰减时间会变长。比如在 $CeF_3$ 中，300 nm 的发光衰减寿命是 20 ns，而在 $Y_3Al_5O_{12}:Ce^{3+}$ 中，发光是 550 nm，衰减则增加到 70 ns。已有研究表明，对于给定的跃迁，衰减时间 $\tau$ 正比于发光波长 $\lambda$ 的平方[10]：$\tau \sim \lambda^2$。

$Ce^{3+}$ 发光的斯托克斯位移并不会很大，波数一般从一千到几千不等(中强耦合类型)。发射带的具体位置取决于如下 3 个因素：

(1) 共价性(电子云扩展效应)会降低 $4f^1$ 与 $5d^1$ 组态之间的能量差；

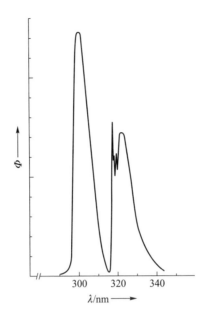

图 3.13 4.2 K 下 $LiYF_4 : Ce^{3+}$ 中 $Ce^{3+}$ 的发射光谱。这两个光谱带分别对应于最低的 5d 晶体场能级到 4f 基态的两个能级的跃迁，其中波长较长的谱带出现了振荡结构

（2）$5d^1$ 组态的晶体场劈裂：强的低对称性晶体场可以降低最小晶体场能级的能量值，而该能级正是发光的源头；

（3）斯托克斯位移。

基于上述结论，$Ce^{3+}$ 发光通常在紫外光或蓝光区域，但是对于 $Y_3Al_5O_{12}$，则处于绿光和红光区域（晶体场效应），而在 CaS 中发射红外光（共价效应）。

在特定条件下，$Pr^{3+}(4f^2)$ 和 $Nd^{3+}(4f^3)$ 也可以观察到 5d→4f 发光，比如 $LaB_3O_6 : Pr^{3+}$ 在 260 nm 附近有带状发光，而 $LaF^3 : Nd^{3+}$ 则是 175 nm 附近。基于 $\tau \sim \lambda^2$ 的关系，后者的衰减时间仅有 6 ns[11]。不过，这些离子常见的还是其他发光方式，即 $4f^n$ 组态之间的发光跃迁。

### 3.3.3.2 二价离子

二价稀土离子中最常见也用得最广泛的是 $Eu^{2+}(4f^7)$。这种离子产生的 5d→4f 发射波长涵盖了长波紫外光到黄光的区域，衰减时间大概为 1 μs。其原因就在于发光能级包含了（自旋）八重态和六重态，而基态能级（来自 $4f^7$ 的 $^8S$）是八重态，因此受自旋选律作用，光学跃迁速率下降。

反映 $Eu^{2+}$ 发光颜色与基质晶格关系的因素与 $Ce^{3+}$ 中的一样。如果晶体场不强并且共价程度小，那么 $Eu^{2+}$ 的 $4f^65d$ 组态的最低能级会移向高能区域，甚至可以超过 $4f^7$ 组态的 $^6P_{7/2}$ 能级，这时在低温下就可以看到源自 $^6P_{7/2} \to {}^8S_{7/2}$ 跃迁

49

的锐线发射。其中 $SrB_4O_7:Eu^{2+}$ 就是这样的一个例子[12]。

图 3.14 给出了随温度变化的 $Eu^{2+}$ 发射光谱。在 4.2 K 时存在源自$^6P_{7/2}$的

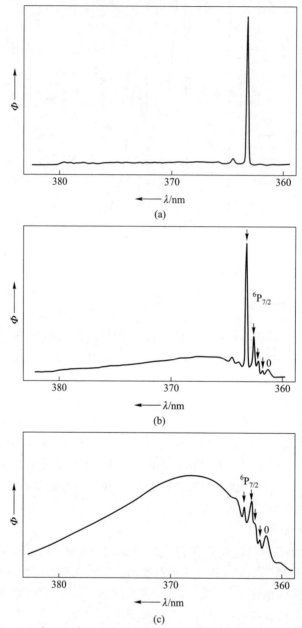

图 3.14　$SrB_4O_7:Eu^{2+}$ 中 $Eu^{2+}$ 的发射光谱与温度的函数关系，具体可参见文中说明。

其中，（a）4.2 K（$^6P_{7/2}\rightarrow{}^8S_{7/2}$锐线发射）；（b）35 K（锐线发射和 $4f^65d\rightarrow4f^7$ 跃迁产生

的宽带发射）；（c）110 K（宽带发射占优势）

锐线发射（含有一个微弱的电子振动结构），而 35 K 时，在热激活作用下，电子可以进入$^6P_{7/2}$的更高晶体场能级，从而出现了相应的发射，同时也伴随着 $4f^65d \rightarrow 4f^7$ 跃迁的宽带发光。这个发射光谱包含了零声子线，在图中用"0"标识。到了 110 K 则是宽带发光占据了主导地位。

图 3.15 则给出了关于$^6P_{7/2}$的 4 个晶体场能级和 $4f^65d$ 组态的最低能级（彼此平衡间距不一样）的位形坐标图。

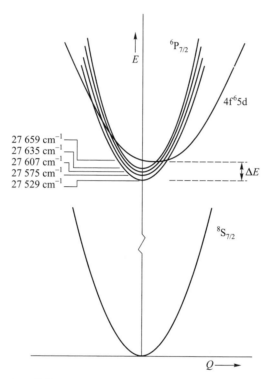

图 3.15　$SrB_4O_7$ 中 $Eu^{2+}$ 能级的位形坐标模型。图 3.14 和图 3.15 摘自 A. Meijerink，thesis，University Utrecht，1990

最后，图 3.16 给出了 $SrB_4O_7$ 中 $Eu^{2+}$ 发光的衰减时间。在低温下这个数值是 440 μs（$^6P \rightarrow ^8S$ 跃迁是宇称禁阻的），不过在高温下，由于出现了更快的 $5d \rightarrow 4f$ 跃迁，因此这个时间迅速下降。

$Sm^{2+}$（$4f^6$）可以在红光区域出现 $5d \rightarrow 4f$ 的发光。不过，当 $4f^55d$ 组态的最低能级具有足够高的能量时，就可以观察到 $4f^6$ 组态内的发光。虽然 $Sm^{2+}$ 的跃迁发生在更长的波长位置，但是相应的机制与 $Eu^{2+}$ 的情况是类似的[①]。

---

① 原文误为 $Eu^{3+}$。——译者注

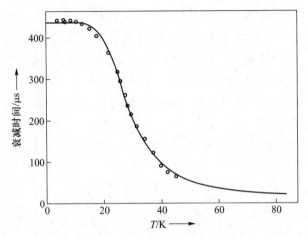

图 3.16  $SrB_4O_7$:$Eu^{2+}$ 中 $Eu^{2+}$ 发射的衰减时间随温度的变化关系

$Yb^{2+}$($4f^{14}$) 离子的发射只有一种，即 $4f^{13}5d \rightarrow 4f^{14}$。具体例子可以参见图 3.17。这种发光落在紫外或蓝光波段。对于这种离子，由于观测到的 $5d \rightarrow 4f$ 跃迁的衰减时间很长（几个 ms，参见文献[13]），因此可以认为自旋选律所起的效应甚至要更大一些。

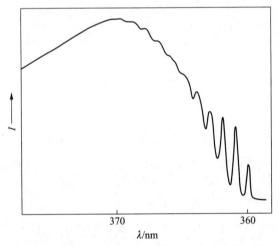

图 3.17  4.2 K 下 $SrB_4O_7$:$Yb^{2+}$ 中 $Yb^{2+}$ 的发射光谱

### 3.3.4  过渡金属离子

接下来将采用田边-菅野图（参见 2.3.1 节）来讨论过渡金属离子的发光。首先考虑的是已经并且仍然在发光材料中发挥重要作用的一些过渡金属离子，包括 $d^3$ 组态的 $Cr^{3+}$ 和 $Mn^{4+}$ 以及 $d^5$ 组态的 $Mn^{2+}$。随后再介绍一些近年来更引人关注的其他离子。有关这一领域的详细讨论可以参考文献[1]，感兴趣的读者可以自行查阅。

### 3.3.4.1 Cr³⁺(d³)

第 1 章中已经介绍过 $Al_2O_3$（红宝石）中 $Cr^{3+}$ 的发光。它是 1960 年出现的首个固体激光器的基础。这种发射包含了两条位于远红光（far red）区域（参见图 3.18）①的锐利谱线（即所谓的 R 线）。既然谱线为线状，那么就必定来自 $^2E \rightarrow {}^4A_2$ 跃迁（参见图 2.9）。一般来说，过渡金属离子的跃迁都是从最低激发态开始的，并且在宇称选律和自旋选律的作用下，该激发态的寿命可以有几个 ms。这种发射线实际上还伴随一些微弱的电子振动跃迁，因此可以直观认为这种发射跃迁属于弱耦合类型。

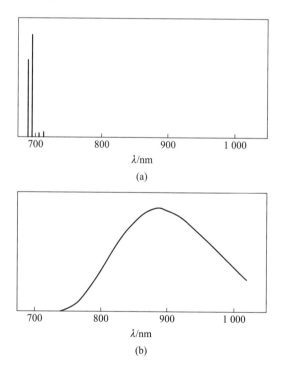

图 3.18　$Cr^{3+}$ 的发射光谱。（a）$Al_2O_3$:$Cr^{3+}$（$^2E \rightarrow {}^4A_2$ 线状发射）；（b）$Mg_4Nb_2O_9$:$Cr^{3+}$

（$^4T_2 \rightarrow {}^4A_2$ 带状发射）

$^2E$ 并不一定总是最低激发态，当晶体场强度相当低的时候，它的能量要

---

①　这里所谓的波长更长的红光（far red）是相对于典型红光，即 $Eu^{3+}$ 的 ~612 nm 的发射而言的。——译者注

高于$^4T_2$，这时发光的本质就不一样了，现在变成了处于红外波段的$^4T_2 \rightarrow {}^4A_2$宽带发射，并且衰减时间改为 ~ 100 μs。作为一个示例，图 3.18 给出了$Mg_4Nb_2O_9 : Cr^{3+}$的发射光谱。这种宽带发射可以作为发展可调谐红外激光器的基础。图 3.18 也通过对比而展示了晶体场的变化对 $d^3$ 离子发射光谱的影响。

YAl$_3$B$_4$O$_{12}$ : Cr$^{3+}$在 4.2 K 下的发光源自$^2E \rightarrow {}^4A_2$，而在更高的温度下则改为$^4T_2 \rightarrow {}^4A_2$。虽然这时$^2E$能级还是低于$^4T_2$，但是在温度升高的时候，后者也可以被受热的电子所占据。基于自选旋律，$^4T_2 \rightarrow {}^4A_2$跃迁概率要高于$^2E \rightarrow {}^4A_2$跃迁，因此$^4T_2$发光很快就成为发射光谱的主体。

因此，晶体场强度对 Cr$^{3+}$离子的光学性质至关重要。晶体场强度大（比如在红宝石中），它就发红色，而晶体场强度小则为绿色。另外，晶体场强度大的时候，红色的发光是线状谱线；而晶体场强度小的时候，近红外发光则为宽带。有些时候$^4T_2 - {}^4A_2$发射带出现了振荡结构，这些等间距出现的谱峰不仅有对称伸缩振动模式 $\nu_1$ 的贡献，而且也可以有源自四角形畸变激发态的 $\nu_2$ 振动的贡献(参见图 3.4)。

### 3.3.4.2　Mn$^{4+}$(d$^3$)

Mn$^{4+}$与 Cr$^{3+}$为等电子，不过因为前者所带电荷更多，因此晶体场强度更强，从而 Mn$^{4+}$发射总是$^2E \rightarrow {}^4A_2$，同时电子振动谱峰也要比 Cr$^{3+}$强得多[14]。

### 3.3.4.3　Mn$^{2+}$(d$^5$)

Mn$^{2+}$会产生一个宽带发射，其位置强烈受到基质晶格的影响。随基质不同，发光颜色可以在绿色到深红之间变化，相应的衰减时间在 ms 级别。从田边-菅野图(参见图 2.10)可以看出这种发射来自$^4T_1 \rightarrow {}^6A_1$跃迁。这就可以解释所有的光谱性质：宽带是由于各能级斜率的不同；长衰减时间来自自旋选律的作用；发光颜色受制于基质晶格则是因为晶体场强度效应。以晶体场强度的原因为例，四方配位的 Mn$^{2+}$(弱晶体场)通常是绿色发光，而八面体配位的 Mn$^{2+}$(强晶体场)的发光则在橙色与红色之间变化。

### 3.3.4.4　其他 d$^n$ 离子

Ti$^{3+}$(3d$^1$)在近红外区的宽发射带来自于$^2E \rightarrow {}^2T_2$。钛基蓝宝石激光就是基于这种发射而产生的。

Ni$^{2+}$(3d$^8$)由于发光跃迁来自多个能级，因此发射光谱呈现复杂的构造，比如 KMgF$_3$ : Ni$^{2+}$的发光就有近红外($^3T_2 \rightarrow {}^3A_2$)、红色($^1T_2 \rightarrow {}^3T_2$)和绿色($^1T_2 \rightarrow {}^3A_2$)3 个主要成分。

近年来，Glüdel 及其同事进一步报道了许多具有"特殊"化合价的过渡金属离子[V$^{2+}$(3d$^3$)、V$^{3+}$(3d$^2$)、Ti$^{2+}$(3d$^2$)、Mn$^{5+}$(3d$^2$)][15]在近红外区域的发光。

### 3.3.5　$d^0$ 络合离子

以形式上 d 壳层为空的过渡金属离子为中心的配位基团通常具有强的宽带发光以及大的斯托克斯位移（$10\,000\sim20\,000\text{ cm}^{-1}$），典型例子有 $VO_4^{3-}$、$NbO_6^{7-}$、$WO_4^{2-}$ 和 $WO_6^{6-}$ 等[16]。这种发光跃迁的激发态对应电荷转移态，即电荷从氧离子配体移动到中心金属离子上。虽然转移的电荷实际上并不多，但是发生电子重组的程度是可观的，其中电子从成键轨道（处于基态）被提高到反键轨道（处于激发态），相应的 $\Delta R$ 很大，因此斯托克斯位移也就很大，并且谱带很宽。

需要注意的是原子序数更小的金属离子形成的配位基团具有较长的发光衰减时间。其中的一些例子可以参见表 3.1。根据早期的研究结论[16]，Van der Waals 等已经证明这个发射态是一个自旋三重态[17]。同时他们还发现由于 Jahn-Teller 效应，这个激发态畸形严重。与前述 $Te^{4+}$ 类似，这种也是激发态相对于基态发生结构畸形的又一个明显例子。

**表 3.1　一些具有 $d^0$ 金属离子的发光化合物在 4.2 K 下的发光衰减时间 $\tau$**

| 化合物 | $\tau/\mu s$ |
|---|---|
| $YVO_4$ | 500 |
| $KVOF_4$ | 33 500 |
| $Mg_4Nb_2O_9$ | 100 |
| $CsNbOP_2O_7$ | 500 |
| $CaMoO_4$ | 250 |
| $CaWO_4$ | 330 |

相比于四面体配位，这种离子的八面体配位基团具有更小的斯托克斯位移。第 5 章将会概述一下这种重要的结论。虽然目前不清楚其原因，但是可以认为，特定的结构构造应该有助于提高发光，比如八面体配位基团共边或共面连接在一起（$Li_3NbO_4$、$Ba_3W_2O_9$）以及金属-氧间距的缩短结构就比较有利（$CsNbOP_2O_7$、$Ba_2TiOSi_2O_7$、$KVOF_4$ 以及二氧化硅表面吸附的钒酸盐等[18]）。

虽然过去很多年人们认为这些物质的发射光谱是完全平滑的，但是近几年出现了几例有关电子振动结构的报道。图 3.19 中给出了一个漂亮的例子。该发射谱来自二氧化硅表面的钒酸盐，等距间隔的谱峰来自频率为 $950\text{ cm}^{-1}$ 的振动模式。它属于垂直于二氧化硅表面上的钒氧键的伸缩振动。

如果存在其他离子，并且它们具有更低的能级，比如具有 $s^2$ 组态的离子，那么这种 $d^0$-配位基团的发光就会剧烈变化。比如，相比于没有掺杂的

$CaWO_4$，$CaWO_4:Pb^{2+}(6s^2)$ 发光会向长波方向移动，而且猝灭温度也会升高。另一个典型例子是 $YVO_4:Bi^{3+}$ 发黄光，而不掺杂的 $YVO_4$ 却发蓝光。有证据表明这种新发射态可以归因于电荷转移态，其中 $6s$ 电子被转移到空的 $d$ 轨道上（金属–金属电荷转移[19]）。

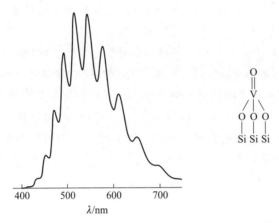

图 3.19　4.2 K 下二氧化硅上钒酸根基团的发射光谱

### 3.3.6　$d^{10}$ 离子

具有 $d^{10}$ 组态的离子的发射跃迁基质并不简单，目前也仅是稍有认识。为了方便介绍，这里将它们分为两类：即一价离子（$Cu^+$、$Ag^+$）和更高价离子（比如 $Zn^{2+}$、$Ga^{3+}$、$Sb^{5+}$、$Te^{6+}$）。

#### 3.3.6.1　一价离子

单价 $d^{10}$ 离子组成的配位基团在室温下通常都有明亮的发光。其中关于 $Cu^+$ 的发光总结，读者也可以参考文献[19]。根据配体的不同，$Cu^+$ 的发射跃迁被认为可能是 $Cu^+$ 自身的 $d^9s \rightarrow d^{10}$ 跃迁、配体–金属电荷转移跃迁或者是金属–配体电荷转移跃迁（随配体性质而定）3 种。其中第一种机制的可信度并不高，因为面向光学探测的电子顺磁共振测试结果表明，NaF 中 $Cu^+$ 的激发态对应的 Cu 的 $4s$ 轨道检测不到孤电子存在时应有的自旋密度[20]。后来这种机制改用另外一种说法，即激发态由通过 Jahn-Teller 效应而扭曲了周围环境的 $Cu^{2+}$ 以及远离自身的 $d$ 电子壳层所留空位的电子所组成，从而实际上形成了激子状态。如果这种设想的确成立，那么又是一个典型的在吸收后会发生深度弛豫的例子。

$Cu^+$ 发光的斯托克斯位移通常很大（$\geqslant 5\,000\ cm^{-1}$），意味着它属于强耦合类型。虽然目前对于 $Ag^+$ 了解较少，不过已经知道的结果表明它与 $Cu^+$ 基本一致。

#### 3.3.6.2 更高价态的离子

长期以来，具有 $d^{10}$ 组态且化合价高于+1 的离子是否能够发光始终是一个疑问。不过，现在已经找到了关于这类发光的强有力的证据，具体包括 $Zn_4O(BO_2)_6$、$LiGaO_2$、$KSiSbO_5$ 和 $LiZrTeO_6$ 等的发光。这些发光都具有非常大的斯托克斯位移，其中的部分光谱数据[21]可以参见表 3.2。

虽然这类发光的本质尚未清楚，但是有理由认为是某种电荷转移跃迁，而相应的吸收则是配体-金属的电荷转移跃迁（LMCT）。不过，发生在氧离子上的（$2p^6 \rightarrow 2p^5 3s$）也可以是发光的来源之一。基于这种跃迁的机制解释实际上意味着激发态中发生了大量的弛豫过程，这是已经被分子轨道计算结果证实的结论。

晶格中孤立的 $O^{2-}$ 的确会产生 $2p^5 3s \rightarrow 2p^6$ 之类的发射，典型的例子有 $LiF:O^{2-}$、$CdF_2:O^{2-}$ 和 $SrLa_2OBeO_4$。由于处于激发态的 3s 电子具有广阔的轨道分布，因此这种位于氧离子上的跃迁、$d^0$ 配位基团的电荷转移乃至 $d^{10}$ 配位基团的电荷转移可以认为是同类跃迁的 3 个不同成员。

表 3.2　一些以 $d^{10}$ 金属离子为中心的配位基团的发光数据。所有数值均在 4.2 K 下测得，并且单位为 $cm^{-1}$

| 化合物 | 配位基团 | 发射光峰值位置 | 激发光峰值位置 | 斯托克斯位移 |
|---|---|---|---|---|
| $Zn_4B_6O_{13}$ | Zn(II)$O_4$ | 22 000 | 40 000 | 18 000 |
| $LiGaO_2$ | Ga(III)$O_4$ | 27 000 | 45 000 | 18 000 |
| $KSbSiO_5$ | Sb(V)$O_6$ | 21 000 | 41 500 | 20 500 |
| $LiZrTeO_6$ | Te(VI)$O_6$ | 16 000 | 33 000 | 17 000 |

## 3.3.7　$s^2$ 离子

最外层具有 $s^2$ 组态的离子在发光领域非常重要。它们的光谱从原理上说很好理解[22]。不过，虽然可以明确基质晶格对发光性质具有强烈的影响，但是具体的机制仍然尚未清楚。

这类离子中常见的发光离子有 $Tl^+$、$Pb^{2+}$、$Bi^{3+}$（都是 $6s^2$）以及 $Sn^{2+}$、$Sb^{3+}$（均为 $5s^2$）。基质晶格的影响可以通过比较 $Cs_2NaYCl_6:Bi^{3+}$ 和 $LaPO_4:Bi^{3+}$ 来解释，在这两个化合物的 $Bi^{3+}$ 发光中，前者的发光由一个具有明显振荡结构且具有较小的斯托克斯位移（800 $cm^{-1}$）的窄带组成，而后者则是根本看不到任何振荡结构的宽带发光，具有较大的斯托克斯位移（19 200 $cm^{-1}$）。表 3.3 给出的斯托克斯位移的变化超过了一个数量级，这对于一般的发光而言是相当独特的现象[23]。图 3.20 进一步给出了光谱说明。

表 3.3　几种基质晶格中 $Bi^{3+}$ 离子的斯托克斯位移

| 组成 | 斯托克斯位移/$cm^{-1}$ |
| --- | --- |
| $Cs_2NaYCl_6$:Bi | 800 |
| $ScBO_3$:Bi | 1 800 |
| $YAl_3B_4O_{12}$:Bi | 2 700 |
| $CaLaAlO_4$:Bi | 7 700 |
| LaOCl:Bi | 8 500 |
| $La_2O_3$:Bi | 10 800 |
| $Bi_2Al_4O_9$ | 16 000 |
| $Bi_4Ge_3O_{12}$ | 17 600 |
| $LaPO_4$:Bi | 19 200 |
| $Bi_2Ge_3O_9$ | 20 000 |

　　这种巨大的斯托克斯位移变化来源于 $Bi^{3+}$ 在基质晶格中可获得空间大小的不同。其中小的斯托克斯位移只有在六配位的 $Bi^{3+}$ 中才能观察到。相对于六配位结构，$Bi^{3+}$ 离子显得过大，以至于不能弛豫到其他不同的平衡位置上去，因此 $\Delta R$ 很小。不过，当空间变大的时候就是另外一回事了，这时就可以预料到只要有足够的空间，那么处于基态的 $Bi^{3+}$ 就可以离开原来的中心位置，从而形成不对称性增加的配位结构。这就是赝 Jahn-Teller 效应的典型例子[24]。吸收入射光后，这些离子会弛豫到配位多面体的中心。这种巨大的弛豫产生了宽阔的斯托克斯位移。事实上，从发光的角度来说，$CaWO_4$ 和 $Bi_4Ge_3O_{12}$ 两种化合物的差别并不是很大：在短波紫外激发下都发生了激发态的大量弛豫，然而相比于基态，此时的成键条件明显发生了变化。

　　针对 $Bi^{3+}$ 弛豫的这种描述的依据来自 $LaPO_4$:$Bi^{3+}$ 的 EXAFS 测试结果：位于基态的 $Bi^{3+}$ 的配位要比 $La^{3+}$ 的配位更不对称。另一个证据就是含铋化合物的发光，比如 $Bi_4Ge_3O_{12}$，其基态配位可以从晶体学数据中得到，同样可以看出是畸形的结构。因此这类化合物的发光具有巨大的斯托克斯位移。需要提及的是，一些含铅的化合物（$PbAl_2O_4$、$PbGa_2O_4$）也具有同样的现象。

　　介绍了很多有关 $s^2$ 离子的发光性质之后，接下来就考虑一下它们的激发态。sp 组态被激发后可以产生能量较低的 $^3P$ 态。这个能态可能受到两种不同类型的相互作用，即自旋-轨道（SO）耦合和 Jahn-Teller（JT）（电子-晶格）耦合。其中 SO 耦合可以将 $^3P$ 态分为 $^3P_0$、$^3P_1$ 和 $^3P_2$ 3 个能级。随着离子的核电荷，即从 $4s^2$ 到 $6s^2$ 或电荷数从低到高变化时，这种相互作用的强度随之增加。

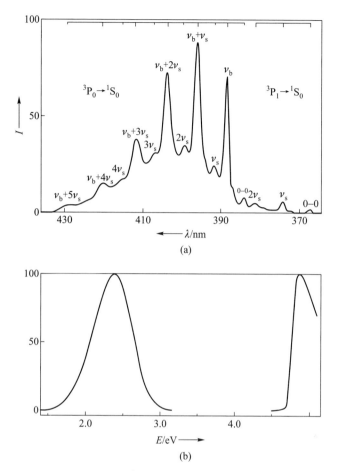

图 3.20 在 4.2 K 时两种类型的 $Bi^{3+}$ 发光。(a) $CaO:Bi^{3+}$；发射带的半高宽是 1 200 $cm^{-1}$；其振荡结构来自伸缩振动($\nu_s$)和弯曲振动($\nu_b$)的共同作用。(b) $Bi_2Ge_3O_9$，发射带的半宽是 5 000 $cm^{-1}$。(b) 中的光谱同时给出了激发光谱(右边)，从而给出了巨大的斯托克斯位移(~20 000 $cm^{-1}$)

通过将 $^3P$ 态与振动模式进行耦合，JT 效应也会引起 $^3P$ 态的劈裂。对于八面体配位，参与耦合的振动模式包括 $MX_6$ 八面体(其中 $M = s^2$ 离子，$X$ = 配体)的 $\nu_2$ 和 $\nu_5$ 两种振动模式。如果 SO 耦合强烈，那么 JT 效应的影响将下降。

JT 效应在 $s^2$ 离子光谱学中的重要性可以很容易从 $^1S_0 \rightarrow {}^3P_1$、$^1P_1$ 吸收跃迁的劈裂中看出来[22]。而随后的发光结果的变化则更为剧烈。在一些场合下可以观察到两个发射带。图 3.21 就给出了一个例子，这是 $YPO_4:Sb^{3+}$ 的发射随温度变化的结果。两个发射带起源于弛豫激发态的势能曲面上的两个不同的极小值，具体可以参见图 3.22 所给的示意性说明。在低温下，光学激发让电子布

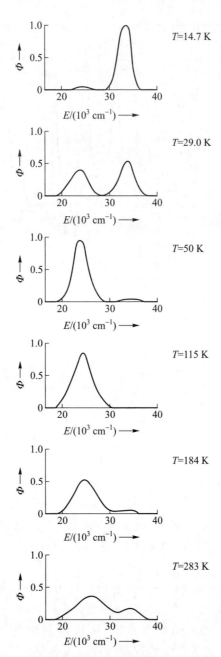

图 3.21　YPO$_4$:Sb$^{3+}$ 的发射光谱与温度的函数关系，也可参见图 3.22。低温下观察到的主要是 UV 发射，较高温度下则主要是发蓝光，而温度升到了室温，UV 发射再次出现。取自 E. W. J. L. Oomen, thesis, University Utrecht, 1987

居到极小值 $X$ 处而获得相应的发光，随着温度的增高，两个极小值之间的势垒可以被翻越，从而也可以看到来自极小值 $T$ 处的发射。在温度进一步增高的时候，这两个极小值之间可以存在热平衡，从而来自 $X$ 的发射再次出现了。这两种不同的极小值的出现强烈受制于 SO 和 JT 耦合效应之间的比例，而且也与 $s^2$ 离子所处格位的对称性有关。

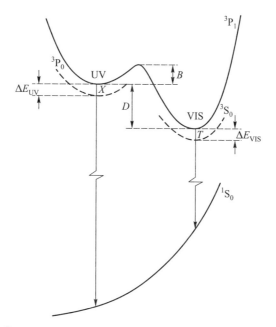

图 3.22  $YPO_4:Sb^{3+}$ 的位形坐标示意图。图中激发态的势能曲线有两个极小值，光激发为发射 UV 光的激发态极小值提供能量。低温下出现 UV 光。当势垒 $B$ 可以被热跨越时就出现了蓝光发射。而当受热回转越过势垒 $D+B$① 的时候，UV 发射又出现了

在前面已经提到 $Te^{4+}$ 的发射光谱具有谱峰等间距分布的振荡结构，这可以归因于组态间的跃迁与 $\nu_2$ 振动模式的耦合，同时也意味着激发态的四角形畸变。这种现象也是 JT 耦合的一种表现。

在 $6s^2$ 离子中，SO 耦合很强，以至于发射光谱可以直接基于 SO 劈裂所得的 $^3P_0$ 和 $^3P_1$ 能级来解释。如果发射光谱中还存在振动引起的谱峰等间距分布的振荡结构，那么通常可以归因于跃迁同对称 $\nu_1$ 振动模式的耦合。在低温下，由于 $^3P_0 \rightarrow {}^1S_0$ 的发光是强禁阻的，因此发光衰减会变得很长（ms 级别）。而在更高的温度下，电子开始热布居于 $^3P_1$ 能级，同时衰减时间也加快了不少。这

---

① 原文误为 $\Delta E$；另外漏标了"$X$"和"$T$"两个极小值位置。——译者注

种现象与前面有关 $Eu^{2+}$ 的讨论是相同的(参见图 3.16)。

影响 $s^2$ 离子发射的斯托克斯位移需要考虑的因素有 3 种[25]。具体的解释可以利用多维位形坐标图。这里仅说明一下这种发射过程，尤其是弛豫到要发光的激发态上的过程的复杂本质。另外，目前仅考虑八面体配位的情况。基于这些前提条件可以得到如下的影响因素及其结论：

(1) 由 Jahn-Teller 活化的 $\nu_2$ 和 $\nu_5$ 振动模式引起的斯托克斯位移。从 $Te^{4+}$ 的发射来看，由 $\nu_2$ 振动模式引起的位移占主要地位。这种可以归因于 $\nu_2$ 四角形畸变的结果。

(2) 由对称性振动模式 $\nu_1$ 引起的斯托克斯位移。它相应于激发态结构的一种对称性扩展。

(3) 由对称性为 $t_{1u}$ 的振动模式引起的斯托克斯位移。该对称性可以混合电子基态与被激发的 $T_{1u}$ 态(赝 Jahn-Teller 效应)，从而导致基态的畸形，而且通常是三角畸形变化。

在 $Te^{4+}$ 发射中，(1)类贡献起主要作用，并且这类贡献对许多 $4s^2$ 和 $5s^2$ 离子都是可以适用的(以激发态中发生的 JT 耦合为主)。当 $6s^2$ 离子处于小体积格位的时候，其发射主要受(2)类贡献的影响，与此相反，如果 $6s^2$ 离子具有畸形的基态，那么则以(3)类贡献为主。不过，同种离子也可以发生所有 3 类贡献的混合，从而使得 $s^2$ 离子的发射相当复杂。

### 3.3.8　$U^{6+}$离子

由斯托克斯(Stokes)所做的早期(1852 年)发光实验就是以六价铀为主。这种离子能够显示强烈的绿光。一开始这种发光被认为只有铀酰离子($UO_2^{2+}$)才能产生，不过后来发现八面体的 $UO_6^{6-}$ 和四面体的 $UO_4^{2-}$ 也可以发光。其中，后一种配位离子的发光颜色为红色。在 NaF 中引入的 $U^{6+}$ 甚至产生了整整一个系列、通式为 $[UO_{6-x}F_x]^{(6-x)-}$($x=0$，1，2，3)的发光中心。其中的每一个中心都是八面体基团，并且在晶体点阵中取代 $NaF_6$ 八面体单元。图 3.23 给出了铀酸盐发光的一个示例，即 $Ba_2ZnWO_6:U^{6+}$ 的发射光谱。

按照正规的观点，$U^{6+}$ 可以看作 $5f^0$ 离子。实际对应的光学跃迁就是电荷转移类型的跃迁。本文在图 3.23 中给出的是中强耦合条件的例子。有关铀酰离子光谱的扩展研究可以参见 Denning 的工作[26]。

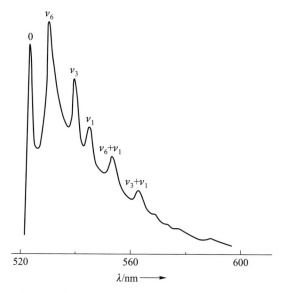

图 3.23　在 4.2 K 时 $Ba_2ZnWO_6:U^{6+}$ 的发射光谱，其中"0"代表零声子线，而电子振动谱线上则标注着与八面体相关的振动模式。它们与电子跃迁发生了耦合

### 3.3.9　半导体

虽然本书并不打算详细介绍半导体，不过，仍有如下几个原因需要说明，哪怕只是简要性地叙述一下半导体的发射也是一件必要的事情。这些原因就是：

（1）发光半导体是可用于显示领域（电视、薄层电致发光和发光二极管等）的一类重要材料。

（2）前文所述的发光中心组成的化合物中也有一些是半导体，而另一些则不是。基于此，讨论半导体与绝缘体之间的边界区域就显得重要了。

这一节将讨论如下主题：首先是具有近边（near edge）和深能级中心（deep-center）发射的"经典"半导体，随后则是介于半导体和绝缘体的边界区域中的化合物。有关第一个主题的更为详细的文献，读者可以参考文献[27]，而第二个主题则打算参照以前由作者等撰写的概述[23]。

#### 3.3.9.1　半导体

半导体的特征是价带与导带之间存在几个 eV 大小的能隙 $E_g$。发光中的激发步骤就是将电子激发到空的导带中，而在原先完全充满的价带上留下空穴；相应地，发光步骤中发生的是电子与空穴的复合。不过，这种发光很少来自自由电子与自由空穴的复合，通常的复合位置是处于或者近邻晶体点阵中的缺陷位置。从实验观测上可以据实将发光分为近边发射(edge emission)和深能级中心发射(deep-center emission)，前者的发射能量接近于能隙 $E_g$；而后者则要比 $E_g$ 低得多。

近边发射来源于激子的复合(参见 3.3.1 节)，而且通常与这种发射有关的激子是强束缚的激子，即构成激子的电子或空穴中至少有一方陷在晶格中的缺陷中。要明确这种缺陷的本质往往难以做到。有关这种发射的一个典型例子就是 GaP:N 的激子发光。其中 N 是一种(处于磷离子格位的)等电子掺杂(isoelectronic dopant)，激发产生的激子在衰减前就被束缚在这个氮缺陷上，其发射能量比 $E_g$ 低，大约为 0.02 eV。另一种半导体示例就是 CdS，相应的激子发光已经有了很全面的研究。

半导体中可发生的另一种电子-空穴复合是施主-受主对发射。在这种类型的发射中，电子陷在某个施主上，而空穴则被某个受主捕获。这里再次以很典型的 GaP 例子做说明(参见图 3.24)。图 3.24 中的施主-受主对发射来自$S_P$-$Zn_{Ga}$对的跃迁。发射光谱包含很多谱线的原因就在于施主 $S_P$ 和受主 $Zn_{Ga}$ 在晶

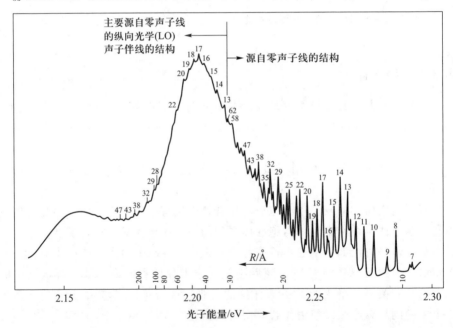

图 3.24　在 1.6 K 时 GaP 中 $S_P$-$Zn_{Ga}$施主-受主对的发射光谱。底部的 $R$ 表示相关发光对的施主-受主间距。谱线编号用相应施主-受主对之间相隔的配位壳层数表示(比如壳层 1 表示彼此是直接相邻成对的)。图中右边的部分是各条谱线的零声子线，而左边的部分则主要是与基质晶格振动模式耦合所得的电子振动线(在半导体中通常叫作伴线)。

该图为修正版本，原稿来自 A. T. Vink, thesis, Technical University Eindhoven, 1974

格中具有统计的分布，从而每一对的施主 $S_P$ 与受主 $Zn_{Ga}$ 之间的距离不同，而电子与空穴的结合能是随着各自所陷的光学中心之间的距离而变化的，因此发射的能量不同。

这种施主-受主对发射也发生于其他半导体中。一个常见的例子就是 ZnS: Cu, Al，其中 $Al_{Zn}$ 是施主，而 $Cu_{Zn}$ 是受主。这种材料被用作彩色电视显像管中的绿色发光粉。另外，ZnS: Al 的蓝光发射则来自锌空位（受主）和 $Al_{Zn}$（施主）缔合物内激子的复合。由于这两个光学中心是以耦合型缺陷的形式存在，因此它们之间的间距值是固定的（有时也将这种缔合物称为分子中心）。另外，由于电子-晶格耦合强烈，因此 ZnS 中的各个发光带都是宽带。

ZnS: Al 和 ZnS: Cl 的发光实际是相同的。这是因为它们都具有相同的发光中心（尽管化学组分不一样）：施主（$Al_{Zn}$ 或 $Cl_S$）和受主（$V_{Zn}$）的缔合物。这就说明了它的发光性质并不是由发光中心的化学本质决定的，而是由发光中心在禁带中的位置决定的。这种规律与前面章节中讨论过的发光中心的规律有很大不同。另外，实际 $E_g$ 下降时（比如从 ZnS 到 ZnSe），所有的发射会移向相对较低的能量位置。

其他可能的辐射复合还包括自由空穴与被陷电子（Lambe-Klick 模型）或者自由电子与被陷空穴的复合（Schön-Klasens 模型）。这些被陷住的载流子可以处于深的陷阱中，此时发射的能量与 $E_g$ 相比就很低。图 3.25 总结了本文所涉及的有关半导体辐射复合的可能途径。

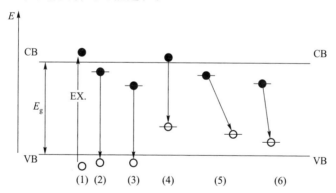

图 3.25　半导体中的发光跃迁（原理示意图）。其中价带（VB）和导带（CB）被带隙 $E_g$ 隔离。（1）能量高于带隙的激发产生了 CB 中的电子和 VB 中的空穴。（2）～（6）是光学复合的过程，其中（2）是自由空穴与某个陷在浅能级陷阱中的电子复合（近边发射）；（3）与（2）类似，不过改为同深能级陷阱中的电子复合；（4）为自由电子与受陷空穴复合；（5）是施主-受主对发射；最后的（6）则是施主与受主缔合体发生的电子-空穴复合

### 3.3.9.2　半导体和绝缘体的过渡区域

本章大部分内容是基于位形坐标模型而展开的，而且发光中心也依据黄－里斯耦合参数 $S$ 划分为三大类（弱、中强或强耦合）。在这种条件下，电子与振动跃迁之间的相互作用居于主导地位，而相关的发光体系可以看作局域化的电子。

这些内容忽略了同样存在于固体中的另一种重要性质，即非局域化。实际上这种现象仅当考虑能带机制时（即在半导体中）才起作用，而且正如接下来要介绍的，局域化与非局域化是彼此竞争的效应。

假设有一个发光中心体系，其中的每一个发光中心具有双能级分布并且各个中心之间离得很远。现在假设中心间距缩短，那么就可能发生如下两种结果，即

（1）激发态强烈与体系的振动互相耦合，从而在激发后发生的是强烈的弛豫，这就使得各个体系不能与周围邻近的其他体系发生共振，并且增强了局域化趋势。这就是位形坐标图通常描述的情况。

（2）个体发光中心能级的波函数大量重叠而形成了能带，并且增强了非局域化。这种情况需要用能带模型来描述。图 3.26 给出了示意性说明。其中三角形的顶点代表彼此具有很大间距的发光中心（不存在相互作用），沿三角形左边一路往下，非局域化增强，而右边则是局域化增强。在三角形的底边，左端代表的固体是有可移动载流子的半导体，而右端则是绝缘体。沿底边从左到

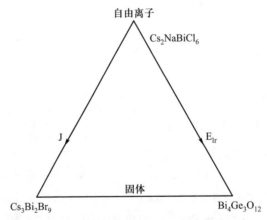

图 3.26　发光中心从自由离子态（顶部）到凝聚物质态（底边）转变的示意图，也可参见文中介绍。图中的 $E_{lr}$ 表示电子-晶格耦合，J 表示轨道重叠。沿三角形右边往下局域化增强，而沿左边则是非局域化增强。图中所给的例子是有关 $Bi^{3+}$ 的，其中 $Cs_2NaSiCl_6$ 的光谱可归因于小的黄－里斯耦合参数（$S$），与此相反，$Bi_4Ge_3O_{12}$ 的 $S$ 值很大，而半导体 $Cs_3Bi_2Br_9$ 中考虑 $S$ 值的影响则没有意义

右，局域化逐渐增加，同时光谱带宽和斯托克斯位移也增加。需要注意的是，这里所说的半导体是完全纯净的半导体，仅有自由激子发射，这体现为能量极为接近 $E_g$，即带隙能量的锐线发光。

这里就上述固体三角形罗列一些例子。首先是发生 $4f^n$ 组态内跃迁的稀土离子处于这个三角形的顶点，这是因为就算是在固体中，它们也是极为孤立的体系。

其次是化合物 $CaWO_4$ 和 $Bi_4Ge_3O_{12}$ 位于固体三角形底边的右侧位置，它们的激发态可以发生强烈的弛豫，从而发光的斯托克斯位移很大(强烈的电子-晶格耦合，高 $S$ 值)。

最后，位于固体三角形底边左侧的 $Cs_3Bi_2Br_9$ 和 $TiO_2$ 中可观察到自由激子发光，与此类似的还有 $CsVO_3$，而同为钒酸盐的 $YVO_4$ 则处于右侧位置。

后面的例子反映了处于固体三角形底边左右两侧的化合物的另一个不同点，即半导体(左侧)的光吸收边所处的能量位置要低于绝缘体(右侧)。这是因为能带形成后，原来双能级分布的能级差会下降，而抛物线偏移①会增加这个能级差，从而使得 $CsVO_3$ 的光吸收边位于 $\sim 3.4$ eV，而 $YVO_4$ 的是 $\sim 4$ eV。$Bi_{12}GeO_{20}$($\sim 3$ eV)和 $Bi_4Ge_3O_{12}$($\sim 5$ eV)受此规律的影响甚至要更为显著。

作为过渡情况的例子是 $SrTiO_3$ 和 $KTiOPO_4$。相比于孤立的钛酸根基团，它们发光的斯托克斯位移并不大，这就意味着只有在液氮温度下才可以看到发光，或者说它们的激发态只需要稍许热激活能就可以发生能量转移而猝灭发光。

很有意思的是 $CsPbCl_3$ 是半导体，而 $PbCl_2$ 却是绝缘体。造成这种结果的原因与晶体结构中氯-铅多面体的耦合方式有关。在 $CsPbCl_3$ 中，这种耦合更趋向于生成能带。

图 3.26 所示的三角形的优势就在于可以用来排列不同的发光化合物，并且它们的发光性质也直接被反映出来——虽然是近似的。

### 3.3.10 交叉发光

近年来，大量的研究是关于 $BaF_2$ 的发光。这种晶体是潜在的闪烁材料(可用于探测伽马射线，参见第 9 章)。它的发光位于 220 nm，并且具有很短的衰减时间，即 600 ps 左右。这是一种全新类型的发光(交叉发光)，其本质是俄罗斯科学家们揭示的[28]。在大约 10 eV 能量的激发下产生了阴离子激子，即

---

① 即强烈弛豫或耦合。——译者注

空穴被 $F^-$ 俘获而形成的激子[①]。这些阴离子激子的复合可以得到大约 4.1 eV
(300 nm)的发射。这种发射在碱金属卤化物中也可以出现(参见 3.3.1 节)。
相应地,如果激发能量在 18 eV 左右,此时会激发出阳离子激子。这类激子并
不是简单地完成复合过程,而是通过所谓的交叉跃迁来完成的,即一个电子从
$F^-$($2p$ 轨道)跳到 $Ba^{2+}$ 的 $5p$ 轨道上的空穴处(参见图 3.27)而完成复合,从而
实现 5.7 eV(220 nm)左右的发光,甚至在更高的能量上也有相比较弱的发射
可被观测到。由于 $2p$($F^-$)和 $5p$($Ba^{2+}$)能带之间的能量差要小于带隙($\sim 10$
eV),因此相应的发光实际上包含于 $BaF_2$ 的本征发光中。实验发现,220 nm[②]
发射直到室温下也不会发生温度猝灭;而 300 nm 发射在同样条件下则大部分
被猝灭掉了。

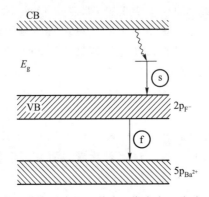

图 3.27　$BaF_2$ 能级分布示意图,其中 f 代表交叉发光,而 s 表示激子
发光,也可参见文中介绍

具有这种交叉发光现象的其他化合物也已有报道,典型的有 CsCl、CsBr、
KF、$KMgF_3$、$KCaF_3$ 和 $K_2YF_5$。

## 3.4　余辉

余辉是激发脉冲停止后仍可以观察到长时间发光的现象。这里的“长时

---

① 激子必定由一个电子和一个空穴构成,此处空穴处于价带,也就是被 $F^-$ 俘获;而电子则处于
导带(自由电子);如果能量进一步增高,芯带(价带之下,由内层轨道构成)电子会被激发到导带(自
由电子),而空穴留在芯带中(被 $Ba^{2+}$ 俘获),不过这时用于复合发光的电子不是来自导带的电子,而是
价带中的电子——因为价带顶是电子完全充满所能达到的最高能级,因此芯带的空穴其实是处于“电子
海洋”中,不需要导带的电子跳回来填充,从而实现交叉发光,而且由于周围的电子众多,因此这种填
充速率很快,发射衰减就快了。——译者注
② 原文误为“200”。——译者注

间"指的是相比于发光的衰减时间(参见 3.2 节)要长很多的时间(参见 3.2节)。其实每个人都接触过这种现象——发光灯①关闭后仍然存在的辉光就是余辉。不过,对于某些特定的应用,余辉程度则要降低到可以忽略不计才行。

余辉是由于电子与空穴被陷住了,从而它们的辐射复合的发生会有明显延迟的现象。图 3.28 给出了简单的解释。图中的半导体同时具有发光中心和可俘获电子的中心。能量高于 $E_g$ 的激发会产生自由电子与空穴,现在假定空穴被发光中心俘获,那么导带中的电子与空穴复合后就产生发光。

然而,有部分电子被电子陷阱中心(electron trap center)俘获,一段时间后它们受热逃逸,随后才能与被陷住的空穴复合。因此,相应产生的发光就具有明显的延迟,这就出现了余辉。

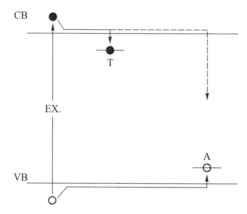

图 3.28 余辉机制示意图:激发(EX.)产生自由电子和空穴,随后空穴被束缚在能级 A,它可以与电子产生辐射复合(发光)。然而,由于该电子被陷在能级 T,因此只能延迟相当长时间后才能到达 A 处,从而导致了余辉

有关余辉的一个简单的例子是 $Y_3Ga_5O_{12}:Cr^{3+}$。其中 $Cr^{3+}$ 俘获一个空穴而形成 $Cr^{4+}$。电子与 $Cr^{4+}$ 复合而产生可发光的 $Cr^{3+}$ 激发态。然而,由于有部分电子被氧空位俘获,一段时间后它们才逃逸出来而产生余辉[29]。

## 3.5 热释光

如果图 3.28 所示的体系受到 $E>E_g$ 能量辐照时所处的温度过低,以至于电子并不能从陷阱中逃出,那么陷阱就会被填满电子,只能等温度升高的时候才

---

① 常见的说法是"荧光灯"(fluorescent lamp),不过作者想纠正这种误用,改用发光灯(luminescent lamp)。具体可参见第 6 章以及附录 3。——译者注

能将它们释放出来。假定现在有规律升高温度，那么到达陷阱可以热释放电子的温度点时，就会出现来自发光中心的发射。所得的发光强度随温度变化的曲线就称为余辉曲线[1]（glow curve）。图 3.29 给出了这种曲线的一个示例。从这些辉光谱峰的位置和形状就可以获得有关陷阱的信息[30]。需要注意的是，这里说的是发光的热激励（thermal stimulation of luminescence）[而不是热激发（thermal excitation），因为激发已经在这个过程之前发生了，即以电子填满这些陷阱的时候就是激发过程发生的期间]。

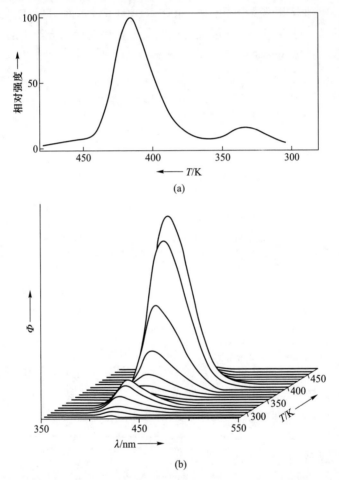

图 3.29　X 射线辐射 $Ba_2B_5O_9Br$: $Eu^{2+}$ 所得的余辉曲线（上图）。图中的发光强度随温度的变化而变化，两个辉光峰表明在基质晶格中有两个阱深不同的陷阱。下图是同一样品的热释光发射光谱。其实图（a）就是图（b）的一个切面。本图的参考文献来源与图 3.15 的相同

---

[1]　也可翻译为"辉光曲线"。——译者注

也可以采用光激励，即利用能量足以将电子从陷阱激发到导带中的光线来辐照材料。这种光激励(photostimulation)在某些场合可以起到重要的作用(参见第8章)。

## 3.6 受激发射

需要强调的是第2章和第3章分别讨论的吸收和发射属于不同的过程。这是因为前者需要辐射场(radiation field)[①]，而后者却没有。爱因斯坦考虑了辐射场存在时有关跃迁速率的问题[31]。针对从较低能级到较高能级的跃迁速率 $w$，爱因斯坦提出 $w = B\rho$，其中 $B$ 是爱因斯坦吸收(受激)系数，而 $\rho$ 是辐射密度。

辐射场也会诱导发生从较高能级到较低能态的跃迁(受激发射，stimulated emission)，其跃迁速率或受激发射速率为 $w' = B'\rho$，其中 $B'$ 是受激发射的爱因斯坦系数。而自发发射速率是 $w'' = A$，其中 $A$ 是自发发射系数(需要注意的是，这个表达式中没有 $\rho$)。图3.30是这种现象的示意图。经过理论推导，可以认为 $B' = B$，$A = 8\pi h\nu^3 c^{-3} B$ (其中 $\nu$ 是发射光的频率，而 $c$ 则是光速)。

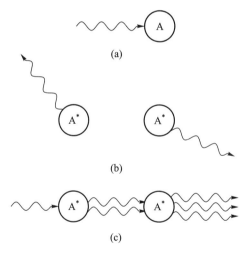

图3.30　图(a)是吸收示意图[A吸收了辐射而进入激发态 A*，后者在图(a)中没有画出来的]。图(b)表示来自两个 A* 的自发发射(这两个发射是不相关的)。图(c)反映了受激发射(处于左边的入射光"迫使"两个 A* 回到基态，从而处于右边的输出光振幅被放大了3倍)

---

① 即激发源或辐射源，作者这里用这个名词是为了引出后面爱因斯坦的研究等内容。——译者注

如果两个能级之间存在较大的能量间隔，比如 20 000 cm$^{-1}$（可见光范围），那么较低能级会优先被占据，即此时可以忽略受激发射。这时采用第 2 和第 3 章的处理方法是合理的。如果能级有 3 个或 3 个以上，那么在特定的条件下，就可以实现某个较高的能级具有比基态更大的占有率的情形［粒子数反转（population inversion）］[①]。

这种现象可以用处于强晶体场中的 $Cr^{3+}$ 来说明。图 3.31 给出了它的能级分布。辐射产生的 $^4A_2 \rightarrow ^4T_2$ 跃迁强度大，并且可以实现 $^2E$ 和 $^4A_2$ 能级之间的粒子数反转[②]。这是因为电子从 $^4T_2$ 能级快速衰减到 $^2E$ 能级，而从自旋选律的角度来看，这种源自 $^2E$ 的发射是禁阻的，因此该能级具有很长的寿命（ms），从而能让电子长期布居而实现粒子数反转。

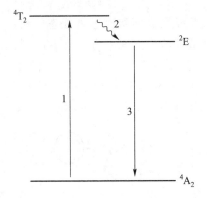

图 3.31 红宝石三能级激光体系。其中过程 1 是泵浦跃迁，而 3 是激光跃迁。相比于与过程 1 方向相反的有辐射跃迁，无辐射跃迁 2 的速率快。这里的能级标识取自 $Cr^{3+}$。相关跃迁速率大小的数量级分别是 $p(^4T_2 \rightarrow ^4A_2) = 10^5 \ s^{-1}$，$p(^4T_2 \rightarrow ^2E) = 10^7 \ s^{-1}$，$p(^2E \rightarrow ^4A_2) = 10^2 \ s^{-1}$

如果被激发的某个 $Cr^{3+}$ 发生了自发弛豫[③]，那么所发射的光子就会激励其他被激发的 $Cr^{3+}$ 通过受激发射也发生弛豫，从而对原始光子起到了一个放大作用。这就是激光的工作原理［激光这个单词（laser）代表着利用辐射的受激发射来放大光波的意思（Light amplification by stimulated emission of radiation）］。当粒子数反转结束时，这种放大现象就停止了，这是因为此时吸收过程会超越受激发射而占主导地位。

_____

① 也可翻译为"布居反转"，不过"粒子数反转"更为直观。——译者注

② 粒子数反转是一种相对比较的结果，即布居某个较高能级的电子多于布居于某较低能级（比如基态）的电子。——译者注

③ "弛豫"对应于"能量减少/下降"，因此作者在这里指代"发射"或"发光"。——译者注

因此四能级激光系统有着明显的优势，即更容易实现并维持粒子数的反转（参见图 3.32）：能级 4 可以快速衰减到基态能级 1，因此能级 3 不管布居数目有多少，都可以发生粒子数反转。$Nd^{3+}$ 的激光发射就是采用这种方式进行的。

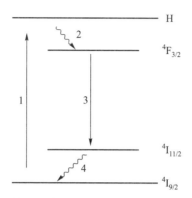

图 3.32　四能级激光体系示意图。其中过程 1 是泵浦跃迁，3 是激光跃迁，2 和 4 是无辐射跃迁。右边的能级标识取自 $Nd^{3+}$，因为这里介绍的是它发射 1 064 nm 激光的工作原理。H 代表 $^4F_{3/2}$ 以上的能级，而且 $^4I_{11/2}$ 能级由于能量比基态大了 2 000 $cm^{-1}$ 左右，因此不会出现电子受热布居到该能级的情形

本书并不打算介绍激光物理以及所有可用的激光体系。不过这里仍然有两点值得强调一下：

（1）采用图 3.1 所示的宽带发射可以获得可调谐激光。它是一种四能级激光（其中能级 1 是基态抛物线的最低振动能级，能级 2 是光吸收后所到达激发态抛物线位置对应的振动能级，能级 3 是激发态抛物线的最低振动能级，而能级 4 则是发射后所到达基态抛物线位置对应的振动能级）。通过能级 4 不同位置的选择可以实现激光的可调谐。

（2）激光材料需要满足的要求有好几个，其中之一就是需要高效发光。另外，对激光材料的表征应当采用高分辨的光谱技术。

正是基于后者，即激光材料要满足高效发光需求的观点[1]，这里才介绍了受激发射的现象，并且本书后面的章节也会再提及某些激光材料。能够说明激光材料需要高效发光的已有示例就是红宝石，很早以前就由 Becquerel 报道了它的高效发光，它是首个固体激光器的基石。另外，本章介绍的从激发态返回基态的方式被假定为只能是辐射的方式，而下一章将讨论无辐射的跃迁。

---

① 作者的潜台词是本书是有关高效发光材料的介绍，因此与之有关的内容都应当涉及。——译者注

# 参 考 文 献

［1］ Henderson B, Imbusch GF (1989) Optical spectroscopy of inorganic solids. Clarendon, Oxford.

［2］ Donker H, Smit WMA, Blasse G (1989) J. Phys. Chem. Solids 50：603；Wernicke R, Kupka H, Ensslin W, Schmidtke HH (1980) Chem. Phys. 47：235.

［3］ Wolfert A, Oomen EWJL, Blasse G (1985) J. Solid State Chem. 59：280.

［4］ Atkins PW (1990) Physical chemistry, 4th ed. Oxford University Press, Oxford.

［5］ Tanimura K, Makimura T, Shibata T, Itoh N, Tokizaki T, Iwai S, Nakamura A (1993) Proc. int. conf. defects insulating materials. S. Nordkirchen, World Scientific, Singapore, p 84；Puchin VE, Shluger AL, Tanimura K, Stok N (1993) Phys. Rev. B47：6226.

［6］ Blasse G (1992) Int Rev. Phys. Chem. 11：71.

［7］ Brixner LH, Blasse G (1989) Chem. Phys. Letters 157：283.

［8］ Judd BR (1962) Phys. Rev. 127：750；Ofelt GS (1962) J. Chem. Phys. 37：511.

［9］ Mello Donega C de, Meijerink A, Blasse G (1992) J. Phys.：Cond. Matter 4：8889.

［10］ Di Bartolo B (1968) Optical interactions in solids. Wiley, New York.

［11］ Schotanus P, van Eijk CWE, Hollander RW (1988) Nucl. Instr. Methods A 272：913；Schotanus P, Dorenbos P, van Eijk CWE, Hollander RW (1989) Nucl. Instr. Methods A 284：531.

［12］ Meijerink A, Nuyten J, Blasse G (1989) J. Luminescence 44：19.

［13］ Blasse G, Dirksen GJ, Meijerink A (1990) Chem. Phys. Letters 167：41.

［14］ Blasse G, de Korte PHM (1981) J. Inorg. Nucl. Chem. 43：1505.

［15］ Herren M, Glidel HU, Albrecht C, Reinen D (1991) Chem. Phys. Letters 183：98.

［16］ Blasse G (1980) Structure and Bonding 42：1.

［17］ Barendswaard W, van der Waals JH (1986) Molec. Phys. 59：337；Barendswaard W, van Tol J, Weber RT, van der Waals JH (1989) Molec. Phys. 67：651.

［18］ Hazenkamp MF(1992)thesis. University Utrecht.

［19］ Blasse G (1991) Structure and Bonding 76：153.

［20］ Tol van J, van der Waals JH (1992) Chem. Phys. Letters 194：288.

［21］ Bruin de TJM, Wiegel M, Dirksen OJ, Blasse G (1993) J. Solid State Chem. 107：397.

［22］ Ranfagni A, Mugni M, Bacci M, Viliani G, Fontana MP (1983) Adv. Physics 32：823.

［23］ Blasse G (1988) Progress Solid State Chem. 18：79.

［24］ Bersuker IB, Polinger VZ (1989) Vibronic interactions in molecules and crystals.

Springer, Berlin.

[25] Blasse G, Topics in Current Chemistry, in press.

[26] Denning RG (1992) Structure and Bonding 79: 215.

[27] Kitai AH (ed.) (1993) Solid state luminescence. Theory Materials and Devices, Chapman and Hall.

[28] Valbis YaA, Rachko ZA, Yansons YaL (1985) JETP Letters 42: 172; Aleksandrov YuM, Makhov VN, Rodnyl PA, Syreinshchikova TI, Yakimenko MN (1984) Sov. Phys. Solid State 26: 1734.

[29] Grabmaier BC (1993) Proc. int. conf. defects insulating materials. Nordkirchen, World Scientific, Singapore, p 350; Blasse G, Grabmaier BC, Ostertag M (1993) J. Alloys Compounds 200: 17.

[30] McKeever SWS (1985) Thermoluminescence of solids. Cambridge University, Cambridge.

[31] 一般了解可以参见文献[4]，更详细的了解则需要参见文献[1]。

# 第 4 章
# 无辐射跃迁

## 4.1　引言

从激发态有辐射地返回基态并不是完成"基态—激发态—基态"这一循环的唯一途径。另一种可用的方式就是无辐射返回，即没有发光地返回。无辐射过程（nonradiative process）通常与辐射过程同时发生并且存在竞争关系。由于发光材料最重要的需求之一就是具有高的光输出，因此理所当然地，在这种材料中，辐射过程发生的概率要远高于无辐射过程才行。

所有被材料吸收并且没有以辐射的形式发射（发光）的能量会消散于晶格中［无辐射过程（radiationless process）[①]］。显然，抑制那些与发射过程竞争的无辐射过程是必需的事情。不过，也有一些无辐射过程会有助于提高光输出。这类过程可以更有效地将能量转给发光激活剂或者增加电子在发射能级上的布居。

---

[①]　"nonradiative"要比"radiationless"更为常用。——译者注

表 4.1 给出了一些重要的光致发光材料的量子效率(参见 4.3 节)。从中可以看到迄今为止仍然没有达到最大可取值,即 100%。其中组成复杂的 $NaGdF_4$: Ce, Tb[①] 给出的值与 100% 最为接近。正如下面将要谈到的,其根源就在于发光 $Tb^{3+}$ 的无辐射供能过程(radiationless feeding process)虽然复杂,但是效率非常高。相应地,无辐射过程与发光过程之间的竞争可以忽略不计。而另一方面,在 $CaWO_4$ 中,钨酸根发光基团被直接激发,由于这个发射能级的辐射和无辐射衰减速率的比值大约是 2 : 1,因此所得量子效率为 70%。

**表 4.1　室温下受紫外光激发的一些光致发光材料的量子效率 $q$**

| 材料 | $q/\%$ |
| --- | --- |
| $Zn_2SiO_4$: $Mn^{2+}$ | 70 |
| $YYO_4$: $Eu^{3+}$ | 70 |
| $CaWO_4$ | 70 |
| $Ca_5(PO_4)_3(F, Cl)$: $Sb^{3+}, Mn^{2+}$ | 91 |
| $NaGdF_4$: $Ce^{3+}, Tb^{3+}$ | 95 |

这些发现表明,要理解、改进和设计发光材料就需要深入领会无辐射过程。目前已经有好几种手段可以解决这个难题[1,2]。就我们看来,这些方法都是有用的。其中一个还是纯理论方式。虽然对于特定的简单情况,这种方法在当前可以说是非常有用,但是要用于研究大量不同材料的性质就没有那么高的成功率了。

也有几种通用且近似的方法可以用来研究无辐射过程。其中 Struck 和 Fonger 合写的书就是一个不错的参考[3]。我们的方法可能是其中最简单的一种,其主要特征就是所用物理参数尽可能地简单,同时却可以允许化学性质的大范围变动,换句话说,我们通过对照大量不同的材料而使得这种简单的物理模型的预测结果尽可能与各种不同的实际结果一致。这种方法最大的优势就是它的简便性和足够好的预测能力。

本章内容将做如下安排:首先在 4.2 节中围绕孤立发光中心展开并且探讨其可能的无辐射跃迁机制;接着在 4.3 节中定义了几种可以表示发光材料效率的方法;然后在 4.4 节中讨论当基质晶格所受激发能高于能带间隙 $E_g$ 时发光材料的转换效率。最后,在 4.5 和 4.6 节中罗列实现无辐射跃迁的其他可能途径。

---

①　原书在这章采用"-",现统一改为主流使用的":"。下同,不再赘述。——译者注

## 4.2 孤立发光中心的无辐射跃迁

在第 3 章中，我们假定从激发态到基态的返回过程是有辐射的，然而通常情况下并非如此。事实上有很多发光中心在这个返回过程中根本就没有发光。图 4.1 所给的位形坐标图可以用来理解有关的物理过程。它与图 3.1 极为相似，同样含有吸收与发射跃迁，并且彼此存在斯托克斯位移。不过，与图 3.1 不同的是，当温度足够高的时候，获得额外能量的弛豫激发态①（relaxed-excited-state）可以到达两条抛物线的交点，从而可以通过这个交点而无辐射地返回基态［参见图 4.1(a)中的箭头标示］。此时的激发能全部以热能的形式转给了基质晶格。这个模型可以解释发光的热猝灭现象（发光本质上可以看作一种"低温"下发生的现象）。关于这种从抛物线"e"到"g"的跃迁，这里就不再进一步介绍了。总体而言，它在本质上属于两个（近邻的）共振能级之间的跃迁，其中一个能级归属于"e"，而另一个则归属于"g"。一个明显的特征就是这两个抛物线之间的偏移越大，那么该跃迁就越容易发生。

在图 4.1(b)中，两条抛物线彼此平行（$S=0$），永远不会相交，因此不会采用图 4.1(a)的方式到达基态。然而，只要满足特定的条件，比如能级差 $\Delta E$ 等于或者略小于周围环境更高振动频率的 4~5 倍时，它也同样可以实现无辐射返回基态。因为这时的能量大小足够同时激发几个高能振动，从而失去了用于辐射过程的能量。这种无辐射过程通常就称为多声子发射。

图 4.1(c)中的三抛物线情形意味着可以同时发生上述的两种过程。彼此平行的两条抛物线属于同样的组态，因此彼此之间只能通过禁阻光学跃迁相联系，而第 3 条抛物线来自不同的组态并且可以通过允许跃迁与基态发生关联。这种情况在发光材料中是常见的。其激发（吸收）过程就是从基态以允许跃迁的形式到达最高的抛物线，随后该体系会弛豫到第二高抛物线的弛豫激发态上。从图 4.1(c)中可以看出，两条更高的抛物线之间有明显偏移，因此这个无辐射跃迁更容易发生。这时出现的发射就是从第二高抛物线开始了（线状发射）。可以发生这类现象的典型例子包括 $Al_2O_3:Cr^{3+}$（激发：$^4A_2 \rightarrow {}^4T_2$；弛豫：$^4T_2 \rightarrow {}^2E$；发射：$^2E \rightarrow {}^4A_2$）、$Eu^{3+}$（激发：$^7F \rightarrow$ 电荷转移态；弛豫：电荷转移态 $\rightarrow {}^5D$；发射：$^5D \rightarrow {}^7F$）和 $Tb^{3+}$（激发：$^7F \rightarrow 4f^75d$；弛豫：$4f^75d \rightarrow {}^5D$；发射：$^5D \rightarrow {}^7F$ 发光）。

一般说来，无辐射过程会受到温度的影响，这是一个很容易理解的定性结论。然而，到目前为止，除了弱耦合条件外，就算不限制精度，其他条件下没

---

① 这里其实是"弛豫后"的激发态，"弛豫激发态"只是为了书写或叙述方便。——译者注

有、也不可能实现无辐射速率的定量计算。其原因就在于，虽然这种温度依赖性由声子统计结果决定是已知的，但是两者之间如何关联的物理过程并不清楚，而且这种影响是不能忽略的，尤其是位形坐标图中曲线偏离抛物线轨迹（非谐振性）的行为更是如此，它所引起的无辐射速率的变化可以达到好几个数量级（many powers of ten）。虽然具体机制很复杂，不过，一个显而易见的结论就是两抛物线之间的偏移（$\Delta R$）是影响无辐射速率的一个非常重要的参数，并且这个速率会随着 $\Delta R$ 的增加而迅速变大。

接下来的章节将首先探讨弱耦合的情形（$S \sim 0$），然后再扩展到中强和强耦合的场合（$S \gg 0$）。

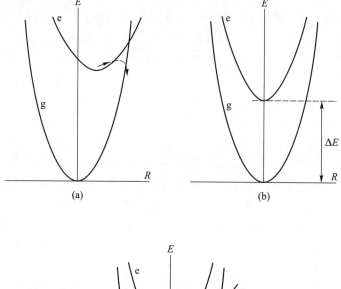

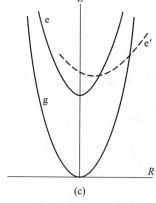

图 4.1　无辐射跃迁的位形坐标图解释。其中基态抛物线用 g 表示，而激发态则为 e 和 e′。详情可以参见文中描述。在图（a）中，箭头指示从 e 到 g 的无辐射跃迁。这个跃迁导致了发光在更高温度下发生了猝灭；图（b）中的 $\Delta E$ 是 e 和 g 之间的能量差；而图（c）中，激发结果是落在 e′ 上。该能级为发射能级 e 提供能量

## 4.2.1 弱耦合条件

弱耦合近似下的无辐射跃迁可以说是最好理解的无辐射过程了。考虑到稀土离子的锐线跃迁（即 $4f^n$ 组态内的跃迁）便于分析，因此现有的实验数据主要来自稀土离子。许多著作和综述性文件已经讨论过这方面的内容[1,2,4,5]，相关的结论总结如下：

对于 $4f^n$ 组态能级之间的跃迁，无辐射速率与温度的依赖关系可以表示为

$$W(T) = W(0)(n+1)^p \qquad (4.1)$$

式中，$W(T)$ 是温度为 $T$ 时的速率，而 $p = \Delta E/h\nu$，$\Delta E$ 是所涉及能级之间的能量差值，并且有

$$n = \left[ \exp\left(\frac{h\nu}{kT}\right) - 1 \right]^{-1} \qquad (4.2)$$

当 $p$ 小，即 $\Delta E$ 小，或者共振频率高的时候，$W(0)$ 就大。进一步可以得到

$$W(0) = \beta \exp[-(\Delta E - 2h\nu_{max})\alpha] \qquad (4.3)$$

式中，$\alpha$ 和 $\beta$ 是常数，而 $\nu_{max}$ 是稀土离子周围环境可允许的最大振动频率值。这个公式就是 Van Dijk 和 Schuurmans 提出的关于能隙定律的修正公式[6]。利用这个公式就可以计算不同温度下的 $W$ 的数值，其误差不会超过一个数量级。

现在列举一些例子来说明上面的内容。在水溶液或者水合物中，除了 $Gd^{3+}$（$\Delta E = 32\ 000\ cm^{-1}$，$\nu_{max} \approx 3\ 500\ cm^{-1}$），其他稀土离子的发光都很弱。其中 $Tb^{3+}$（$\Delta E \approx 15\ 000\ cm^{-1}$），甚至包括 $Eu^{3+}$（$\Delta E \approx 12\ 000\ cm^{-1}$）的量子效率（$q$）都很低，至于其他稀土离子事实上是根本没有发光的。固体中的典型例子就是稀土掺杂的 $NaLa(SO_4)_2 \cdot H_2O$，在这种基质晶格中，稀土离子仅与一个 $H_2O$ 分子配位，相应离子的 $q$ 值如下：$Gd^{3+}$ 100%、$Tb^{3+}$ 70%、$Eu^{3+}$ 10%、$Sm^{3+}$ ~1%、$Dy^{3+}$ ~1%。

常见氧化物（硅酸盐、硼酸盐或磷酸盐）玻璃中，由于 $\nu_{max}$ 约 $1\ 000 \sim 1\ 200$ $cm^{-1}$，因此大多数稀土离子的发光并不好。例外的只有 $Gd^{3+}$、$Tb^{3+}$ 和 $Eu^{3+}$，它们可以获得高效的发光。如果改用氟化物或硫族化合物玻璃，其中 $\nu_{max}$ 相对较低，因此这种状况就有了明显的变化。与此相关的一种很有意思的基质晶格就是 $Eu_2Mg_3(NO_3)_{12} \cdot H_2O$。初看起来是众多的水分子会把 $Eu^{3+}$ 的发光完全猝灭掉，但是由于 $Eu^{3+}$ 离子通过二齿配位的方式与 6 个硝酸根离子结合，从而与水分子隔开，因此具有高量子效率的发光。

诸如 $Eu^{3+}$ 和 $Tb^{3+}$ 等可以从更高的激发态发射，即不再只是从 $^5D_0$（红光）发射，而是也可以从 $^5D_1$（绿光）和 $^5D_2$（蓝光）发射。不过，这主要取决于基质晶格。比如在 $Y_2O_3:Eu^{3+}$ 中，由于 $\nu_{max} \approx 600\ cm^{-1}$，因此所有这些来自高激发态的发光都可以被观测到。然而对于硼酸盐，则没有这种现象。

利用激光光谱学可以充分研究这种高能发射。这里以 $NaGdTiO_4:Eu^{3+}$ 作为其中的一个例子[7]。当激发能量足以让电子进入 $Eu^{3+}$ 的 $^5D_1$ 能级时，$NaGdTiO_4$ 中 $Eu^{3+}$ 的发光随时间会发生如下变化：激发脉冲结束后 10 μs 内的发射主要来自 $^5D_1$ 能级，但是随着时间的延长，$^5D_1$ 的发射强度下降，而 $^5D_0$ 则增加（参见图 4.2），即 $^5D_0$ 发光的衰减曲线呈现抬升的趋势。从这些实验数据可以得到 4.2 K 的时候 $^5D_1 \rightarrow {}^5D_0$ 的弛豫速率是 $1.3 \times 10^4\ s^{-1}$。这种温度依赖关系正好满足前面所述的 $(n+1)^p$ 的规定，其中 $p$ 为 5，而振动频率为 347 $cm^{-1}$，相应于 Eu–O 伸缩振动。当温度达到 300 K 时，这个无辐射速率增加到 $4 \times 10^4\ s^{-1}$ 左右，此时已经超过了 $^5D_1 - {}^7F_J$ 的辐射速率（$\sim 10^3\ s^{-1}$），因此这个无辐射过程占据主导地位，发光也改为主要来自 $^5D_0$ 能级了。相反地，由于 $p$ 值相对而言要低很多，因此已有的具有更高声子频率的化合物（比如硼酸盐和硅酸盐等）中，一般是看不到 $Eu^{3+}$ 的 $^5D_1$ 发射的。

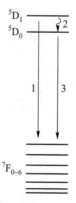

图 4.2　$Eu^{3+}$ 离子的能级图①。其中 $^5D_1$ 能级可以辐射衰减到 $^7F_J$ 能级（箭头 1）或无辐射衰减到 $^5D_0$ 能级（箭头 2）。随着后者而发生的就是 $^5D_0 \rightarrow {}^7F_J$ 发射（箭头 3）。$^5D_1$ 的发光强度取决于过程 1 和 2 的速率比值

与 $Eu^{3+}$ 类似，$Tb^{3+}$ 不仅只有来自 $^5D_4$ 的发射（绿光），而且也可以有源于 $^5D_3$ 的发射（蓝光），其 $\Delta E$ 相比于 $Eu^{3+}$ 要大很多，大约是 5 000 $cm^{-1}$。因此除非 $\nu_{max}$ 非常大，否则 $Tb^{3+}$ 浓度较小的体系中一般都含有蓝色的发光。需要注意的是，这些示例中仅考虑发光离子与最近邻环境的相互作用，不涉及它们与其他发光离子之间的相互作用。关于和其他同类发光中心相互作用而导致更高能级发光猝灭的现象（交叉弛豫）会在第 5 章中进一步讨论。

---

① 原图的激发态能级符号的标注有误。——译者注

最后介绍一下 $Gd^{3+}(4f^7)$。图 4.3 是它的能级分布图。其中激发能级处于紫外区域并且相关跃迁的振子强度不大，因此只有在紫外可调谐激光或者 X 射线激发下才可以观察到 $Gd^{3+}$ 的精确的光谱。

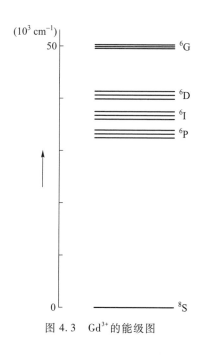

图 4.3　$Gd^{3+}$ 的能级图

对于 $Gd^{3+}$ 来说，其 $^6P_J \rightarrow {}^8S$ 的发射跃迁需要跨越大概 32 000 cm$^{-1}$ 的能隙，由于这个 $\Delta E$ 相当大，因此无辐射跃迁是没办法与这个辐射跃迁进行竞争的，甚至就算是水分子($\nu \sim 3\ 500$ cm$^{-1}$)也不能将 $Gd^{3+}$ 的发射猝灭掉。这就意味着这种发射只能通过将能量转移给其他发光中心的形式来猝灭[①]（参见第 5 章）。

在一些基质晶格中也可以观察到来自 $Gd^{3+}$ 的更高激发态能级如 $^6I_J$、$^6D_J$、甚至是 $^6G_J$ 的发射。虽然这种现象会受到 $Gd^{3+}$ 的影响，但是主要还是取决于基质晶格。如果振动频率最大值并不高，同时基质是透明的，那么包含 $^6G_J$ 能级（大约 205 nm）在内的所有能级产生的发射都可以发生（参见图 3.9）。甚至连来自更高 ~185 nm 能级的发射也有过报道。图 4.4 就给出了其中的一个例子。不过，对于硼酸盐和水合物，所有这些发光都被猝灭掉，而 $^6P_J$ 产生的发光则占据主导地位。这明显表明更高频率的振动可以促进能量通过无辐射跃迁转移给 $^6P_J$ 能级。

---

① 也可以理解为 $Gd^{3+}$ 作为敏化剂，将能量转移给了激活剂。——译者注

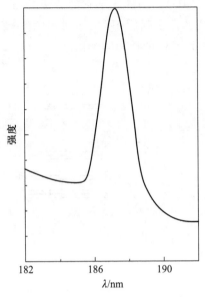

图 4.4 X 射线激发所得的 $Gd^{3+}$($Y_2O_3$ 中)的 187 nm 发射谱

## 4.2.2 中强和强耦合条件

本节首先将列举几个例子来介绍位形抛物线之间的偏移($\Delta R$)对无辐射跃迁速率的重要性。第一个例子就是经典的、已经作为 X 射线发光粉使用超过 75 年的 $CaWO_4$。其中作为发光中心的钨酸根基团是典型的强耦合发光中心的例子(参见第 2 和第 3 章)。在室温下，$CaWO_4$ 是一种非常高效的发光材料。然而，与之同结构的 $SrWO_4$ 在室温下却不发光，而是必须降低温度才能实现显著的发光。$BaWO_4$ 也有与 $CaWO_4$ 一样的晶体结构，但是即使温度低到 4.2 K，这种化合物的发光效率仍然不高。然而这些化合物的钨酸根基团实际上具有同样的基态性质(间距、振动频率等)，因此前述各自无辐射过程之间的明显差异就必定源自不同的 $\Delta R$，即抛物线之间偏移的大小。由于 $Ca^{2+}$、$Sr^{2+}$、$Ba^{2+}$ 的离子半径依次增大，因此可以直观认为这就是导致偏移值不断增加，也就是实验观测到的无辐射过程速率不断提高的原因。这里假定围绕发光中心的离子[①]半径大就等价于该发光中心具有柔性的环境——这似乎是个合理的假设，那么根据上述的结论，就可以认为周围配位环境越柔性，那么 $\Delta R$ 就越大。

---

① 这里的发光中心是钨酸根基团，周围环境则是 $Ca^{2+}$ 等阳离子。——译者注

   有序钙钛矿化合物 $A_2BWO_6$ 中的发光是验证上述这个简易模型的更有说服力的例子。在该化学式中，A 和 B 为碱土金属离子。表 4.2 给出了这些晶格中所含 $UO_6$ 基团发光的猝灭温度[8]。它们的变化规律与前述 $WO_6$ 基团的类似。由于这些温度值反映了无辐射过程，因此该表意味着无辐射速率与 A 离子的种类无关，而是取决于 B 离子的本质：B 离子越小则猝灭温度越高。

**表 4.2   有序钙钛矿化合物 $A_2BWO_6$:$U^{6+}$ 中铀酸根基团发光的热猝灭。关于基团的结构可以参照图 4.5。表格中的数据来源于参考文献[8]**

| $A_2BWO_6$:U | | $T_q/K$ [a] | $\Delta R$/任意单位 [b] |
|---|---|---|---|
| A = Ba | B = Ba | 180 | 10.9 |
| Ba | Sr | 240 | 10.6 |
| Ba | Ca | 310 | 10.2 |
| Ba | Mg | 350 | 10.0 |
| Sr | Mg | 350 | 10.0 |
| Ca | Mg | 350 | 10.0 |

a   铀酸根基团发光的猝灭温度。

b   根据 Struck 和 Fonger 方法[3]计算而得的 $\Delta R$ 值，取任意单位，其中 $Ba_2MgWO_6$ 的 $\Delta R$ 值随意取作 10.0。

   从图 4.5 中可以看出 $UO_6$（或 $WO_6$）发光八面体的膨胀（即抛物线间的偏移）并不会直接受到 A 离子的限制，反而是由于 U(W)—O—B 键角处于 180°，从而 B 离子直接阻碍了这种膨胀。表 4.2 中也给出了根据 Struck 和 Fonger 模型计算所得的 $\Delta R$ 相对值[3]。这些相对比例值总体上与预测的相符。值得注意的是，总的 $\Delta R$ 变化低于 10%，而对于铀酸根基团，$\Delta R$ 小于 0.1 Å，这就意味着这个系列化合物中 $\Delta R$ 的变化量要小于 0.01 Å。因此，$\Delta R$ 的微小变化可以引起无辐射速率的剧烈改变。

   一般说来，具有高量子效率和高猝灭温度的发光材料通常具有刚性的基质晶格，从而其中的激发态的膨胀会受到抑制，即 $\Delta R$ 会尽可能地小。

   表 4.3 给出了一系列硼酸盐的斯托克斯位移，即 $\Delta R$ 是如何随着基质晶格中阳离子的尺寸的增加而增大的例子[9]。在 $ScBO_3$ 中，稀土离子的运动受到强烈的限制并且周围环境是刚性的，从而 $Ce^{3+}$、$Pr^{3+}$ 和 $Bi^{3+}$ 会产生小的斯托克斯位移。不过相对小很多的 $Sb^{3+}$ 则相反，其斯托克斯位移较大。$Sb^{3+}$ 的异常还有另一个需要说明的原因，即 4f-5d 跃迁的斯托克斯位移对周围环境的敏感性要小于 5s-5p 跃迁。

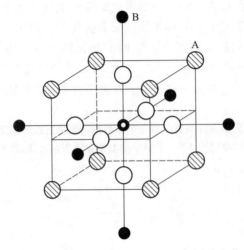

图 4.5　有序钙钛矿 $A_2BWO_6$ 中发光 $UO_6$(或 $WO_6$)基团的配位环境。其中发光中心由白心的黑色离子和 6 个空心圆离子(氧)组成。这个发光中心周围环绕着一个阴影离子 A 组成的立方体和黑色离子 B 组成的八面体

表 4.3　正硼酸盐 $MBO_3$( M = Sc、Y、La )中一些三价离子宽带发光的斯托克斯位移 ( $10^3$ cm$^{-1}$ )。数据取自参考文献 [ 9 ]

|  | $ScBO_3$ | $YBO_3^a$ | $LaBO_3$ |
|---|---|---|---|
| $Ce^{3+}$( $4f^1$ ) | 1.2 | 2.0 | 2.4 |
| $Pr^{3+}$( $4f^2$ ) | 1.5 | 1.8 | 3.0 |
| $Sb^{3+}$( $5s^2$ ) | 7.9 | $\left(\begin{array}{c}14.5 \\ 16.0\end{array}\right.$ | 19.5 |
| $Bi^{3+}$( $6s^2$ ) | 1.8 | $\left(\begin{array}{c}5.1 \\ 7.7\end{array}\right.$ | 9.3 |

a　该晶格中含有 Y 的两种格位。

　　现在固体化学领域已经包含了所谓的软化学或软材料的内容。基于前述内容，客观上是不用期望这些材料会发光，至少当发光中心为宽带发射体时肯定不会发光。事实也正是如此，具体的例子就是同晶型的 $Al_2$( $WO_4$ )$_3$、$Sc_2$( $WO_4$ )$_3$ 和 $Zr_2$( $PO_4$ )$_2SO_4$。在这些材料中，钨酸根和锆酸根发光基团的斯托克斯位移非常大，处于 20 000 cm$^{-1}$ 左右，因此甚至在 4.2 K 的时候，其量子效率也不高。导致这个结果的全部因素就在于 $\Delta R$ 值大——因为发光中心处于柔性环境之中。

　　这种关于无辐射跃迁可以被刚性环境抑制的模型在稀土穴状配合物的发光研究中得到了完美的体现[10]。

　　穴状配体就是一种有机笼子。它们最早由 Lehn 合成出来，并且 Lehn 也凭借此获得了 1987 年诺贝尔化学奖（同 Cram 和 Pederson 分享）。图 4.6 给了这种配体的两个例子。其中穴醚[2.2.1]的大小恰好可以容纳 $Ce^{3+}$，也就是说处于激发态的 $Ce^{3+}$ 并没有过多的扩展空间。事实上不管是在固体中还是在水溶液中，$[Ce \subset 2.2.1]^{3+}$ 穴状基团在室温下都具有高效的（宽带）发射和小的斯托克斯位移。与此相反，$[Ce \subset 2.2.2]^{3+}$ 穴状基团的发光则具有较大的斯托克斯位移，这是因为客观上穴醚[2.2.2]可以提供的孔洞要比穴醚[2.2.1]大。

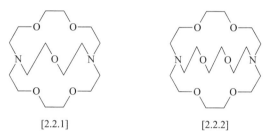

[2.2.1]　　　　　　　　　[2.2.2]

图 4.6　穴醚[2.2.1]和[2.2.2]，其中未标元素的角点各自含有一个—$CH_2$ 基团，这些分子排列成足以容纳三价稀土离子的笼状

　　表 4.4 给出了几种不同配位环境下 $Ce^{3+}$ 发光的斯托克斯位移。从该表可以发现，在穴醚[2.2.1]中，$Ce^{3+}$ 的斯托克斯位移要小于某些商用 $Ce^{3+}$ 激活的发光粉（$Y_2SiO_5$:Ce、$Ca_2Al_2SiO_7$:$Ce^{3+}$）。在 $ScBO_3$（参见上文）以及 $CaF_2$ 和 $CaSO_4$ 中，这个数值进一步变得很小，其原因就在于 $Ce^{3+}$ 带有一个有效的正电荷，从而其所占的 Ca 格位的体积比基于 $Ca^{2+}$ 半径所得的数值要小。

**表 4.4　几种发光成分或物质中 $Ce^{3+}$ 发射的斯托克斯位移**

| 成分/物质 | 斯托克斯位移/cm$^{-1}$ |
| --- | --- |
| $[Ce^{3+} \subset 2.2.1]$ | 2 100 |
| $[Ce^{3+} \subset 2.2.2]$ | 4 000 |
| 水溶液中的 $Ce^{3+}$ | 5 000 |
| $Y_3Al_5O_{12}$:$Ce^{3+}$ | 3 800 |
| $Y_2SiO_5$:$Ce^{3+}$ | 2 500 |
| $ScBO_3$:$Ce^{3+}$ | 1 200 |

　　上面涉及的实验示例足以证明，要获得高效发光材料，$\Delta R$ 就应该尽可能地小。不过，重要的不仅仅是 $\Delta R$ 值，其他因素也是需要注意的。这可以通过简单模型计算来加以说明[11]。假定某个发光材料的发光中心可以用一个包含两条抛物线的位形坐标图来描述，并且这两条抛物线具有同样的力常数 $k$，接着设定抛物线之间的偏移为 $\Delta R$，振动频率为 $h\nu$，抛物线之间的能量差为 $E_{zp}$，再进一步给定与此有关的其他参数的数值，然后遵循 Struck 和 Fonger 提出的方法[3]就可以计算发光效率随温度的变化结果（参见图 4.7）。

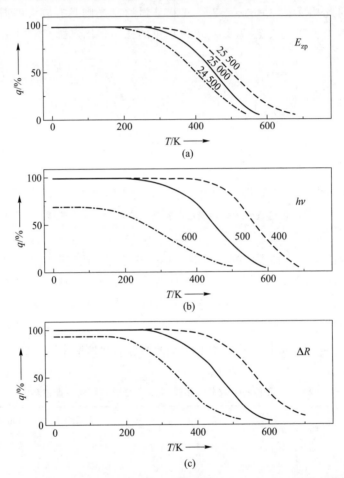

图 4.7　根据某个发光体系模型计算得到的发光量子效率（$q$）随温度的变化结果。图 (a)中两抛物线最小值之间的能量差 $E_{zp}$（单位为 cm$^{-1}$）是变动的；图(b)中则是改变振动频率 $h\nu$（单位为 cm$^{-1}$）；而图(c)中的抛物线位移 $\Delta R$ 发生变化，从左至右相应的 $\Delta R$ 减小了 6%

需要强调的是 $\Delta R$ 越大，发光的猝灭温度就越低，即无辐射过程就更为重要。另外，高 $h\nu$ 值也会促进无辐射衰减。例如 $h\nu = 600 \text{ cm}^{-1}$ 时，低温下的发光效率值将远低于最大可能数值①，即就算到了 0 K，无辐射过程的发生速率也会同辐射过程差不多。此时从激发态抛物线到基态抛物线的隧穿效应就是产生这种结果的原因（参见图 4.8）。最后，$E_{zp}$ 下降也会降低猝灭温度。

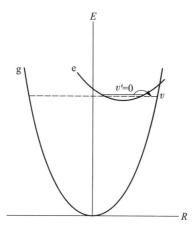

图 4.8 能够发生从激发态 e 的最低振动能级 $v'=0$ 到基态 g 的高阶振动能级 $v=v$ 的隧穿（箭头所示）现象的体系示意图。其中 $v$ 能级与 $v'=0$ 能级（近似）是共振的。隧穿速率由这两个振动能级的振动波函数的重叠大小来确定。由于 $v$ 能级的波函数在抛物线的拐点处具有最大幅度（参见图 2.4），因此如果抛物线 e 的最小值位于这个拐点，即 $\Delta R$ 足够大的时候，隧穿速率就可以达到最大值

上述的最后一个结论，即 $E_{zp}$ 会影响猝灭温度的典型实验证据来自 $CaWO_4$ 和 $CaMoO_4$ 的对比结果。这两个化合物在很多方面上是相似的，一个明显的不同就是钨酸根基团的能级位于 $5\,000 \text{ cm}^{-1}$ 左右，比钼酸根基团要来得高。这种差异强烈影响了这些化合物在室温下的发光：$CaWO_4$ 具有高效的蓝光发射，而 $CaMoO_4$ 的绿光发射则被部分猝灭②。这类观察结果可以一般化为如下的规律：越高效的宽带发射就意味着激发与发射带的最大波长值越短。

现在考虑需要包含 3 条抛物线的图谱来说明发光中心。与之有关的典型例子就是具有重要应用价值的 $Eu^{3+}$ 发光中的电荷转移激发过程。以三色发光灯中的红粉为例，其组成是 $Y_2O_3:Eu$，在 254 nm 激发下会进入电荷转移态，随后产生高效的 $4f^6$ 组态之间的红光发射（$^5D_0 \to {}^7F_2$）。图 4.9 给出了相应的位形坐标图。

---

① 即 100%。——译者注

② 这里是相对于低温的绿光强度而言的。——译者注

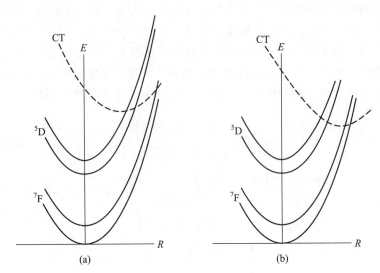

图 4.9　电荷转移(CT)态在 $Eu^{3+}$ 发光猝灭中的作用示意图。为了清晰起见，图中只画了表征 $4f^6$ 不同组态的几条抛物线。图(a)中描述的是 $Y_2O_3:Eu^{3+}$ 的情况：CT 态可以为 $^5D$ 发光能级提供能量；而图(b)中的 CT 态相对来说偏移更大，从而布居——至少有一部分布居到基态能级，导致发光强度严重下降

　　需要注意的是，$Y_2O_3:Eu^{3+}$ 的这种高效发光特性是建立在快速无辐射过程基础上的。在这个过程中，电子由电荷转移态弛豫到 $4f^6$ 组态的激发能级。同样的模型也适用于晶态 $GdB_3O_6:Eu^{3+}$。基于同样的组分，$GdB_3O_6:Eu^{3+}$ 也能以玻璃的形态出现。这时相当有趣的事情发生了，玻璃中 $Eu^{3+}$ 的电荷转移激发所引起的发光在效率上要比转为晶体时低一个数量级。温度降到 4.2 K 得到的结果也是一样的。这种实验现象被归因于玻璃中代表电荷转移的抛物线比在晶体中具有更大的偏移，从而玻璃的电荷转移态的主要部分将进入作为基态的 $^7F$ 多重态对应的区域。由此很容易想到，与晶体相比，玻璃中的配位环境对激发态膨胀的抵消作用相对较弱。这种现象所产生的重要结论就是在玻璃中，除非能获得小的斯托克斯位移，否则宽带发射的效率并不高。

　　另外，如果电荷转移态的能量下降，那么同样会降低由它激发而产生的发光效率。其原因就在于从电荷转移态无辐射跃迁到 4f 组态①诸能级的概率增加了(可以参照一下本章有关 $CaWO_4$ 和 $CaMoO_4$ 发光差异的讨论)。

　　与 $Eu^{3+}$ 相比，$Pr^{3+}(4f^2)$ 属于规律相似而表现不同的例子——因为此时的激发态是 4f5d 组态。图 4.10 给出了位于两种不同基质晶格中的 $Pr^{3+}$ 的位形坐标

---

　　① 原文误为 $^7F$。——译者注

图。如果代表 4f5d[①] 态的抛物线相对于基态的偏移小，那么有辐射地返回 $4f^2$ 组态的概率就要比无辐射跃迁回 $4f^2$ 组态的高。反之，如果偏移大，那么 4f5d 激发引起的发光过程是先发生无辐射 $4f5d \rightarrow 4f^2$ 跃迁，然后才有 $4f^2$ 组态的发光出现。属于前一种情况的有 $YBO_3$、$YOCl$ 和 $LaB_3O_6$，而后一种的例子则是磷灰石 $Gd_{9.33}(SiO_4)_6O_2$ 和 $Gd_2O_2S$。

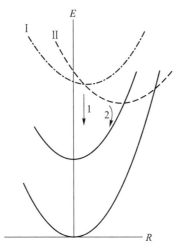

图 4.10　$Pr^{3+}(4f^2)$ 的位形坐标示意图。图中的实线型抛物线对应 $4f^2$ 组态；而虚线型抛物线则表示 4f5d 组态的两种可能情况（Ⅰ 和 Ⅱ）。其中激发态 Ⅰ 会产生从 Ⅰ 开始的 d→f 发光（箭头 1 所示），而激发态 Ⅱ（具有更大的偏移）会产生到 $4f^2$ 的无辐射跃迁（箭头 2 所示），它可以紧接着发生 $4f^2$ 组态内的发光

　　$Pr^{3+}$ 相比于 $Eu^{3+}$ 的一个优势就在于它可以出现来自更高激发态的发光，因此就可以测量相应的斯托克斯位移大小。这就可以给出有关弛豫与抛物线偏移的信息。已有实验表明当斯托克斯位移高于 $3\,000\ cm^{-1}$ 后，无辐射 $4f5d \rightarrow 4f^2$ 跃迁的影响就显著了。

　　总之，在不涉及任何物理或数学内容的前提下，本节通过示例初步概述了有关孤立发光中心无辐射过程速率的决定因素。

## 4.3　效率

　　在上一节中，"发光效率"这个名词频繁使用却没有给出定义。通俗而言，发光明亮的材料就是高效的发光材料。下面就给出关于这种发光材料效率的几

---

①　原文误为 $4f^{5d}$，下同，不再赘述。——译者注

种定义。

在光致发光的条件下需要分清量子效率(quantum efficiency, $q$)、辐射效率(radiant efficiency, $\eta$)和流明效率(luminous efficiency, $L$)。量子效率 $q$ 被定义为发射量子数与吸收量子数的比值。如果不存在无辐射跃迁的竞争,那么它就等于1(或者100%)。在有关基础研究的文献中,这个数值是重要的效率指标,而其他两个则更受技术领域的偏爱。

辐射效率 $\eta$ 被定义为发光功率与材料从激发源所吸收功率之间的比值,而流明效率 $L$ 则是材料发射的光通量与所吸收功率之间的比值。

有时也会用到光输出(light output)这个术语。它等于量子效率与所吸收辐射数量的乘积。高量子效率并不意味着高光输出——仅当量子效率与针对激发波长的光学吸收系数都高的条件下,给定的光致发光材料才具有高的光输出。

对于阴极射线(CR)激发来说,$q$ 就用不上了。而此时的辐射效率则定义为发光功率与落在发光材料上的电子束功率之间的比值。这就意味着 $\eta_{CR}$ 参照的是入射到材料中的总功率,而 $\eta_{UV}$ 则以被材料吸收的总功率为参比。对于 CR 激发,流明效率的定义与光激发的情形类似。此外,X 射线激发中辐射效率的定义与 CR 激发的一样。

表 4.5 总结了一些已知高效的发光材料的效率数据。这些数据均在室温下测得[12]。能够限制光致发光效率的因素就是前面提到的无辐射过程。对于更高能量的激发,比如阴极射线或 X 射线激发,其情况则更为复杂。就如同表 4.5 所列,$\eta_{CR}$ 和 $\eta_X$ 实验数据都意味着激发基质晶格所得的辐射效率最大值局限于10%与20%之间。事实也的确如此。这个结果在几十年前就已经引起人们的关注,早期的解释出现于 60 年代①,其中最详细的介绍可以参考 Robbins 的文献[13],下面的章节将对他的工作做个概述。

表 4.5　室温下测得的一些材料的发光效率,数据来自参考文献[12],也可参见文中介绍(4.3 节)

| 发光材料 | $\eta^a$/% | $q^a$/% | $L^a$/(lm/W) | $\eta_{CR}{}^b$/% | $\eta_X{}^c$/% |
|---|---|---|---|---|---|
| $MgWO_4$ | 44 | 84 | 115 | | |
| $Ca_5(PO_4)_3(F, Cl):Sb, Mn$ | 34 | 71 | 125 | | |
| $Zn_2SiO_4:Mn$② | 35 | 70 | 175 | | |
| $CaWO_4$ | | | | 3 | 6.5 |

---

① 即 20 世纪 60 年代。——译者注
② 原文多加了个 6,属于印刷错误。——译者注

续表

| 发光材料 | $\eta^a/\%$ | $q^a/\%$ | $L^a/(\text{lm/W})$ | $\eta_{CR}{}^b/\%$ | $\eta_X{}^c/\%$ |
|---|---|---|---|---|---|
| ZnS: Ag | | | | 21 | ~20 |
| Gd$_2$O$_2$S: Tb | | | | 11 | 13 |

a  250~270 nm 紫外激发。

b  阴极射线激发。

c  X 射线激发。

## 4.4　高能激发下的最大效率

本节将要讨论的激发辐照种类可以在给定发光材料中产生大量的电子与空穴。这种激发类型通常以高能离子化辐射的形式出现。其中最有名的例子就是阴极射线和 X 射线，不过 γ 射线和 α 粒子也是它们的成员。一般说来，激发过程经历了如下的步骤：

首先是高速粒子被晶格吸收，通过离子化而产生二次电子与空穴。单个高能初始粒子就可以产生大量的电子-空穴对。比如在 CaWO$_4$ 中，一个 X 射线光子就可以发射 500 个光子。不过，这些高速粒子及其产生的载流子会通过激活晶格振动而失去能量，此时这些能量就被转移给了基质晶格。产生电子-空穴对所需的能量要比其平均能量（即 $E_g$）大得多。很早以前，Shockley 就估计在半导体中，这个能量需要 $3E_g$，也就是说，基于这个结论，最大可能转换效率已经降到 1/3。

更普适性的条件下，产生一个电子-空穴对所需的平均能量可以表示为

$$E = \beta E_g \tag{4.4}$$

Robbins[13] 指出，实际的 $\beta$ 值甚至可以大于 3。图 4.11 给出了 $\beta$ 随所谓的能量损失参数（energy loss parameter）$K$ 的变化。其中参数 $K$ 可以如下给出：

$$K \sim (\varepsilon_-^{-1} - \varepsilon_s^{-1})(h\nu_{LO})^{3/2}(1.5E_g)^{-1} \tag{4.5}$$

式中，$\varepsilon_-$ 是高频介电常数，$\varepsilon_s$ 是静态介电常数，$\nu_{LO}$ 是纵向光学振动模的频率。典型 $\beta$ 的取值范围涵盖了从 3（GaP、ZnS、CsI、NaI）经过 4（La$_2$O$_2$S）和 5、6（Y$_3$Al$_5$O$_{12}$）到 7（CaWO$_4$、YVO$_4$）的范围。

辐射效率的完整表达式是如下的样子：

$$\eta = (1 - r)\frac{h\nu_e}{E}Sq \tag{4.6}$$

式中，$r$ 是没有被吸收的辐射数量，$\nu_e$ 是发射光的（平均）频率，$E$ 由式（4.4）

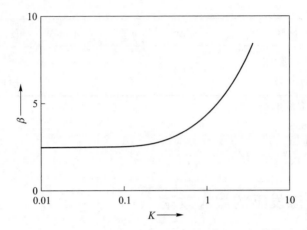

图 4.11 式(4.5)定义的 $\beta(=E/E_g)$ 对能量损失参数 $K$ 的依赖关系示意图，
也可参见文中介绍

决定，$S$ 是电子-空穴对的能量转移给发光中心的效率，$q$ 是发光中心的量子效率。

假设所有的激发能都被吸收(即 $r=0$)，所有的电子-空穴对的能量都能传给发光中心(即 $S=1$)且 $q=100\%$，那么就可以得到如下的最大辐射效率 $\eta_{max}$:

$$\eta_{max} = \frac{h\nu_e}{E} \tag{4.7}$$

既然公式中存在 $h\nu_e$ 因子，那么就要考虑发射能量低于带隙能量的事实。例如，在 ZnS:Ag 中，$h\nu_e = 2.75$ eV，而 $E_g = 3.8$ eV; 在 NaI:Tl 中则分别为 3.02 eV 和 5.9 eV，而在 $La_2O_2S$:Eu 中分别是 2.0 eV 和 4.4 eV。基于此，相应的 $\eta_{max}$ 计算结果为 $CaWO_4$——8%，ZnS:Ag ——25%，$Gd_2O_2S$:$Tb^{3+}$——15%。具体的实验值(参见表 4.5)与此接近。

上述的讨论表明要获得高 $\eta_{max}$ 值，就应当让光学振动模式处于低频率(即小 $\beta$)并且发射的光子能量近似为带隙能量。

## 4.5 光电离和电子转移猝灭

本节将要关注的是另一类源自光电离现象的无辐射跃迁。在某些场合下，发光中心的发光会受到光电离的严重影响甚至会被完全猝灭。图 4.12 给出了这个过程的原理。其中发光中心的基态处于价带与导带之间的禁带中，而激发态则位于导带中。这就意味着激发态中的某个电子容易被电离而从发光中心进入导带。随后它可以与其他地方的某个空穴发生无辐射复合①，从而就出现了发光猝灭现象。另一种情况是导带中的这个电子与相应的被电离的发光中心中的空穴相互吸引而形成一个激子。由于这个激子被发光中心束缚，因此它的有辐射复合就被称为杂质-束缚激子复合[14]（impurity - bond exciton recombination）②。不过，这种复合也可以是无辐射类型的。

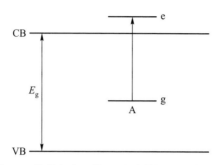

图 4.12　发光中心 e 的激发态 e 位于基质晶格的导带中，光激发后的 A
（参见箭头所示）可以接着发生光电离现象

同构的系列材料 $CaF_2:Yb^{2+}$、$SrF_2:Yb^{2+}$ 和 $BaF_2:Yb^{2+}$ 是很好的示例[14]。其中含钙的化合物具有正常的 $Yb^{2+}$ 发射（参见 3.3.3 节），而含锶化合物的发光则明显不同，它属于杂质-束缚激子发光；至于含钡的化合物则根本没有任何发光。显然，从 $CaF_2$ 到 $BaF_2$，$Yb^{2+}$ 的能级位置在基质晶格的能带中是不断上升的。

$BaF_2:Eu^{2+}$ 中也没有 $Eu^{2+}$ 发射，而是存在杂质-束缚激子发光。同样的现象也存在于 $NaF:Cu^+$ 中，这是因为它的激发态是由具有 Jahn-Teller 畸形的 $Cu^{2+}$ 及其所结合的一个电子构成的。另外，$La_2O_3:Ce^{3+}$ 没有发光也可以归因于光电离而导致的猝灭[15]。

与光电离及其影响结果关系密切的是电子转移所引起的发光猝灭现象。这个过程在配位化学中非常有名，但是却被固体材料研究领域忽略了。图 4.13 以包含 A 和 B 两种组分的体系概述了其中的原理。在第一个激发态中，仅有 A 被激发（$A^*+B$），在更高的能量位置则存在一个具有很大偏移的电荷转移态 $A^++B^-$。虽然从吸收光谱可以断定 $A^++B^-$ 所处位置的能量要高于 $A^*+B$，但是 $A^*→A$ 的发光并没有出现，而是被电荷转移态猝灭了。

上述的结果意味着一个趋向于被氧化的光学中心与一个倾向于被还原的光

---

①　这里的其他地方是相对于被离化的发光中心而言的，此时该发光中心带有一个空穴。它也是下面有关激子的讨论中所指的发光中心。——译者注

②　发光中心一般是通过掺杂引入的，因此它就是这里所指的杂质。——译者注

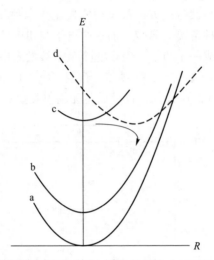

图 4.13　电子转移导致发光猝灭的图示。其中基态 a 由两种物质组成，A+B。在激
发态 b 和 c 中，A 离子受到激发：A$^*$+B；而状态 d 是电子转移态 A$^+$+B$^-$。正如箭
头所示，来自能级 c 的发光通过电子转移而被猝灭掉了

学中心组合在一起就可能不会有高效的发光。相应的例子如下：

（1）在 YVO$_4$ 中，很多稀土离子都可以获得高效发光，然而 Ce$^{3+}$、Pr$^{3+}$ 和
Tb$^{3+}$ 却没有。这是因为对于这 3 种离子，电荷转移态（RE$^{4+}$+V$^{4+}$）的能量低，从
而会产生发光猝灭，而其他稀土离子对应的电荷转移态的能量要高得多。

（2）铈基化合物中很多掺杂稀土离子都可以具有高效发光，而 Eu$^{3+}$ 则不可
以。其原因就在于低能位置的电荷转移态（Ce$^{4+}$+Eu$^{2+}$）猝灭了发光。更多的例
子可以进一步参考文献[6]。

需要强调的是通过电子转移产生的猝灭是前面所讨论的、以 Eu$^{3+}$ 为例的电
荷转移态猝灭发光的一个特例（参见 4.2.2 节）。通过电子转移发生猝灭与通
过光电离发生猝灭之间也没有本质的不同。不过，前者具有局域化的特征，而
后者则在能带模型中使用，其离域性更为显著。

## 4.6　半导体中的无辐射跃迁

最后专门介绍一下有关半导体的无辐射跃迁现象。这里主要考虑一种重要
的辐射跃迁，即施主-受主对发射（参见 3.3.9 节）。处于激发态的施主和受主
各自被电子和空穴所占据（参见图 4.14）。这种发光中心受激发后，在该中心
内既可以发生辐射跃迁，也可以是无辐射跃迁（类似于 4.2 节中的讨论）。不
过，其间也可以出现其他额外的、与价带或导带有关的过程。

如果施主发生了热电离(参见图 4.14),那么相应的发光会被猝灭——除非电子再次被某个施主格位所俘获。俄歇跃迁是另一种不同的无辐射机制[17],其示意图也可以参见图 4.14。此时受激发的施主-受主对具有的能量被用于将导带中的某个电子激发到更高的导带能级。随后这个"热"电子会通过带间跃迁完成弛豫过程,其结果就是这种施主-受主对发射被猝灭了。

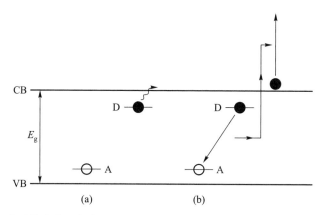

图 4.14　半导体中的无辐射跃迁。施主-受主对发射(DA)会因其中一个发光中心的热电离化(a)或者通过俄歇过程(b)而发生猝灭。对于后者,某个导带电子将被带到更高的导带能级

可以更广泛地将俄歇跃迁定义为能量从一种带电粒子到另一种带电粒子之间的转移,而且这种转移将达到这样的一个终态,即这些粒子中的某一个的能量是连续分布的。俄歇过程可以分为本征和非本征两类。前者发生于纯净半导体中,而后者则与类似图 4.14 显示的杂质电子能态有关。3.3.9 节所描述的所有发光跃迁都可以被俄歇过程所猝灭。

# 参 考 文 献

[1]　DiBartolo B (ed.) (1980) Radiationless processes. Plenum, New York.

[2]　DiBartolo B (ed.) (1991) Advances in nonradiative processes in solids. Plenum, New York.

[3]　Struck CW, Fonger WH (1991) Understanding luminescence spectra and efficiency using $W_p$ and related functions. Springer, Berlin Heidelberg, New York.

[4]　Yen WM, Selzer PM (eds.) (1981) Laser spectroscopy of solids. Springer, Berlin Heidelberg, New York.

[5]　Riseberg LA, Weber MJ (1976) Progress in optics. In: Wolf E (ed.) Vol. XIV. North-Holland, Amsterdam.

［6］　van Dijk JMF, Schuurmans MFH（1983）, J. Chem. Phys. 78: 5317.

［7］　Berdowski PAM, Blasse G（1984）Chem. Phys. Letters 107: 351.

［8］　de Hair JThW, Blasse G （1976）J. Luminescence 14: 307; J. Solid State Chem. 19: 263.

［9］　Blasse G, van Vliet JPM, Verweij JWM, Hoogendam R, Wiegel M（1989）J Phys. Chem. Solids 50: 583.

［10］　Sabbatini N, Blasse G（1988）J. Luminescence 40/41: 288.

［11］　Bleijenberg KC, Blasse G（1979）J. Solid State Chem. 28: 303.

［12］　Bril A（1962）in Kallman and Spruch（eds.）, Luminescence of organic and inorganic materials. Wiley, New York p 479. de Poorter JA, Bril A （1975）J. Electrochem. Soc. 122: 1086.

［13］　Robbins DJ（1980）J. Electrochem. Soc. 127: 2694.

［14］　Moine B, Courtois B, Pedrini C（1989）J. Phys. France 50: 2105.

［15］　Blasse G, Schipper W, Hamelink JJ（1991）Inorg. Chim. Acta. 189: 77.

［16］　Blasse G, p 314 in Ref. 1.

［17］　Williams F, Berry DE, Bernard JE, p 409 in Ref. 1.

# 第 5 章
# 能量转移

## 5.1 引言

第 2 章介绍了发光中心如何进入激发态，而第 3 和第 4 两章分别讨论了发光中心从激发态通过有辐射与无辐射的方式返回基态的情形。接下来的这章要考虑的是第 3 种返回基态的可用方式，即受激中心($S^*$)将激发能传递给另一个中心(A)：$S^* + A \rightarrow S + A^*$(参见图 1.3 和图 1.4)。

在这种能量转移之后，中心 A 可以出现发光，那么物质 S 就起到敏化物质 A 的作用，不过，$A^*$也可能是无辐射弛豫，此时物质 A 就称为 S 发光的猝灭剂。

两种中心之间的能量传递需要它们彼此存在某种相互作用。到目前为止，有关这种能量转移过程的理解已经比较明确，这里将讨论有关这种现象的更为重要的内容，至于进一步的了解，读者可以参考本章所引用的参考文献[1-3]。

本章的内容将按照如下的顺序展开叙述：5.2 节讨论的是一对

不同类发光中心之间的能量转移，其中将介绍一下 Förster-Dexter 理论。在 5.3 节中，这一范围被扩展到同种中心之间的能量转移，此时发生了发光的浓度猝灭现象。这一节具体可以分为两部分，一部分与弱耦合条件下的发光中心相关，另一部分则为强耦合条件有关。最后，5.4 节进一步对半导体中发生的能量转移做了很简短的介绍。

## 5.2　不同发光中心间的能量转移

假定固体中有两个不同的，间距为 $R$ 的中心 S 和 A(参见图 5.1)——这里采用(经典的)标识 S 和 A(分别对应敏化剂和激活剂)，也有其他作者在其著作中使用 D 和 A 作为标识(即施主和受主)。图 5.1 同时给出了能级分布示意图，其中星号代表激发态。假设间距 $R$ 相当短，从而中心 S 和 A 彼此之间的相互作用不为 0。如果 S 处于激发态且 A 处于基态，那么激发态 S 弛豫时就会将其能量转移给 A。Förster 提出了一种理论用来计算这种能量转移过程的速率。随后 Dexter 进一步将这种方法扩展到其他相互作用类型。

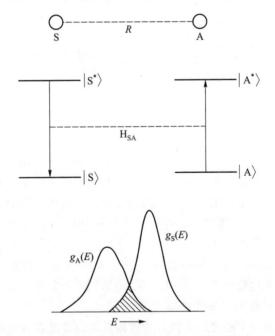

图 5.1　中心 S 和 A 之间的能量转移以及式(5.1)的直观示意图。这两个中心的距离为 $R$(上图)。相应的能级分布和相互作用 $H_{SA}$ 见于中图。光谱重叠区则在下图做了描绘(阴影部分)

当且仅当 S 和 A 各自的激发态与基态的能量差相同（满足共振条件）且两者之间存在合适的相互作用时，能量转移才会发生。这种相互作用既可以是交换相互作用（如果波函数存在重叠），也可以是电多极或磁多极相互作用。在实际操作中，共振条件可以通过 S 发射谱与 A 吸收谱之间的重叠来表示，那么依据 Dexter 理论就可以得到如下的公式：

$$P_{SA} = \frac{2\pi}{\hbar} |\langle S, A^* | H_{SA} | S^*, A \rangle|^2 \cdot \int g_S(E) \cdot g_A(E) \mathrm{d}E \qquad (5.1)$$

式（5.1）中的积分项代表光谱重叠结果，其中的 $g_X(E)$ 是中心 X 做归一化后的光谱线形函数（参见图 5.1，其中光谱重叠部分用阴影表示）。从式（5.1）可以看出，当不存在光谱重叠时，能量转移速率 $P_{SA}$ 变为 0。最后，式（5.1）中的矩阵元代表始态 $|S^*, A\rangle$ 与终态 $|S, A^*\rangle$ 之间的相互作用（$H_{SA}$ 是这种相互作用的哈密顿算符）。

能量转移速率对间距 $R$ 的依赖关系取决于相互作用的类型。对于电多极相互作用，这种间距影响由 $R^{-n}$ 决定（其中 $n = 6$，8，…，相关数字分别对应电偶极与电偶极相互作用，电偶极与电四极相互作用等）。而对于交换相互作用，由于其需要发生波函数重叠，因此间距的影响是指数型的。

能量转移速率，即 $P_{SA}$ 数值要大，就需要尽量满足如下的条件：

（1）共振性，即在光谱图中，S 发射带与 A 吸收带充分重叠；

（2）相互作用，可以是多极–多极类型，也可以是交换类型。发光材料中存在的相互作用类型较为复杂，当前仅有某些特定的例子中可以直接明确具体的相互作用类型。对于电多极相互作用，光学跃迁强度决定了电多极相互作用的大小。仅当相应的光学跃迁是允许电偶极跃迁时才有望获得高转移速率。如果吸收强度为 0，那么电多极相互作用引起的能量转移速率也会变为 0。不过，总的转移速率却不一定为 0，因为这时也可能存在交换相互作用的贡献。这是因为交换相互作用引起的转移速率取决于波函数的重叠（也就是光谱重叠），而与跃迁所对应的光谱性质无关。

S 和 A 之间的间距要多大才能以这种方式发生能量传递呢？要回答这个问题，认识到如下这点是重要的，即 $S^*$ 可以通过好几种途径弛豫到基态，其中包括速率为 $P_{SA}$ 的能量转移以及 $P_S$（辐射速率，radiative rate）的有辐射弛豫。这里先不考虑无辐射弛豫（不过它的贡献可以体现在 $P_S$ 中）。发生能量转移所需的临界间距（$R_c$）被定义为 $P_{SA}$ 与 $P_S$ 相等时的间距 $R_c$，即如果 S 和 A 间隔距离为 $R_c$，那么能量转移速率与辐射速率相同。如此一来，当 $R > R_c$ 时就是辐射发光占优势，而当 $R < R_c$ 则是从 S 到 A 的能量转移为主。

如果 S 和 A 的光学跃迁是具有可观的光谱重叠的允许电偶极跃迁，那么 $R_c$ 可以有 30 Å 左右。反之，如果这些跃迁是禁阻的，那么就需要存在交换相互作用才能发生能量转移，这时就要求 $R_c$ 在 5~8 Å。

如果光谱重叠相当大，并且由一个发射带和一个允许吸收跃迁带交叉而成，那么就有可观的辐射能量转移发生：$S^*$ 发光而弛豫，这些被发射的光又被 A 再次吸收。这个结论的客观依据就是 S 的发射带中，波长处于 A 强烈吸收位置的发光带消失了。

式(5.1)描述的能量转移是无辐射的能量转移。可以利用如下几种方法来判断是否有这种无辐射能量转移发生。第一种方法是首先测试有关 A 发射的激发光谱，存在能量转移的时候，S 的激发产生了 A 的发射，那么对比 S 的吸收谱就可以明确是否有无辐射能量转移的可能性。第二种方法是如果 S 被选择性激发，那么发射光谱中 A 的发光的存在就意味着出现了 S→A 的能量转移。最后，在发生无辐射能量转移的条件下，S 发光的衰减时间会下降，这是因为激发态 $S^*$ 的寿命会因为存在能量转移过程而缩短。

为了促进读者对能量转移速率和临界间距的理解，接下来将列举一些简单的计算。这里假定相互作用为电偶极类型。联用式(5.1)和 $R_c$ 定义中所满足的 $P_{SA}(R_c) = P_S$ 条件，可以得到如下的方程[4]：

$$R_c^6 = 3 \times 10^{12} \cdot f_A \cdot E^{-4} \cdot SO \qquad (5.2)$$

式中，$f_A$ 是 A 的光学吸收跃迁振子强度[1,5]；$E$ 是光谱重叠最大值位置对应的能量；SO 是式(5.1)中的光谱重叠积分值。利用式(5.2)可以通过光谱数据计算出 $R_c$。

表 5.1 给出了一些计算结果的示例。其中考虑了一个 S 和一个 A 中心，而 R 维持在 4 Å。计算时既涉及从宽带发射体到窄线吸收体之间的能量转移①（前两个例子），也考虑了反过来转移的情形。光谱重叠既有程度可观的（第 1 和第 3 个例子），也有仅为临界的。对于窄线吸收体，$f_A$ 取值为 $10^{-6}$，而宽带吸收体则为 $10^{-2}$（分别对应禁阻与允许跃迁）。$E$ 取值为 3 eV。就已有实验结果而言，这样的取值是合理的——虽然 $f$ 可以取更低的数值。

从表 5.1 可以得到如下的结论：

（1）从宽带发射体到窄线吸收体之间的能量转移仅可能发生在晶体晶格中最邻近的两个中心上；

（2）从窄线发射体到宽带吸收体的能量转移在相当大的间距条件下仍可以发生。

最后列举一些符合式(5.1)的发光材料的例子：

---

① 此处涉及的是能量转移，因此转出能量的为发射体（S），而接受能量的为吸收体（A），不要与吸收过程和发光过程对发射体和吸收体的定义相互混淆。——译者注

表 5.1　分别具有宽带和窄线谱的两中心间能量转移计算结果示例(参见文中介绍)

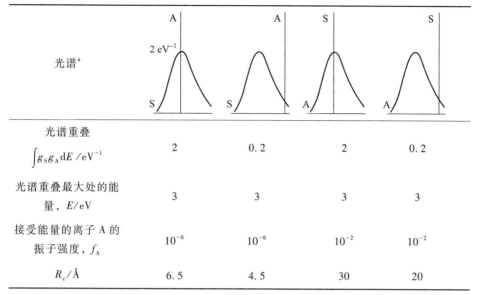

| | | | | |
|---|---|---|---|---|
| 光谱重叠 $\int g_S g_A \mathrm{d}E / \mathrm{eV}^{-1}$ | 2 | 0.2 | 2 | 0.2 |
| 光谱重叠最大处的能量，$E/\mathrm{eV}$ | 3 | 3 | 3 | 3 |
| 接受能量的离子 A 的振子强度，$f_A$ | $10^{-6}$ | $10^{-6}$ | $10^{-2}$ | $10^{-2}$ |
| $R_c/\text{Å}$ | 6.5 | 4.5 | 30 | 20 |

　　a　S：敏化剂(传递能量的离子)。A：激活剂(接受能量的离子)。在光带最大值处的高度是 2 $\mathrm{eV}^{-1}$，光带带宽为 0.5 eV。

　　(1)除了 $Pr^{3+}$ 和 $Tm^{3+}$，从 $Gd^{3+}$ 的 $^6P_{7/2}$ 能级到其他大部分稀土离子的能级都可以发生能量转移。由于图 2.14 给出的能级分布表明 $Pr^{3+}$ 和 $Tm^{3+}$ 的能级与 $Gd^{3+}$ 的 $^6P_{7/2}$ 能级并不在同一能量位置，不能满足能量转移所需的共振条件，同时光谱重叠也为 0，因此在这两种离子中，能量转移速率变为 0。

　　(2)在 $Ca_5(PO_4)_3F:Sb^{3+},Mn^{2+}$ 中，$Sb^{3+}$ 能把能量传递给 $Mn^{2+}$。这是因为 $Sb^{3+}$ 的发光覆盖了好几个 $Mn^{2+}$ 的吸收跃迁。这些跃迁的 $f$ 值非常低(自旋和宇称禁阻)，从而能量转移通过交换相互作用而发生，其中 $R_c \sim 7$ Å。

　　(3)在 $Rb_2ZnBr_4:Eu^{2+}$ 中，由于 $Rb_2ZnBr_4$ 中 $Rb^{2+}$ 有两种晶体学格位，因此相应地就有两类 $Eu^{2+}$ 并且具有不同的光谱。此时可以发生从发射能级更高的 $Eu^{2+}$(415 nm)到更低发射的 $Eu^{2+}$(435 nm)之间的能量转移。由于这种转移对应的所有的光学跃迁都是允许的，因此 $R_c$ 值很大(35 Å)是正常的[6]。

## 5.3　相同发光中心间的能量转移

　　现在如果讨论的是两个相同离子之间，比如 S 和 S 之间的能量转移，那么需要考虑的内容与前面不同离子之间的能量转移是一样的。如果两个 S 之间发生高速的能量转移，那么包含 S 离子的晶格，比如包含 S 的化合物应该满足什么条件呢？没有什么理由可以认为这种能量转移必须一步就能完成，因此就可以假定能量转移过程可以分为很多步，从而将发生吸收的格位具有的激发能远远地转移开去——即发生了能量迁移（energy migration）的过程。通过这种方式，最终激发能会到达这样的一个位置。在这个位置[灭光剂（killer）或猝灭格位]上，它被无辐射地消耗掉了，从而具有该组成的材料将呈现差劲的发光效率。这种现象被称为浓度猝灭。低浓度条件下不会发生这种猝灭，这是因为此时 S 离子之间的平均间距仍足够大，以至于能量迁移在到达灭光剂的位置之前就被终止了。

最近 20 年内有关高浓度体系的能量迁移问题备受研究者的关注。特别是当激光开始唾手可得的时候，研究进展就更猛烈了。基于已有的成果，本文将首先考虑 S 处于弱耦合条件下的情况。它事实上就是三价稀土离子的体现。随后要讨论的是处于中强或强耦合条件下的 S 离子的表现。

## 5.3.1　弱耦合条件下的离子

基于 4f 电子被外界很好屏蔽的特征，稀土离子之间的相互作用并不强，因此同种稀土离子之间的能量转移初步看来应该是一种低效的过程。不过，虽然辐射速率并不高，但是稀土离子的光谱重叠却不小。其根源就在于 $\Delta R \approx 0$ 这一客观事实，从而吸收与发射谱线是重叠的。另外，由于辐射速率低，因此能量转移速率可以轻易碾压辐射速率。事实上，很多稀土化合物中都可以观察到能量迁移现象，并且区区几个原子百分比的掺杂离子浓度就会经常出现显著的浓度猝灭。能量转移距离超过 10 Å 的都有可能发生。举个例子，如果间距为 4 Å 或更短，那么 $Eu^{3+}$ 或 $Gd^{3+}$ 各自之间的能量转移速率将达到 $10^7$ $s^{-1}$ 数量级。这个数值与辐射速率 $10^2 \sim 10^3$ $s^{-1}$ 相比是很可观的。其结果就是在激发态的寿命期内，激发能被转移的速度比直接用于发光的消耗速度多了 $10^4$ 倍以上。

有关能量转移的研究采用脉冲可调谐激光作为激发源，通过激光脉冲有选择地激发稀土离子，然后分析它的发光衰减性质。衰减曲线的形状表征了所研究的化合物中发生的物理过程。有关这类研究的详细综述，建议读者参考文献[1-3]。这里主要罗列一些特定条件下的结果。假定要研究的是这样一种对象：一个包含稀土离子 S 的化合物中同时含有一些别的离子 A，并且 A 可以通过 SA 转移而捕获由 S 迁移的激发能。那么就可以得到如下的结论：

（1）如果 S 被激发后会接着发生同一 S 离子自身的发射（即处于孤立离子条件），或者 S 吸收某些迁移过来的能量而被激发，并且这些能量仅来自其他 S 的发射，那么发光衰减就可以表示为

$$I = I_0 \exp(-\gamma t) \tag{5.3}$$

式中，$I_0$ 是 $t = 0$，即激光脉冲截止的瞬间时的发射强度，而 $\gamma$ 是辐射速率。显

然，这种衰减是指数型的，且式(5.3)等同于前面的式(3.3)。

（2）如果有 SA 转移发生，但是根本没有 SS 转移，那么 S 的发光衰减就改成了

$$I = I_0 \exp(- \gamma t - C t^{3/n}) \tag{5.4}$$

式中，$C$ 反映了 A 的浓度（$C_A$）和 SA 相互作用强度的参数；而 $n \geqslant 6$，具体取值由多极相互作用的类型所决定。这种衰减并不是指数型的，在激光脉冲截止的瞬间，衰减速度要比没有 A 参与的时候快。其原因就在于，此时有了 SA 转移的影响。经过长时间的衰减，曲线会趋于以辐射速率为斜率[①]的指数型变化，此时反映的是周围没有 A 存在的 S 离子的衰减。

（3）如果在 SA 转移的同时也发生了 SS 转移，那么情况就复杂了。首先考虑一种极端的条件，即 SS 转移速率（$P_{SS}$）要比 $P_{SA}$（快速扩散）高很多，那么此时的发光衰减是快速的指数型衰减：

$$I = I_0 \exp(- \gamma t) \exp(- C_A \cdot P_{SA} \cdot t) \tag{5.5}$$

（4）反过来，如果 $P_{SS} \ll P_{SA}$，那么就发生了扩散受限的能量迁移现象，此时当 $t \to \infty$ 时，衰减曲线可以如下表示：

$$I = I_0 \exp(- \gamma t) \exp(- 11.404 C_A \cdot C^{1/4} \cdot D^{3/4} \cdot t) \tag{5.6}$$

这里要求 S 离子组成的亚晶格是三维周期排列的，$C$ 是描述 SA 相互作用的参数，而 $D$ 为激发能迁移时对应的扩散常数。如果 S 离子组成的格子的周期性维度降低，那么就会转为非指数型衰减。

图 5.2 给出了上述衰减曲线的一些例子。$P_{SS}$ 对温度的依赖性非常复杂。如果存在非均一宽化，那么 S 离子之间就不会有完全的共振，不过它们的能级失配度还是很小的。这些麻烦可以利用声子来克服。在室温下，谱线宽化且声子参与作用，因此这些失配并不会妨碍能量的迁移或者甚至不让它出现。有关声子辅助能量转移的理论已有别的文献做了介绍[2]。总体上，对于同种离子，单一声子辅助过程很少发生，概率要高很多的是双声子辅助能量转移过程。这两种过程中，其中一个（双格位非共振过程）与温度（$T$）满足随 $T^3$ 而变化的关系，而需要更高能级参与的另一个（单格位共振过程）则表现为 $\exp(- \Delta E / kT)$ 的依赖性，其中 $\Delta E$ 为所考虑能级与更高能级之间的能量差。这两种过程的图示可以参见图 5.3。

现在介绍一些示例。首先涉及的是 $Eu^{3+}$ 的化合物。在 $EuAl_3B_4O_{12}$ 中，$Eu^{3+}$ 构成的三维亚晶格内 Eu—Eu 的最短距离是 5.9 Å。这种化合物在 4.2 K 下根本没有能量迁移，但是到了 300 K 则出现了扩散受限的能量迁移。$P_{SS}$ 对温度的依赖关系是指数型的，其中 $\Delta E$ 约为 240 cm$^{-1}$。这是因为 $^5D_0$-$^7F_0$ 跃迁在相

---

① 因为将指数函数转为对数函数的时候，这个速率恰好是所得直线的斜率。——译者注

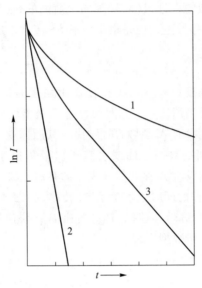

图 5.2　受激 S 离子的几种可能的衰减曲线，图中将 S 的发光强度取对数后再相对于时间绘图。曲线 1：没有 SS 转移［参见式(5.3)］；曲线 2：快速 SS 迁移［参见式(5.5)］；曲线 3：过渡条件［诸如式(5.6)］

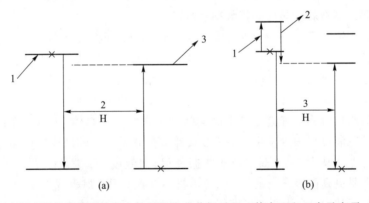

图 5.3　(a) 声子辅助能量转移中的双格位非共振过程。其中 1 和 3 表示离子-声子相互作用，而 2 表示格位-格位耦合 H。(b) 声子辅助能量转移中的单格位共振过程。其中 1 和 2 表示离子-声子的相互作用，而 3 表示格位-格位耦合 H

应的格位对称性$(D_3)$条件下是禁阻的，因此没有多极相互作用。而 5.9 Å 的间距对于交换相互作用下的转移也是不利的。随着温度的增高，电子受热可以布居于$^7F_1$能级，从而出现了多极相互作用。此时$\Delta E$的实验值与$^7F_0$-$^7F_1$的能量差一致（参考图 2.14）。研究表明在室温下，激发态在其寿命期间跳跃了

1 400 次，相应的扩散长度是 230 Å。表 5.2 给出了这种化合物以及其他 $Eu^{3+}$ 化合物的转移速率和扩散常数。

表 5.2　300 K 时一些 $Eu^{3+}$ 化合物中的能量迁移性质（数据来源于参考文献[7]）

| 化合物 | 最短 Eu—Eu 间距/Å | 扩散常数/$(cm^2 \cdot s^{-1})$ | 跳跃时间/s[d] |
|---|---|---|---|
| $EuAl_3B_4O_{12}$ | 5.9 | $8 \times 10^{-10}$ | $8 \times 10^{-7}$ |
| $NaEuTiO_4$ | 3.7 | $2 \times 10^{-8\,a}$ | $2 \times 10^{-8}$ |
| $EuMgB_5O_{10}$ | 4.0 | $\sim 10^{-8}$ | $\sim 10^{-7}$ |
| $Eu_2Ti_2O_7$ | 3.7 | $9 \times 10^{-12\,b}$ | $3 \times 10^{-5\,b}$ |
| | | $3 \times 10^{-9\,c}$ | $8 \times 10^{-8\,c}$ |
| $Li_6Eu(BO_3)_3$ | 3.9 | $2 \times 10^{-9}$ | $\sim 10^{-7}$ |
| $EuOCl$ | 3.7 | $5.8 \times 10^{-10}$ | $4 \times 10^{-7}$ |

a　1.2 K 时 $D = 8 \times 10^{-11}\, cm^2/s$。

b　15 K 时的数值。

c　43 K 时的数值。

d　一步 $Eu^{3+}$-$Eu^{3+}$ 转移所需的平均时间。

$EuAl_3B_4O_{12}$ 样品如果很纯，以至于激发态在其生命周期内并没有碰上任一个灭光格位，那么就会有高效的发光。而含有若干低浓度灭光格位的样品在 300 K 时则没有发光，不过在 4.2 K 下仍然有发光——因为这时能量的迁移速率降得相当低，甚至完全停止。后者的典型示例是 $K_2SO_4/MoO_3$ 熔盐中生长的 $EuAl_3B_4O_{12}$ 晶体[8]。在这些晶体中包含了 ~25 ppm[①] 的 $Mo^{3+}$（位于 $Al^{3+}$ 位置），而这种离子是 $Eu^{3+}$ 发光的有效灭光剂。

二维能量迁移的例子是 $NaEuTiO_4$ 和 $EuMgAl_{11}O_{19}$，而一维能量迁移的则有 $EuMgB_5O_{10}$ 和 $Li_6Eu(BO_3)_3$。在这些相关的晶体结构中，$Eu^{3+}$ 分别形成了二维和一维亚晶格。

图 5.4 给出了 $EuMgB_5O_{10}$ 的 $P_{ss}$ 对温度的依赖关系。在较低温度下，该曲线具有 $T^3$ 的依赖关系，可认为是对应 $^7F_0$ 和 $^5D_0$ 能级的双声子辅助能量迁移。随着温度的增高，这种依赖关系转变为指数型，意味着发生了涉及 $^7F_1$ 和 $^5D_0$ 能级的能量转移。

$Eu^{3+}$ 化合物中的情况可以表征如下：

———————————

①　1 ppm = $10^{-6}$，下同。

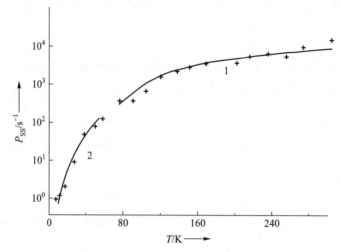

图 5.4　EuMgB$_5$O$_{10}$中 Eu$^{3+}$-Eu$^{3+}$转移速率的温度依赖性。其中线 1 是基于 Eu$^{3+}$ 的 $^7$F$_1$ 能级的热激发迁移机制拟合的；而线 2 是基于双格位非共振过程具有的 T$^3$ 温度依赖性而拟合的

（1）如果 Eu—Eu 间距大于 5 Å，那么就不用考虑交换相互作用，此时仅有多极相互作用是主要的相互作用——尽管这种作用并不强。事实上，如果样品足够纯，那么 EuAl$_3$B$_4$O$_{12}$（Eu—Eu 5.9 Å）、Eu（IO$_3$）$_3$（Eu—Eu 5.9 Å）、CsEuW$_2$O$_8$（Eu—Eu 5.2 Å）在 300 K 时都能高效发光。

（2）如果 Eu—Eu 间距小于 5 Å，那么交换相互作用就有影响了。典型的例子可以参见 EuMgB$_5$O$_{10}$和 Li$_6$Eu（BO$_3$）$_3$ 中的链内迁移以及 Eu$_2$O$_3$ 中的迁移甚至在很低的温度下，相比于其他化合物的迁移要快得多。

对于 Tb$^{3+}$化合物，相应的情况与 Eu$^{3+}$化合物相比，并没有本质的不同，但是其转移速率对温度的依赖性有别的表现形式，这是因为 Tb$^{3+}$的 $^7$F$_6$ 和 $^5$D$_4$ 能级可以通过一个光学跃迁关联起来，而且吸收强度比 Eu$^{3+}$中的 $^7$F$_0$ 和 $^5$D$_0$ 要高得多。

最近，Gd$^{3+}$化合物的能量迁移也引起了人们的极大兴趣。这是因为它有望产生新型高效的发光材料（参见第 6 章）。Gd$^{3+}$的亚晶格可以被敏化而受到激发。Gd$^{3+}$敏化剂高效吸收紫外光后将会将能量转移给 Gd$^{3+}$亚晶格，再通过这个亚晶格的能量迁移使得激活剂获得了能量而产生发光。目前可得到的吸收和量子效率已经超过了 90%。这个物理过程可以简单表示如下：

$$\xrightarrow{激发} S \rightarrow Gd^{3+} \xrightarrow{nx} Gd^{3+} \rightarrow A \xrightarrow{发射}$$

其中 $nx$ 表示发生了许多次 Gd$^{3+}$-Gd$^{3+}$跳跃。合适的可选 S 离子有 Ce$^{3+}$、Bi$^{3+}$、

$Pr^{3+}$或$Pb^{3+}$。而 A 也有很多选择：$Sm^{3+}$、$Eu^{3+}$、$Tb^{3+}$、$Dy^{3+}$、$Mn^{2+}$、$UO_6^{6-}$ 以及其他更多的可用离子种类。

并不是所有的激发能都要被转移走的。如果只有一部分被转移，就可以把这种现象叫做交叉弛豫（cross-relaxation）。这里列举一些有关这种现象的例子。比如当浓度较大的时候，来自$Tb^{3+}$和$Eu^{3+}$较高能级（参见图 5.5）的发射也会被猝灭掉，其遵循的交叉弛豫过程可以如下进行：

$$Tb^{3+}(^5D_3) + Tb^{3+}(^7F_6) \rightarrow Tb^{3+}(^5D_4) + Tb^{3+}(^7F_0)$$

$$Eu^{3+}(^5D_1) + Eu^{3+}(^7F_0) \rightarrow Eu^{3+}(^5D_0) + Eu^{3+}(^7F_3)$$

这时发生的较高能级发射的猝灭可以增强来自更低能级的发光。

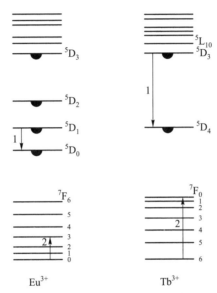

图 5.5　交叉弛豫猝灭更高能级发光的图示。左图的 $Eu^{3+}$中：离子 1 的$^5D_1$发射通过将大小等于$^5D_1$-$^5D_0$能量差的能量传递给离子 2 而猝灭，同时使得离子 2 上升到$^7F_3$能级。右图的 $Tb^{3+}$中：离子 1 的$^5D_3$发射通过将大小等于$^5D_3$-$^5D_4$能量差的能量传递给离子 2 而猝灭，同时使得离子 2 上升到$^7F_0$能级

需要强调的是，到目前为止已经涉及两种可以抑制较高能级发射的过程了，即多声子发射（参见 4.2.1 节）和交叉弛豫。前者仅在相应的能级差不超过基质晶格最高振动频率的 5 倍时才有显著影响，并且与发光中心的浓度大小无关。而后一个过程因为需要立足于两个发光中心之间的相互作用，因此交叉弛豫需要发光中心浓度达到某个数值的时候才能发生。

这里以 $YBO_3$ 和 $Y_2O_3$ 中 $Eu^{3+}$离子作为例子介绍一下上面的结论。当 $Eu^{3+}$

浓度不高（比如说是 0.1 mol%）的时候，$YBO_3$ 只有来自 $^5D_0$ 的发光。这是因为更高能级的发射已经被多声子发射猝灭掉了（硼酸盐基质的最大振动频率 ~1 050 $cm^{-1}$）。然而在 $Y_2O_3$ 中，这么低浓度的 $Eu^{3+}$ 反而给出了更高能量的 $^5D_3$、$^5D_2$、$^5D_1$ 以及 $^5D_0$ 发射（其晶格最高振动频率~600 $cm^{-1}$）。当 $Eu^{3+}$ 浓度达到 3% 的时候，$Y_2O_3$ 的发射谱则主要是 $^5D_0$ 的发射，此时更高能级的发光被交叉弛豫猝灭掉，转而增强了 $^5D_0$ 的发射。

到目前为止，已有的研究表明含稀土 $Eu^{3+}$、$Gd^{3+}$ 和 $Tb^{3+}$ 的化合物中，发光的浓度猝灭主要是能量被迁移到灭光剂的位置上。而对于 $Dy^{3+}$ 和 $Sm^{3+}$ 则是前面所述的交叉弛豫造成了浓度猝灭，即发光猝灭发生于离子对中，而不是通过能量的迁移。至于其他稀土离子，具体的情形则介于两者之间。这里就用 $Pr^{3+}$ 来解释这种情况，除了考虑能量迁移，在 $Pr^{3+}$ 之间还发生了交叉弛豫，即每一个离子可以是与它近邻离子发光的灭光剂。图 5.6 给出了猝灭 $Pr^{3+}$ 的 $^3P_0$ 和 $^1D_2$ 发射的可能的交叉弛豫过程。这种情况甚至可以更为复杂，因为当晶格可取的振动频率足够高的时候，这种猝灭也可以通过多声子发射而出现在孤立的 $Pr^{3+}$ 上。之所以是多声子过程，主要原因在于 $^3P_0$ 能级下面的能隙是 3 500 $cm^{-1}$，而 $^1D_2$ 能级下面的能隙则是 6 500 $cm^{-1}$（参见图 5.6）。由于上述这些过程发生的概率都强烈依赖于基质晶格与组成的本质，因此可以预见到含 $Pr^{3+}$ 化合物的

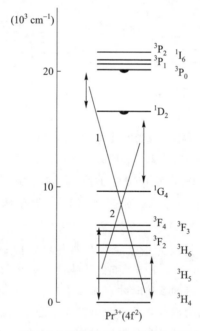

图 5.6　$Pr^{3+}$ 的 $^3P_0$ 和 $^1D_2$ 发射可以通过过程 1 和 2 所表示的交叉弛豫而分别被猝灭

发光行为将随具体情况而有很大不同——这也是实际看到的事实。

关于(La，Pr)F$_3$体系已经做了大量的研究。在该体系中，Pr$^{3+}$的$^3$P$_0$-$^1$D$_2$无辐射速率很低，同时在很低的温度下，由于存在微小的能级失配，因此也没有能量迁移现象发生，从而$^3$P$_0$发射的猝灭只能通过交叉弛豫来完成。然而，在更高的温度下，$^3$P$_0$能级之间的能量迁移发生了，此时Pr—Pr的相互作用属于交换相互作用类型。而诸如PrP$_5$O$_{14}$等化合物的情形则是另一回事。在这个化合物中，磷酸根基团的高能振动使得无辐射$^3$P$_0$→$^1$D$_2$跃迁过程更容易发生。

有关高浓度稀土化合物的能量迁移中，一个需要注意的问题就是磁有序对这个迁移过程的影响。Jacquier等已经在Gd$^{3+}$和Tb$^{3+}$化合物中研究过这种现象[9]。这里要介绍的例子就是GdAlO$_3$和TbAlO$_3$。它们分别在3.9 K和3.8 K时成为反铁磁性。当它们处于顺磁相的时候，其实验测得的发光衰减满足快速扩散能量转移规律，然而，当温度低于Néel温度时，衰减就不再是指数型了，而且变得相当缓慢，这时的能量迁移已经是扩散受限类型了。两个化合物在4.4 K时已报道的扩散常数是$1.6\times10^{-9}$ cm$^2\cdot$s$^{-1}$，然后在1.6 K时，GdAlO$_3$和TbAlO$_3$则分别仅有$8\times10^{-12}$cm$^2\cdot$s$^{-1}$与$8\times10^{-14}$cm$^2\cdot$s$^{-1}$。总之，在反铁磁相中，激发能的迁移过程就减慢了。其原因就在于这时靠得最近的Gd$^{3+}$(或者Tb$^{3+}$)是反向平行的，从而使得通过交换相互作用来实现能量转移不可能发生。这种效应不会出现在EuAlO$_3$中，这是因为Eu$^{3+}$(基态为$^7$F$_0$)并没有磁矩，从而使得这个化合物成为又一个基于交换相互作用，可以在尽可能低的温度下仍然有能量迁移发生的Eu$^{3+}$基化合物示例。

接下来转而讨论高浓度体系中的能量迁移，此时弱耦合效应就不再有效了。

## 5.3.2 中强和强耦合条件下的离子

对于$S>1$的同类离子之间是否可以发生能量转移，首先要看的是它们发射与吸收光谱的重叠程度。显而易见，如果这些离子具有斯托克斯位移明显($S>10$)的发射，那么这种光谱重叠就会很小，甚至没有，从而不会发生能量转移。

将这些结论更为定量化并不困难[10]。这里以具有两个同类发光中心的体系进行说明。每个发光中心的基态标记为$|g(i)v(i)\rangle$，而激发态则是$|e(i)v'(i)\rangle$。其中$g$和$e$代表不同的电子态(分别是基态与激发态)，而$v$和$v'$则表示振动态，$i$用于中心的编号，即1或2。

如果H代表引发能量转移的相互作用，那么相应于这种能量转移的跃迁矩阵元就可以如下表示：

$$\boldsymbol{M}=\langle g(1)v(1)，e(2)v'(2)|\mathrm{H}|e(1)v'(1)，g(2)v(2)\rangle \qquad (5.7)$$

如果 H 仅与电子波函数有关，那么可以分离变量得到

$$\boldsymbol{M} = \langle g(1)\ e(2)\ |\,\mathrm{H}\,|\,e(1)\ g(2)\rangle\langle v(1)\,|\,v'(1)\rangle\langle v'(2)\,|\,v(2)\rangle \quad (5.8)$$

传递概率正比于矩阵元的平方 $\boldsymbol{M}^2$，在离子种类一样的情况下，也就是正比于 $|\langle v(1)\,|\,v'(1)\rangle|^4$。低温下，由于振动受到限制，因此这种转移跃迁主要受零振动能级（zero-vibtational level）的限制，从而可以得到 0 K 时，

$$\boldsymbol{M}^2 \sim |\langle 0\,|\,0\rangle|^4 \quad\quad\quad\quad\quad (5.9)$$

式中，$|0\rangle$ 代表零振动能级。因此，如果在低温下的光谱中并没有伴随零声子线的振动结构，那么转移概率将变为 0。

CaWO$_4$ 就是可用来说明上述结论的典型例子。尽管周围都是同样的钨酸根基团，然而 $|\langle 0\,|\,0\rangle|$ 实际上为 0，因此 $P_{\mathrm{ss}}$ 也为 0，从而激发能仍然被拥有它的钨酸根基团占用着，没有转移出去。

在更高的温度下，电子在振动能级中的布居就不再局限于零振动能级。此时光谱的谱带加宽，从而使得光谱重叠增加到足以发生（热激励的，thermally stimulated）热激励能量转移。这里罗列几个例子对此加以说明[7,10]。

本文考虑的第一个例子是以 U$^{6+}$ 为中心离子的复合物的发光。它们的光谱由具有丰富振动结构的零振动跃迁所构成（参见图 3.5）。具体的配位基团例子有 UO$_2^{2+}$、八面体 UO$_6^{6-}$、三菱柱的 UO$_6^{6-}$ 和四面体 UO$_4^{2-}$。

在这类含 U 复合物中，零声子线的存在意味着光谱存在重叠，从而可以发生两个同类含 U 基团[①]之间的能量转移——只要它们之间的相互作用足够强即可。事实也的确如此，已有报道的铀酸盐中有好几个具有被吸收的激发能在铀亚晶格中迁移的现象。低温下，这个激发能通常会被光学陷阱，即周围晶体场略有不同，从而具有不同能级分布图的含 U 基团所捕获。相应的发光来自这些陷阱，从而发射谱中的零声子线比激发谱中的能量稍低一些（参见图 5.7）。这两种零声子线之间的能量差值等于对应陷阱的深度。随着温度的升高，由于这些陷阱很浅，而电子可以受热激活，因此它们的影响就消失了，从而使得铀酸盐中的发光通常由于能量迁移到 U$^{5+}$ 中心而被猝灭掉。U$^{5+}$ 中心就成了猝灭中心。对于更接近化学计量比的铀酰化合物，通常可以看到强烈的铀酰本征（intrinsic）发光[②]，其中的猝灭中心浓度太低，以至于难以捕获足够多的激发能。这方面的例子有 Cs$_2$UO$_2$Cl$_4$ 和 UO$_2$(NO$_3$)$_2$·6H$_2$O。

---

① 由于本文涉及多种铀酸盐，而且起作用的单元多样，比如可以是不同的配位基团等，因此原文用"species"，为了便于读者理解，此处直接改用"含 U 基团"。——译者注

② 同半导体中"本征"表示"纯物质所有的"一样，这里指的是"同一个"离子既是被激发的物质，也是发光的中心，以便区别于将能量转移给其他离子而发光的过程，后者相对而言就是"外部（extrinsic）"的发光——虽然离子种类仍然可以一样，具体也可参考图 5.7 的说明。——译者注

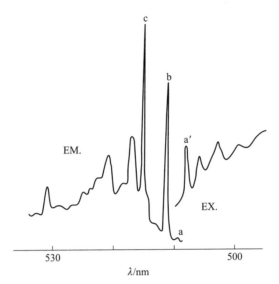

图 5.7　$Ba_2CaUO_6$ 在 4.2 K 时的部分发射与激发光谱。其中激发光谱中的零声子线用 a′表示。在发射光谱中并没有与其对应的零声子线。发射光谱中的 a、b、c 谱线是 3 种不同铀酸根基团中心的发射光谱各自的零声子线。本图表明内部铀酸根基团中心激发后(体现为 a′线),能量被转移了外部的或有缺陷的铀酸根基团中心(对应谱线 a,b 和 c)[①]

另一种中强耦合的例子是 $Cs_2Na(Y,Bi)Cl_6$ 中的 $Bi^{3+}$。其光谱中的零振动跃迁伴随着很多电子振动跃迁,因此就算 $Bi^{3+}$ 浓度很低也可以发生 $Bi^{3+}$ 之间的能量迁移,所以看不到 $Cs_2NaBiCl_6$ 中 $Bi^{3+}$ 的本征发光,只有红色的宽带发射。这种发射来源于与杂质离子(比如氧离子)紧邻的某个 $Bi^{3+}$。沿 $Bi^{3+}$ 的能量迁移将能量转移给这种杂质中心(陷阱)而实现对该中心的能量供应。

不过,正如前面介绍过的,在其他含 $Bi^{3+}$ 化合物中可以出现另一种完全不同的情况(也可参见 3.3.7 节)。比如在 $Bi_4Ge_3O_{12}$ 中,$Bi^{3+}$ 被激发后可以发生强烈的弛豫,从而产生具有明显斯托克斯位移的发射(强耦合条件)。这种弛豫的结果就是弛豫激发态再也不能与周围 $Bi^{3+}$ 发生共振,因此激发能量仍然处于被激发的 $Bi^{3+}$ 上,也就是没有发生能量迁移。

$Ce^{3+}$ 又是另一种情况,由于它的黄-里斯耦合参数,可以在相当大的范围内变动,因此斯托克斯位移也就各种各样,从而能量迁移既可以出现,也可以

---

①　这段话可以如下理解:由于激发能存在转移,因此激发光谱的零声子线在发射光谱中没有对应的谱线,发射光谱的零声子线来自能量更低的激发能级;其次是相应于吸收激发能量的基团,其他基团属于"外部"的基团,因此作者在这里用"本征/内部(intrinsic)"和"外部(extrinsic)"加以区分。具体也可以参考文中介绍。——译者注

没有。相应的光学跃迁是 f-d 类型，因此是可允许的。在 $CeBO_3$ 中，300 K 时 $Ce^{3+}$ 的发光会由于能量迁移到灭光格位而猝灭，其根源就在于吸收和发射光谱有严重的重叠。而在 $CeF_3$ 中，这种光谱重叠就要小很多，因此没有发生 Ce-Ce 之间的能量转移，从而 $CeF_3$ 的发射由于较强的弛豫而在室温下并没有被猝灭。事实上，$CeF_3$ 已经被认为具有重要的闪烁应用价值(参见第 9 章)。$CeMgAl_{11}O_{19}$ 的表现与此类似，它是一种绿色灯用发光粉，即 $CeMgAl_{11}O_{19}:Tb$ 的重要基质晶格。如果 $Ce^{3+}$ 化合物(比如 $CeF_3$ 或者 $CeMgAl_{11}O_{19}$)中没有发生于 $Ce^{3+}$ 亚晶格上的能量迁移，那么就需要大量掺杂 $Tb^{3+}$，以便利用 $Ce^{3+}-Tb^{3+}$ 间的能量转移来猝灭掉 $Ce^{3+}$ 的发射。这种操作很好理解——因为 $Ce^{3+}-Tb^{3+}$ 间可以发生能量转移的间距范围是有限制的。

有关强耦合的另一种例子是诸如钨酸盐和钒酸盐一类的配位基团的发光(参见 2.3.2 节和 3.3.5 节)。这些基团的中心金属离子失去了所有的 d 电子，因此属于氧化性阴离子。典型例子有 $WO_4^{2-}$、$WO_6^{6-}$、$VO_4^{3-}$ 和 $MoO_4^{2-}$ 等。它们的发射通常具有相当大的斯托克斯位移($\sim 16\ 000\ cm^{-1}$)，因此甚至在室温下，能量迁移也完全不会发生。其中 $CaWO_4$ 就是一个常见的例子。不过，在其他例子中仍可以发生热激活的能量迁移现象，其典型例子有 $YVO_4$、$Ba_2MgWO_6$ 和 $Ba_3NaTaO_6$。在这些化合物中，斯托克斯位移要小很多($\sim 10\ 000\ cm^{-1}$)，从而使得 $YVO_4:Eu^{3+}$ 成为一种非常高效的红色发光粉：进入钒酸根基团的激发能随后通过能量迁移从钒酸根基团转移到了 $Eu^{3+}$ 的发光中心。而纯的 $YVO_4$ 在室温下仅有微弱的发光。不过，如果温度下降或者 $V^{5+}$ 的浓度由于 $P^{5+}$ 的掺入而减小，那么就可以抑制这种能量迁移，从而使得 $YVO_4$ 的发光开始高效起来，最终在钒酸根基团受激发的条件下，$YVO_4-Eu^{3+}$ 产生了来自钒酸根基团自身的蓝光发射。

这种以 $P^{5+}$ 替换 $V^{5+}$ 的"稀释实验"对于 $CaWO_4$ 和 $YNbO_4$ 之类的化合物并没有效果。这是因为组成为 $CaSO_4:W$ 的材料的发光与 $CaWO_4$ 完全一致，而 $YTaO_4:Nb$ 的发光也与 $YNbO_4$ 一样。这就证明了分别作为 $CaWO_4$ 和 $YNbO_4$ 中的发光基团，$WO_4^{2-}$ 和 $NbO_4^{3-}$ 尽管与最近的发光中心有很短的间距，但是仍然可以看作是孤立的发光中心。其原因就在于相比于钒酸根，钨酸根和铌酸根的激发态具有更大的弛豫。也正因为这样，它们自然就具有更大的斯托克斯位移($16\ 000\ cm^{-1}$ 对 $10\ 000\ cm^{-1}$)了。不过，关于这类现象的基础原理仍然尚未清楚。

到目前为止，本章中所有的介绍都是假定自由载流子没有发生作用，这与半导体中的情况不同。因此接下来就介绍一下半导体发光中载流子的影响。

## 5.4 半导体中的能量转移

如果发光材料受激发后产生了自由载流子，那么就会发生其他类型的能量转移。限于篇幅，这里仅做一个简略的介绍（详细介绍可以参考文献［11-13］）。

被材料吸收而用于产生载流子的能量可以在晶格中传输①。需要记住的一点是所生成的载流子——电子和空穴必须同向移动（双极扩散，ambipolar diffusion），因此这种能量传输受制于具有更短寿命和更小扩散系数的载流子。正如前面所讨论的（参见 3.3.9 节），这些载流子可以被晶格中的发光中心俘获而使得它们进入激发态。在这些发光中心内，被俘获的载流子的辐射性复合是其返回基态的一种可能途径。

能量转移也可以通过激子来进行。一个激子相当于晶格的一个激发态，其中一个电子与一个空穴结合起来一同沿晶格移动[14]。激子可以分为两大类，即弗仑克尔（Frenkel）激子和万尼尔（Wannier）激子。前者的电子与空穴间距维持在原子半径的数量级，即可以将它看作一种局域化的激发态。而后者的间距则与晶格常数大小相当，因此其结合能就要比弗仑克尔激子小很多。

有关弗仑克尔激子的例子（$YVO_4$、$CaWO_4$、$Bi_4Ge_3O_{12}$）其实已经在前面介绍过了。一个典型的例子就是固体 Kr。它的激子结合能 ~2 eV，并且间距半径 ~2 Å。而万尼尔激子则发生于半导体中（比如 Ge、GaAs、CdS 和 TlBr 等）。这里要涉及的典型例子是 InSb。它的激子结合能 ~ 0.6 meV，而间距半径 ~600 Å。能量这样低的激子只能在很低的温度下才能稳定存在[15]。

自由激子在运动中可以与缺陷相结合，或者自我束缚而成为自陷激子。不管是哪一种，电子与空穴最终都会发生复合，其间可以有辐射发出，也可以是无辐射的。前面的 3.3.1 节中就已经讨论过这样的一个例子。需要明白的一件事是通过激子产生的能量转移既可以发生于半导体中，也可以发生于绝缘体内，它属于一种普适型的重要能量转移过程。

总体说来，第 2 到第 5 章的内容提供了讨论发光材料（第 6~10 章）所需的基本背景知识。不过，读者应当记住，这些内容已经被尽可能地简化并筛选过了，更详细的介绍仍然需要参考有关文献。

---

① 激发能产生了载流子，载流子就获得了相应的能量，从而载流子在晶格中运动就意味着激发能在晶格中的传输。——译者注

# 参 考 文 献

［1］　Henderson B, Imbusch GF (1989) Optical spectroscopy of inorganic solids. Clarendon, Oxford.

［2］　Yen WM, Selzer PM (eds.) (1981) Laser spectroscopy of solids, Topics in Applied Physics 49. Springer, Berlin Heidelberg, New York.

［3］　Di Bartolo B (ed) (1984) Energy transfer processes in condensed matter. Plenum, New York.

［4］　Blasse G (1987) Mat. Chem. Phys. 16 (1987) 201; (1969) Philips. Res. Repts. 24: 131.

［5］　Atkins PW (1990) Physical chemistry, 4th ed.. Oxford University Press, Oxford.

［6］　Blasse G (1986) J. Solid State Chem. 62: 207.

［7］　Blasse G (1988) Progress Solid State Chem. 18: 79.

［8］　Kellendonk F, Blasse G (1981) J. Chem. Phys. 75: 561.

［9］　Salem Y, Joubert MF, Linarrs C, Jacquier B (1988) J. Luminescence 40/41: 694.

［10］　Powell RC, Blasse G (1980) Structure and Bonding 42: 43.

［11］　Bernard JE, Berry DE, Williams F, p 1 in Ref. ［3］.

［12］　Klingshirn C, p 285 in Ref. ［3］.

［13］　Broser I (1967) In: Aven M, Prener JS (eds.) Physics and chemistry of Ⅱ－Ⅵ compounds. North Holland, Amsterdam, Chapter 10.

［14］　See e. g. C. Kittel, Introduction to solid state physics (several editions). Wiley, New York.

［15］　Sturge MD (1982) In: Rashba EI, Sturge MD (eds.) Excitons. North Holland, Amsterdam, Chapter 1.

# 第6章
# 灯用发光粉

## 6.1　引言

前面章节所概述的有关固体发光现象的内容是接下来各个章节讨论发光材料的基础。这些发光材料可以应用于多个领域，具体包括照明(第6章)、电视机(第7章)、X射线用发光粉和闪烁体(第8和9章)以及其他特殊应用(第10章)。后继每一章节的内容均包括如下的几个部分：

(1)相关应用的原理；

(2)发光材料的制备；

(3)有关过去和现在被使用或者将来有很强应用潜力的发光材料的说明以及在第2~5章内容的基础上有关它们发光性质的讨论；

(4)相关领域存在的问题。

总之，基于本书的主题，后继章节的重点将是有关发光材料的介绍。

## 6.2　发光照明[1-3]

发光照明①的历史甚至可以追溯到第二次世界大战之前。其中常用的发光灯(luminescent lamp)②可以通过灯管内侧的发光粉层将来自低压汞放电而产生的紫外光转化为白光。这些发光灯的效率要比白炽灯高很多：一支 60 W 的白炽灯产生 15 lm/W 的效率，而一支标准 40 W 的发光灯则是 80 lm/W。

发光灯内充满压强为 400 Pa 的惰性气体以及 0.8 Pa 的汞蒸气。在放电过程中，汞原子会被激发，当它们返回基态时就发射出紫外辐射(主要部分)。所发出的辐射中大约有 85% 位于 254 nm，而 12% 在 185 nm，剩下的 3% 则处于波长更长的紫外和可见光区域(365 nm、405 nm、436 nm 和 546 nm)。

灯用发光粉可以将 254 nm 和 185 nm 辐射转化为可见光(参见图 6.1)。它与低压汞放电部分直接接触③，这就淘汰掉了很多潜在的发光粉候选者。比如硫化物就是由于会与汞发生反应，因此不能在灯内使用。总的说来，灯用发光粉应当可以强烈吸收 254 nm 和 185 nm 辐射并且将之高效转化，即应当有高的量子效率。

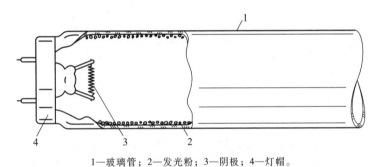

1—玻璃管；2—发光粉；3—阴极；4—灯帽。

图 6.1　低压发光灯的剖面图

发光照明灯(luminescent lighting lamp)可以发射白光，从而可以模拟我们的自然界照明源——太阳。不过，太阳是黑体辐射源，因此其发射谱满足普朗克方程：

---

①　这里作者采用发光照明(luminescent lighting)来代替常用的荧光照明(fluorescent lighting)。其原因就在于大多数发光材料并没有显示出荧光(荧光来自没有自旋反转，即 $\Delta S = 0$ 的发射跃迁，具体也可参见附录 3)。——译者注

②　常用的翻译是"荧光灯"或"日光灯"，不过，为了尊重作者的意见(参见前一个脚注)，这里及其下文根据作者的用语统一称为"发光灯"(luminescent lamp)。——译者注

③　即发光粉周围环绕着低压汞蒸气。——译者注

$$E(\lambda) = \frac{A\lambda^{-5}}{\exp(B/T_c) - 1} \tag{6.1}$$

式中，$A$ 和 $B$ 为常数；$\lambda$ 为发射波长；而 $T_c$ 是该黑体具有的温度。随着 $T_c$ 的升高，辐射源的颜色会从红外转为可见波长。在发光灯术语中，"白色（white）"用于描述 $T_c$ 为 3 500 K 时发出的光，"冷白（cool-white）"为 4 500 K，而"暖白（warm-white）"则是 3 000 K。

根据色度学原理，每种颜色可以通过混合 3 种基色而得到，从而可以用一个彩色三角形来表示各种颜色[2]。目前使用最多的是图 6.2 描绘的，由国际照明委员会①（Commission Internationale d'Eclairage，CIE）提出的标准色度图。有关图中色坐标 $x$ 和 $y$ 的定义可以参见文献[2]和[3]。现实中的颜色落在表示光谱色（spectral color）的曲线与连接极紫和极红两点线段所围的区域内。在这个区域内的点代表着未饱和的颜色。

图 6.2 中相应于式（6.1）的色点称为黑体轨迹（black body locus，BBL）。

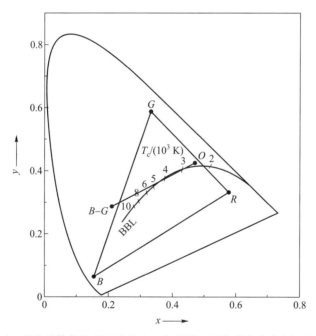

图 6.2　标有黑体轨迹（BBL）的 CIE 色度图。可参考文中介绍。经许可转载自参考文献[3]

---

① 这里采用的是法语的拼写，也是其简称"CIE"的来源，对应的英语是"International Commission on illumination"。——译者注

位于 BBL 上的颜色被看作"白色"①。白光可以通过不同的途径产生，最简单的方法就是将蓝色和橙色混合在一起而得到白光。不过，混合蓝色、绿色和红色也是可以的。此外，将许多发射带混合成一个连续谱同样也可以得到白光。正如下文就要提到的那样，所有这些色彩混合的例子都在发光灯上获得了应用。

除了颜色坐标之外，显色性②（color rendition）也是发光灯的一个重要特征。这种性质与发射光的特定能量分布有关。表征某种发光灯的显色性可以通过比较一系列测试色在它的照射下所得的色坐标与在黑体辐射源照射下所得的结果来完成。如果两种光源照射下所得的各组色坐标都一样，那么显色指数（color rendering index，CRI）就等于 100。显然，在低 CRI 灯的照射下，物体在人眼中显示的并不是其原来的颜色。

除了上面讨论的低压汞灯，照明灯家族中还有高压汞灯（参见图 6.3）。气体放电部分被封在一个小腔室内，外面再环绕着一个更大的灯泡，而发光粉被涂在外面这层灯泡的内侧面上，因此没有和放电部分直接接触③。

不同于低压汞灯，高压汞灯中的放电所产生的强线中也包括了 365 nm 辐射，因此用于这种照明灯的理想发光粉应当不仅可以吸收短波长的紫外辐射，而且还可以吸收波长更长的部分。另外，高压汞的这种放电过程也产生了数量可观的蓝光和绿光发射，不过却缺少红光。为了获得白光，发光粉就需要补偿这种不足，从而发光粉应当具有红光发射才行。

在高压汞灯中发光粉的温度可以升到 300 ℃，因此其发射应当具有很高的猝灭温度。

因为高压汞灯应用在室外照明上，所以对显色性的要求就不如低压汞灯那样强烈。不过，如果忽略了上述用于补偿显色性的发光粉，那么红色物体看起来就成了暗棕色，这种低 CRI 不仅会让人的皮肤看起来很可怕，而且要想在停车场中找到一辆红色小车也成了问题。

---

①　英语里的"white"除了表示"白色"外，其实还有很多衍生意义，比如纯净的、标准的、理想的等，这里就是按照"标准"的意义来理解，带有类比日光（白光）的意思。显色指数的大小是针对给定温度的黑体而言的，此时该黑体就是标准光源。通常的显色指数是以日光作为标准光源来确定数值的，相应于 3 500 K 时的黑体（辐照源）。——译者注

②　也可翻译为"色彩还原性"。这种性质是指所用发光灯的照明可以让给定物体维持其真实颜色（即给定温度的黑体辐照下所显示的颜色，其中常规的黑体辐照源就是太阳）的能力。——译者注

③　这里的意思是汞蒸气被密封在一个小腔中，比如石英管内（参见图 6.3），放电产生的紫外光透过腔壁而辐射发光粉，因此与低压汞灯不同，此时发光粉不用与汞直接接触。——译者注

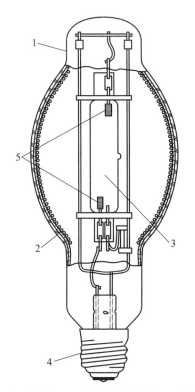

1—玻璃灯泡；2—发光粉；3—气体放电石英腔；4—灯帽；5—电极。

图 6.3 高压汞发光灯的剖面图

## 6.3 灯用发光粉的制备

使用发光粉颗粒的悬浮液可以将发光粉涂覆在灯泡上。因此灯用发光粉是以粉末的形式制造出来的。一般而言，发光粉可以利用标准固相制备技术来完成。在这个过程中，起始材料被充分混合，随后在可控气氛下进行煅烧而得到产物[4]。一个简单的例子就是 $MgWO_4$ 粉末的制备——在大约 1 000 ℃ 的开口氧化硅坩埚中煅烧碱式碳酸镁和三氧化钨混合物就可以得到。更复杂的例子是卤磷酸钙发光粉 $Ca_5(PO_4)_3(F, Cl):Sb, Mn$ 的制备。这时需要煅烧的则是 $CaCO_3$、$CaHPO_4$、$CaF_2$、$NH_4Cl$、$Sb_2O_3$ 和 $MnCO_3$ 组成的混合物。事实上这种材料的制备历史可以作为典型的示例，用来说明提高制备过程的可控性和加深对该过程的认识确实会产生更好的结果——这种发光粉的光输出在长时间的制备工艺优化中获得了可观的增加。希望了解更详细内容的读者可以参考文献[2]中的第 3 章。

121

灯用发光粉中的发光激活剂浓度处在 1% 的数量级，因此要得到高效的发光材料，高品质的原料和干净的生产过程是必需的前提。另外，制备中需要控制气氛来调整激活剂的价态（比如可以选择是 $Eu^{2+}$ 还是 $Eu^{3+}$）以及基质晶格的化学计量比。最后，发光粉的颗粒尺寸分布也需要可控，其要求则取决于所考虑的具体材料。

使用简单的固相技术通常是不能得到均匀的发光粉的。共沉淀法可以说是实现这个目的的一种重要手段，尤其是在激活剂和组成基质晶格的离子具有化学相似性的时候。稀土激活的荧光粉恰好是这种情况。比如 $Y_2O_3:Eu^{3+}$ 的制备采用共沉淀法就有优势。它可以通过共沉淀从溶液中得到草酸盐混合物，然后再煅烧这些沉淀物而获得[5]。事实上，这类稀土基混合氧化物在目前已经实现了商业化。

在发光灯的使用中，发光粉通常会逐渐劣化[2]，这可以源自如下几个化学过程：

（1）来自汞蒸气放电的 185 nm 辐射下产生的光化学分解（有关这个问题的说明可以参见文献[6]）；

（2）放电所产生的处于激发态的汞原子与发光粉发生反应；

（3）玻璃中钠离子往发光粉内部扩散。

基本上粗糙的发光粉要比精细发光粉更为稳定。而且，毋庸讳言，高比表面积会使荧光粉更容易与辐射或汞等发生相互作用，这也是显而易见的事情。

## 6.4　光致发光材料

### 6.4.1　照明灯用发光粉

#### 6.4.1.1　早期的发光粉

在发光照明的早期阶段（1938—1948），采用的是 $MgWO_4$ 和 $(Zn,Be)_2SiO_4:Mn^{2+}$ 两种发光粉的混合物。其中钨酸盐具有最大值靠近 480 nm 的宽带蓝白发射（bluish-white emission）（参见图 6.4）。它可被短波长紫外辐射高效激发。而从图 6.5 所给的 $(Zn,Be)_2SiO_4:Mn^{2+}$ 的发射谱可以看到它覆盖了可见光波的绿光和部分红光区域。

$MgWO_4$ 发光粉是激活剂浓度为 100% 的发光材料例子，这是因为组成晶格的每个八面体配位的钨酸根基团都可以发光。不过，这么高的浓度并没有导致浓度猝灭，其原因就在于发射光具有大的斯托克斯位移，这就使得弛豫发射态不能与近邻同样的基团产生共振。或者说，由于钨酸根基团中发生的光学跃迁本质上属于电荷转移跃迁，因此图 2.3 中相应的 $\Delta R$ 非常大，从而不但产生具

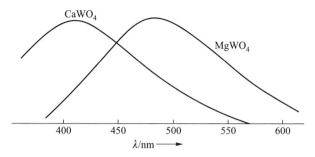

图 6.4 MgWO$_4$ 和 CaWO$_4$ 的发射光谱

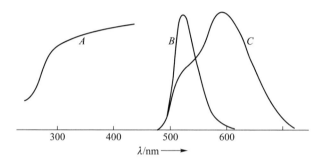

图 6.5 Zn$_2$SiO$_4$:Mn$^{2+}$(曲线 B)和(Zn,Be)$_2$SiO$_4$:Mn$^{2+}$(曲线 C)的发射光谱，而曲线 A 是 Zn$_2$SiO$_4$:Mn$^{2+}$的漫反射光谱

有强烈斯托克斯位移的发射，而且也得到了很宽的发光带。显然，这种宽带发光有利于提高显色性。

(Zn,Be)$_2$SiO$_4$:Mn$^{2+}$发光的宽化另有原因。无铍的 Zn$_2$SiO$_4$:Mn$^{2+}$实际上是窄带发射(参见图 6.5)，因此，要了解前者的宽带发射，就需要先考虑后面这种具有亮绿发射的发光粉。

Zn$_2$SiO$_4$ 和 Be$_2$SiO$_4$ 均属于硅铍石结构，其中所有的金属离子都是四面体配位。因此掺杂的 Mn$^{2+}$(3d$^5$)离子也是四配位的。由于 3d$^5$ 组态的所有光学跃迁都是自旋和宇称禁阻的(参见 2.3.1 节)，因此有关这些跃迁的激发并不能产生高光输出。不过，在 Zn$_2$SiO$_4$ 中的 Mn$^{2+}$ 的发光却对应着 250 nm 区域的一个强激发带，这个激发可能属于电荷转移跃迁。不管如何，这个激发带使得 Mn$^{2+}$ 的发射实现了高光输出。其发射跃迁属于 $^4$T$_1$→$^6$A$_1$。因为跃迁发生于一个给定的电子组态之内(这里就是 3d$^5$)，因此这种发光带的宽度比较狭窄。

如果将部分 Zn$^{2+}$ 替换为 Be$^{2+}$，那么各个 Mn$^{2+}$ 的晶体场就会由于近邻金属离子本质的不同而彼此有所差异，其原因就在于 Zn$^{2+}$ 和 Be$^{2+}$ 的离子半径之间存在着巨大差距(分别是 0.60 Å 和 0.27 Å)。因此，相比于 $Zn_2SiO_4:Mn^{2+}$，此时发射带就发生了宽化。另外，一个明显的事实是 $Be^{2+}$ 的引入增强了 $Mn^{2+}$ 的晶体场，从而使得发射移向了更长的波长位置(参见图 2.10)。

这种掺 $Mn^{2+}$ 发光粉的严重缺陷就是在灯中的维持率差。它既可以在气体放电中与汞反应，也可以在紫外辐射下发生分解。再加上铍的剧毒[7]，因此现在已经不再使用。在 1948 年，这些发光粉就被一种发射蓝色和橙色光的 $Sb^{3+}$ 和 $Mn^{2+}$ 共激活钙基卤磷酸盐发光粉取代了。

### 6.4.1.2　卤磷酸盐[1-3]

组成为 $Ca_5(PO_4)_3X(X=F、Cl)$ 的卤磷酸盐与羟基磷灰石在结构上是近亲，后者是骨头和牙齿的主要成分。磷灰石具有六方的晶体结构，其中有两种不同的钙离子格位，即 $Ca_I$ 和 $Ca_{II}$。$Ca_I$ 格位线型排列，每个 $Ca_I$ 格位与 6 个氧离子形成了三棱柱配位，并且 $Ca_I$—O 的平均间距为 2.42 Å。各个棱柱彼此共顶和共底连接。棱柱的边上也包围着氧离子，这时的 $Ca_I$—O 的平均间距为 2.80 Å。因此 $Ca_I$ 的总配位数是 9(氧离子)，并且没有与卤离子配位。相应地，$Ca_{II}$ 格位分别与一个近邻的卤离子($Ca_{II}$—F: 2.39 Å)和 6 个氧离子配位(平均 $Ca_{II}$—O: 2.43 Å)。

纯卤磷酸盐基质晶格的光吸收边位于 150 nm 左右，这就意味着所有汞蒸气放电产生的激发能都可以被激活剂吸收。相当惊奇的是，迄今为止，$Sb^{3+}$ 和 $Mn^{2+}$ 在这种晶格中的晶体学位置并不能完全明确。虽然已有的光谱和电子顺磁共振数据表明 $Mn^{2+}$ 倾向于 $Ca_I$ 格位[8]；并且通常认为 $Sb^{3+}$ 处在 $Ca_{II}$ 格位上，同时有一个氧位于其近邻的卤格位以实现电荷补偿[8]，这种状态以 Kröger 符号可标记为 $(Sb_{Ca}^{\cdot}.O_F')$[9]；但是，Mishra 等并不认可这个结论，他们的研究提出锑位于磷格位上，同时以一个氧空位来实现电荷补偿：$(Sb_P''.V_O^{\cdot\cdot})^x$。不过，这个结论同样也受到了质疑[11]。总之，这种局面表明磷灰石的结构的确是够复杂的，仍需要进一步研究。

Jenkings 等[12]发现 $Sb^{3+}$ 掺杂的卤磷酸钙在 254 nm 激发下是一种非常高效的蓝色发射发光粉(参见图 6.6)。这是因为其中的 $Sb^{3+}$ 具有 $^5S_2$ 组态，其 $^1S_0\rightarrow^3P_1$ 和 $^1P_1$ 吸收带分别处于 255 nm 和 205 nm(参见图 6.7)[11]，而在室温下，其发射具有巨大的斯托克斯位移，达到 19 000 $cm^{-1}$。

上述这些数据使得卤磷酸盐发光粉的优良性能打了一个折扣。首先，发生激发的 $^1S_0\rightarrow^3P_1$ 跃迁属于自旋禁阻跃迁，虽然依靠自旋-轨道耦合，这种跃迁可以具有一定的吸收强度，但绝不会具有像允许型跃迁那样强烈的吸收。图 6.7 清楚地表明了这一点——因为相应于 $^1S_0\rightarrow^1P_1$ 激发的强度比来自 $^1S_0\rightarrow^3P_1$ 激发的强度近乎大了一个数量级(也可参见 2.3.5 节)。另外，大斯托克斯位

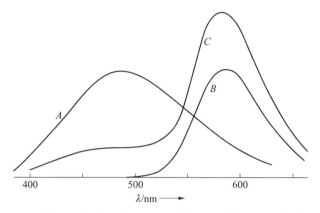

图 6.6　卤磷酸钙的发射光谱。曲线 $A$：$Sb^{3+}$发射；曲线 $B$：$Mn^{2+}$发射；曲线 $C$：
卤磷酸盐暖白光发射

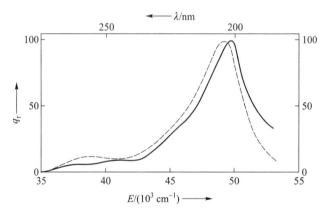

图 6.7　$Ca_5(PO_4)_3F:Sb^{3+}$中 $Sb^{3+}$发射在 4.2 K（实线）和 290 K（虚线）下分别对应
的激发光谱

移也意味着量子效率低（参见 4.2.2 节）。事实也是如此，这种发光粉的量子效率 $q$ 大约是 70%（参见 4.1 节）。有关 $s^2$ 组态离子的这种大斯托克斯位移已经在 3.3.7 节讨论过了，这里就不再赘述。

当卤磷酸盐基质晶格中不仅含有 $Sb^{3+}$，而且还有 $Mn^{2+}$ 的时候，被 $Sb^{3+}$ 吸收的部分能量会转移给 $Mn^{2+}$。这里的 $Mn^{2+}$ 会给出橙色发光（参见图 6.6）。这就解决了汞放电所产生的 254 nm 辐射几乎不被 $Mn^{2+}$ 离子吸收的问题。从 $Sb^{3+}$ 到 $Mn^{2+}$ 的能量转移所需的临界间距是 10 Å 左右，其工作机制是交换（exchange）相互作用[8]。这并没有什么意外，毕竟此时的 $Mn^{2+}$ 在可见光区域内的所有光学跃迁都是严重禁阻的（参见 5.2 节）。

通过精心调整 $Sb^{3+}$ 和 $Mn^{2+}$ 之间的浓度比例就可以得到白光发射的发光粉。浓度调整可以得到的色温范围覆盖 6 500 K 到 2 700 K。图 6.6 给出了一种暖白卤磷酸盐的发射光谱。这类卤磷酸盐照明灯的一大缺陷就是高亮度和高显色指数(CRI)不能共存:如果亮度高(发光效率~80 lm/W),那么相应的显色指数(CRI)在 60 左右;反之,虽然 CRI 值可以增加到 90,但是亮度也随之下降(~50 lm/W)[13]。不过近年来已经发现稀土激活发光粉的使用为同时实现高效率(~100 lm/W)和高显色指数(~85)提供了一种可能。

### 6.4.1.3 三色灯用发光粉

Koedam 和 Opstelten[14] 曾经预测一种具有 100 lm/W 的效率和 CRI 为 80~85 的发光灯可以通过 3 种发光粉的组合来实现。这 3 种发光粉均具有窄带发射,并且各自的中心波长分别为 450 nm、550 nm 和 610 nm。几年后采用稀土激活的发光粉终于实现了这种照明灯[13]。现在这类灯一般称为三色灯(tricolor lamp)。

正如前面介绍过的,稀土离子可以有窄带或者说窄线发射(参见第 2 和第 3 章),并且客观说来,$Eu^{3+}$ 是红色发光组分的最佳候选,而可用于绿色发光组分的则是 $Tb^{3+}$。它俩都具有窄线发射。另外,蓝色的 $Eu^{2+}$ 具有狭窄的蓝色发射带,比起 $Sb^{3+}$ 的发射带要相对窄很多。

图 6.2 的色度图说明了白光是如何通过混合蓝绿($BG$)和橙色($O$)光而从卤磷酸盐发光粉得到的,而且也提出了可以采用三色颜色,即混合蓝($B$)、绿($G$)和红($R$)来获得白光。图 6.8 给出了一个三色灯的发射光谱示例,相应的色温是 4 000 K。

现在将分章节各自讨论用于这类三色灯的各种发光粉。

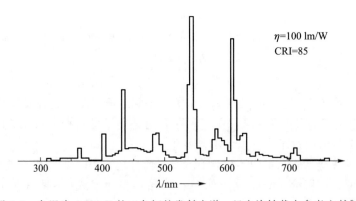

图 6.8 色温为 4 000 K 的三色灯的发射光谱。经允许转载自参考文献[3]

#### 6.4.1.4 红色发射发光粉

Y$_2$O$_3$:Eu$^{3+}$材料在性能上可以满足优良红色发射发光粉的所有需求。其发射位于 613 nm，其他所有发射线都是弱线。另外，它的发光容易被 254 nm 的辐射激发，并且具有高的量子效率——近似 100%。

前面的 2.1 节已经讨论过 Y$_2$O$_3$:Eu$^{3+}$的激发，即 Eu$^{3+}$离子通过电荷转移跃迁吸收 254 nm 的辐射，与此同时，185 nm 的辐射则被基质晶格吸收。已有实验明显表明这个电荷转移态在位形坐标上的位置恰好使得它可以仅对发射能级提供能量（参见图 6.9）。有关 Eu$^{3+}$的发射谱也在 3.3.2 节讨论过了。这种发射包含了$^5$D$_0$→$^7$F$_J$的线状发射，其中 $J = 2$ 的跃迁由于超敏感性而占据主导地位（参见图 6.10）。

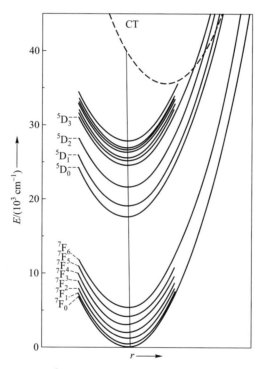

图 6.9 Y$_2$O$_3$ 中 Eu$^{3+}$的位形坐标图，其中的 CT 代表电荷转移态。经
允许转载自参考文献[38]

不过实际情况要更加复杂。首先是 Y$_2$O$_3$ 为 Eu$^{3+}$提供了两种格位，一种是 C$_2$ 对称，另一种具有 S$_6$ 对称性（参见图 6.11）。其中 C$_2$ 格位的数目是 S$_6$ 格位的 3 倍，并且 Eu$^{3+}$被认为是随机占据这两种格位的。由于 S$_6$ 格位具有反演对称性，因此其上的 Eu$^{3+}$将仅有$^5$D$_0$→$^7$F$_1$ 磁偶极跃迁（参见 3.3.2 节），其波长

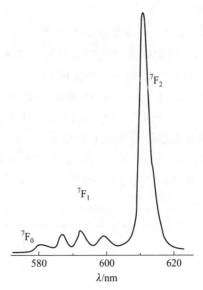

图 6.10 $Y_2O_3:Eu^{3+}$ 的发射光谱,其中标出了 $^5D_0 \rightarrow ^7F_J$ 跃迁各自对应的终态能级

位于 595 nm 左右。衰减时间值可以清楚反映 $Eu^{3+}(S_6)$ 的 $^5D_0 \rightarrow ^7F_J$ 跃迁被强烈禁阻的特性,因为其值为 8 ms,而 $Eu^{3+}(C_2)$ 则是 1.1 ms[15]。

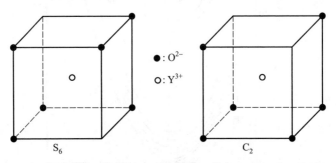

图 6.11 $Y_2O_3:Eu^{3+}$ 中 $Y^{3+}(Eu^{3+})$ 的氧配位环境。左边是具有反演对称性的 $S_6$ 格位,右边则是 $C_2$ 格位

商用 3% $Eu^{3+}$ 掺杂的样品中,不需要的 $S_6$ 格位的 $^5D_0 \rightarrow ^7F_1$ 发射可以通过从 $Eu^{3+}(S_6)$ 到 $Eu^{3+}(C_2)$ 的能量转移而受到抑制。发生这种能量转移的临界间距大约是 8 Å,其中看起来会起作用的机制有交换以及偶极-四极相互作用[15]。

浓度为 3% 的另一个优势是可以通过交叉弛豫猝灭掉不需要的来自 $Eu^{3+}$ 的高能级发射(即 $^5D_J \rightarrow ^7F$, $J > 0$,参见 5.3 节),同时也确保具有足够大的

254 nm 辐射的吸收强度。另外，这种高铕离子浓度会使得发光粉变得非常昂贵——尤其是在所需的高纯 $Y_2O_3$ 同样也不便宜的条件下。$Y_2O_3$ 中的杂质容易成为竞争吸收中心，即它们会吸收 254 nm 的辐射并将它转化为可见光。铁就是这样一种危害严重的杂质，已有预测表明，5 ppm 的 Fe 就可以将红粉的量子效率降低 7%[16]①。有关降低红色发射发光粉价格的研究会在后面继续讨论。

### 6.4.1.5 蓝光发射发光粉

发射最大值处于 450 nm 的蓝光发射发光粉预计可以获得最高的灯光输出，而最佳的 CRI 则对应 480 nm 的发射最大值。因为三色灯的目的是获得高光输出，以及好的显色性，因此只有发射峰值处于 440 nm 和 460 nm 之间的发光粉才具有实用的意义。图 6.12 给出了 3 种可以满足上述需求，由 $Eu^{2+}$ 激活的发光粉即 $BaMgAl_{10}O_{17}:Eu^{2+}$、$Sr_3(PO_4)_3Cl:Eu^{2+}$ 和 $Sr_2Al_6O_{11}:Eu^{2+}$ 的发射光谱[3]。它们的量子效率均在 90% 左右。有关 $Eu^{2+}$ 的光谱的讨论可以参见前面的 3.3.3.2 节。

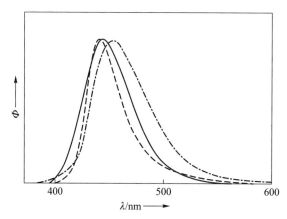

图 6.12　3 种蓝色发射 $Eu^{2+}$ 发光粉的发射光谱，其中实线为 $BaMgAl_{10}O_{17}:Eu^{2+}$；虚线为 $Sr_3(PO_4)_3Cl:Eu^{2+}$；点划线为 $Sr_2Al_6O_{11}:Eu^{2+}$。经允许转载自参考文献[3]

$BaMgAl_{10}O_{17}$ 化合物的晶体结构与磁铅石结构有关。其结构由尖晶石层以及含 $Ba^{2+}$ 的夹心层组成。从它的原始书写方式为 "$BaMg_2Al_{16}O_{27}$"[13] 就可以看出这种组成的复杂性了。有关这类结构的进一步讨论可以参见 Smets 等的文献[17]。

$Sr_3(PO_4)_3Cl$ 化合物属于前面提到过的卤磷酸盐，而 $Sr_2Al_6O_{11}$ 则是由 $AlO_4$ 四面体层和 $AlO_6$ 八面体层交错垒建起来的[18]，该结构示意图可以参见

---

① 即未掺铁与掺铁的量子效率差值占未掺铁的量子效率总额的比例。——译者注

图 6.13。

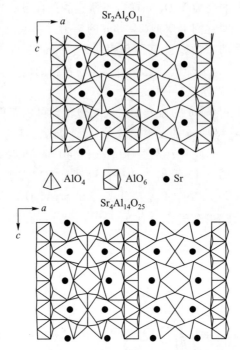

图 6.13 $Sr_2Al_6O_{11}$ 和 $Sr_4Al_{14}O_{25}$ 的晶体结构。经允许转载自参考文献[3]

### 6.4.1.6 绿光发射发光粉

三色灯采用的绿色发光离子是 $Tb^{3+}$。它首选的允许吸收带对应 $4f^8 \rightarrow 4f^7 5d$ 跃迁(参见 2.3.4 节)。不过，该吸收带经常处于能量过高的位置，从而不能有效实现 254 nm 的激发。为了能够有效吸收 254 nm 辐射，就需要在发光粉中加入敏化剂。$Ce^{3+}$ 很适合用于满足这个目标，因为它的 $4f \rightarrow 5d$ 跃迁所处的能量位置要低于 $Tb^{3+}$ 相应的 $4f^8 \rightarrow 4f^7 5d$ 跃迁。表 6.1 给出了正在使用的绿色发光粉的化学组成以及紫外和可见光发射的量子效率。

在表 6.1 所列的基质中，$CeMgAl_{11}O_{19}$[①]基质晶格具有磁铅石结构，$LaPO_4$ 是独居石结构，而 $GdMgB_5O_{10}$ 结构中包含了一个 $BO_3$ 和 $BO_4$ 基团构成的二维框架，$Mg^{2+}$ 和 $Gd^{3+}$ 则分别通过八面体配位和十配位的形式进入该框架中[19]。$Gd^{3+}$ 多面体形成孤立的锯齿形链条，Gd—Gd 最短链内间距大约是 4 Å，而最短 Gd—Gd 链间间距则是 6.4 Å。

---

① 原文误为"$CeMgAl_{11}O_{17}$"。——译者注

**表 6.1** 三色灯所用绿色发光粉在 **254 nm** 激发下发射紫外(**UV**)和可见光(**VIS**)的量子效率 $q$[3]

| 组成 | $q_{UV}/\%$ | $q_{VIS}/\%$ |
|---|---|---|
| $Ce_{0.67}Tb_{0.33}MgAl_{11}O_{19}$ | 5 | 85 |
| $Ce_{0.45}La_{0.40}Tb_{0.15}PO_4$ | 7 | 86 |
| $Ce_{0.3}Gd_{0.5}Tb_{0.2}MgB_5O_{10}$ | 2 | 88 |

图 6.14 给出了前述 3 种绿色发光粉的发射光谱。所有这 3 种均存在着来自 $Ce^{3+}$ 或 $Gd^{3+}$ 的紫外发射。不过其中的能量转移现象并不一样，现在就来讨论一下。

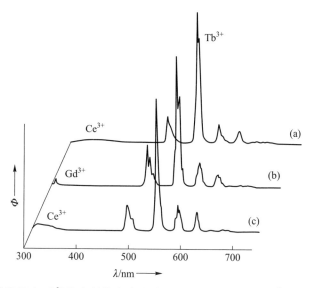

图 6.14 3 种发绿光 $Tb^{3+}$ 荧光粉的发光光谱。(a) $CeMgAl_{11}O_{19}:Tb^{3+}$；(b) $(Ce, Gd)MgB_5O_{10}:Tb^{3+}$；(c) $(La, Ce)PO_4:Tb^{3+}$。转载自参考文献[3]

在 $CeMgAl_{11}O_{19}$ 中，$Ce^{3+}$ 的发射最大值在 330 nm，其对应的第一个激发最大值位于 270 nm，因此具有大的斯托克斯位移($\sim 8\,000\ cm^{-1}$)[20]，这就意味着能量在 $Ce^{3+}$ 之间的转移是不会出现的，而且浓度猝灭也是不可能的。$Ce^{3+} \rightarrow Tb^{3+}$ 能量转移是一种单步转移过程。基于 $Tb^{3+}4f^8$ 组态内跃迁是禁阻型的本质，这种转移只能在近邻离子之间发生，因此就需要高的 $Tb^{3+}$ 浓度，才能将 $Ce^{3+}$ 的发射猝灭掉。实际上，即使高达 33% 的 Tb 都不能彻底达到猝灭 $Ce^{3+}$ 发光的目的(参见表 6.1)。

$(La, Ce)PO_4$ 发射的斯托克斯位移较小($\sim 6\,000\ cm^{-1}$)，因此对于 $CePO_4$，

其发射会因浓度猝灭原因而失去一部分。掺 $Tb^{3+}$ 后，能量在 $Ce^{3+}$ 之间的传递有助于 $Ce^{3+}$ 与 $Tb^{3+}$ 之间的能量转移，从而所需的 $Tb^{3+}$ 浓度可以更低。不管如何，UV 输出还是相当高的(参见表 6.1)，这是因为 $Ce^{3+} \rightarrow Ce^{3+}$ 的能量转移客观上要比 $Ce^{3+} \rightarrow Tb^{3+}$ 的更为有效。当稀土离子之间的核间距达到最小时，这种能量转移速率分别达到 $10^{11}$ $s^{-1}$ 和 $3 \times 10^{8}$ $s^{-1}$。由于这种发光粉体系近年来已经讨论得很详细了，因此有兴趣的读者可以进一步参考文献[21]。

$GdMgB_5O_{10}$：$Ce^{3+}$，$Tb^{3+}$ 中的情况更加复杂。254 nm 的激发发生于 $Ce^{3+}$ 上，然后它们再把能量转移给 $Gd^{3+}$。为了实现有效的转移，$Ce^{3+}$ 的发射在没有 $Gd^{3+}$ 的时候必须位于 280 nm 附近，从而可以将能量转移到 $Gd^{3+}$ 的 $^6I$[①]能级。这就要求 $Ce^{3+}$ 发射的斯托克斯位移必须在 4 000 $cm^{-1}$ 左右。能够满足这种要求的化合物仅有少数几例，这是因为除了需要小的斯托克斯位移，而且化合物中 $Ce^{3+}$ 的第一吸收跃迁理应具有相当高的能量，从而要求基质晶格是离子型的(参见 2.2 节)。能够满足这些需求的基质晶格有 $GdB_3O_6$、$GdF_3$、$NaGdF_4$(不是 $LiGdF_4$)和 $GdMgB_5O_{10}$[22]。如果 $Ce^{3+}$ 的能级移向低一些的能量位置[比如在 $Li_6Gd(BO_3)_3$：$Ce^{3+}$ 中]，那么能量转移就只能往相反方向进行，即从 $Gd^{3+}$ 转移到 $Ce^{3+}$。其他离子，比如 $Pr^{2+}$、$Pb^{2+}$、$Bi^{3+}$[22]也可以用作 $Gd^{3+}$ 亚晶格的敏化剂。

在 $GdMgB_5O_{10}$：$Ce$，$Tb$ 中，实际上所有 $Ce^{3+}$ 的激发能都被转移给了 $Gd^{3+}$。随后能量就沿着 $Gd^{3+}$ 亚晶格传递(参见 5.3 节)，其间会被发光 $Tb^{3+}$ 离子捕获。需要提防俘获这些能量的杂质离子，不过，它们所充当的灭光剂的角色可以利用高 $Tb^{3+}$ 掺杂浓度来消灭。

最后需要注意的是，能量沿 $Gd^{3+}$ 亚晶格的传递看起来并非晶体结构所要求的一维传递[23]。表 6.1 表明采用 $Gd^{3+}$ 基质晶格有助于将更多的紫外辐射转化成可见光。表 6.2 进一步总结了上述这些绿色发光粉的能量转移过程。

表 6.2　三色灯所用绿色发光粉的能量转移过程

| 发光粉 | 能量转移过程 |
| --- | --- |
| $CeMgAl_{11}O_{19}$：$Tb$ | $Ce^{3+} \rightarrow Tb^{3+}$ |
| $LaPO_4$：$Ce$，$Tb$ | $Ce^{3+} \rightarrow Ce^{3+*}$ a |
| | $Ce^{3+} \rightarrow Tb^{3+}$ |
| $GdMgB_5O_{10}$：$Ce$，$Tb$ | $Ce^{3+} \rightarrow Gd^{3+}$ |
| | $Gd^{3+} \rightarrow Gd^{3+*}$ a |
| | $Gd^{3+} \rightarrow Tb^{3+}$ |

a　表示该转移可以重复发生很多次。

① 原文误为"$6_1$"。——译者注

#### 6.4.1.7 特种豪华灯具用发光粉

三色灯的发射光谱并不连续，只是由有限宽度的发光带组成，如果物体的反射光谱峰不在这些发光带的波长范围内，那么其颜色在三色灯照射下就会不同于采用黑体辐照源照射所得的结果。虽然 85 的显色指数可以确保大多数物体具有正常的外观颜色，但是在该三色灯的照射下，仍然有一些重要的颜色看起来并不自然。因此某些应用领域要求灯具具有更高的 CRI。比如博物馆照明和花艺展示等场合就是这样的例子。针对这一用途已经发展了特种灯饰（special deluxe lamp），其 CRI 值为 95。与此同时，就不得不接受发光效率降到 65 lm/W 的事实[3]。

正如上面所述（参见 6.4.1.5 节），使用发射最大值位于 490 nm 的蓝光发射发光粉可以获得更高的 CRI 值。进一步增加这个 CRI 值可以通过将红色和绿色窄线发光的发光粉各自改为宽带发光的发光粉来实现。采用这种方法，最终将得到从蓝色到红色的、具有不同程度连续性的发射光谱。

$Sr_4Al_{14}O_{25}:Eu^{2+}$ 具有发射最大值位于 490 nm 的合适的蓝色发光（参见图 6.15）以及 90% 的高量子效率。图 6.13 给出了 $Sr_4Al_{14}O_{25}$ 的晶体结构。它与 $Sr_2Al_6O_{11}$ 的结构存在着关联[3]。这种发光粉除 490 nm 的发射带以外，在 410 nm 处还有一个微弱的发射带，其原因就在于 $Sr_4Al_{14}O_{25}$ 中的 Sr 存在两种不同的晶体学格位，因此也就存在着两种 $Eu^{2+}$。虽然这两种格位的数目一样，但是 490 nm 的发射基本上是具有压倒性地位的发射。这种优势就在于从具有 410 nm 发射的 $Eu^{2+}$ 到具有 490 nm 发射的 $Eu^{2+}$ 的高效能量转移。其证据就在于 410 nm 发射带与具有 490 nm 发射的 $Eu^{2+}$ 相应的激发带之间存在着大面积的光谱重叠，同时所有涉及的光学跃迁（$4f^7 \leftrightarrow 4f^65d$）都是允许的跃迁，这就满足了高效能量转移所需的所有条件（可以参照对比 5.2 节）。这种能量转移对应的临界间距在 35 Å 左右[24]。

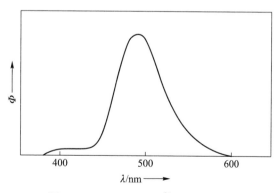

图 6.15 $Sr_4Al_{14}O_{25}:Eu^{2+}$ 的发射光谱

宽带红色发射的发光粉可以使用 $GdMgB_5O_{10}$ 作为基质晶格。$Ce^{3+}$ 在这里再次被用作敏化剂，不过这次的激活剂是 $Mn^{2+}$。掺杂的 $Mn^{2+}$ 位于 $Mg^{2+}$ 格位，具有八面体配位，所发射的红光峰落在 630 nm 左右。这种发射相应于 $^4T_1 \rightarrow {}^6A_1$ 跃迁（参见 3.3.4.3 节）。如前所述，能量是通过 $Gd^{3+}$ 亚晶格传递给 $Mn^{2+}$（参见 6.4.1.6 节）。利用 $Ce_{0.2}Gd_{0.6}Tb_{0.2}Mg_{0.9}Mn_{0.1}B_5O_{10}$ 组分所得的发光粉可以同时发出绿光和红光。

迄今为止，高效的宽带绿光发射的发光粉尚未找到，不过可以将卤磷酸盐中 $Tb^{3+}$ 的发射和 $Mn^{2+}$ 的发射组合起来近似使用。综合前述的发光材料，最终得到了一种包含 $Sr_2Al_6O_{11}:Eu^{2+}$、$GdMgB_5O_{10}:Ce^{3+}, Tb^{3+}, Mn^{2+}$ 和 $Ca_5(PO_4)_3(F, Cl):Sb^{3+}, Mn^{2+}$ 混合物的照明灯，其 CRI 为 95，而效率是 65 lm/W。图 6.16 给出了它的发射光谱。

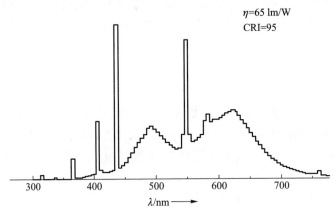

$\eta = 65$ lm/W
CRI=95

图 6.16　色温为 4 000 K 的一种特种灯饰的发射光谱。经允许转载自参考文献 [3]

图 6.16 中，短波长一侧是汞的蓝光谱线，如果加入 $Y_3Al_5O_{12}:Ce^{3+}$ 就可以有效抑制住它们。这种具有石榴石结构的发光粉可以吸收蓝光并且将之高效转成黄光（参见图 6.17）。其中对应的光学跃迁源自 $Ce^{3+}$。在石榴石结构中，$Ce^{3+}$ 所处的晶体场足够强大，以至于其能量最低的 $4f \rightarrow 5d$ 跃迁落在可见光区域（参见 2.3.4 节）。对比 $Y_3Al_5O_{12}$ 和 $GdMgB_5O_{10}$（参见 6.4.1.6 节）掺杂的 $Ce^{3+}$ 就可以明白基质晶格对发光离子能级分布的影响可以达到多么大的地步。

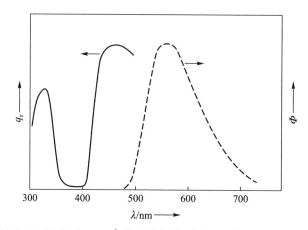

图 6.17 $Y_3Al_5O_{12}$：$Ce^{3+}$ 发光的发射（虚线）和激发（实线）光谱

### 6.4.1.8 三色灯用发光粉的维持率

三色灯用发光粉的又一个高于卤磷酸盐发光粉的优势是在灯的寿命周期内具有高得多的维持率（maintenance）[①]。图 6.18 给出了照明 2 000 h 后输出下降值随壁负载（wall load）的变化。稀土激活发光粉的更高的稳定性在实际应用中

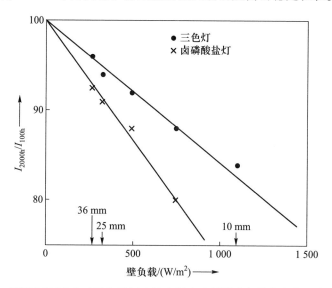

图 6.18 照明 2 000 h 和 100 h 后灯光输出强度比例随壁负载的变化。其中打叉的点属于卤磷酸盐灯，而圆点则对应三色灯。商业灯的直径也在图中做了标注。经允许转载自参考文献［3］

---

① 维持率指光通量维持率，反映灯具工作时光衰的性能。——译者注

就转为更高的维持率。壁负载的数值与管径有关(参见图 6.18)。相比于卤磷酸盐照明灯的 36 mm 管径,目前三色灯和特种豪华灯都可以实现 25 mm 的管径。基于当前的技术,甚至有望将管径降到 10 mm。利用这种小管径,放电管可以被折叠起来,而紧凑型的发光灯也就可以实现了。

## 6.4.2　其他灯用发光粉

因为从理论上看,低压汞放电灯可以使用任意给定发射波长的发光粉,因此不仅可用于照明,而且也具有其他更多的专业应用。这里列举几个典型的例子。

在光疗领域,所用的灯光应当与人体皮肤的刺激光谱(stimulation spectrum)一致。当波长 $\lambda < \sim 300$ nm 时,皮肤会出现晒斑(红疹),而 $\lambda > 330$ nm 时则出现直接色素沉着(皮肤黑化)现象,不过短时间后这种黑化就会消失[3]。在中间过渡的波长区域内,皮肤发生的是迟延性色素沉着(产生黑色素),从而获得长时间的古铜色外观。图 6.19 给出了 3 种紫外发射发光粉的发射光谱。

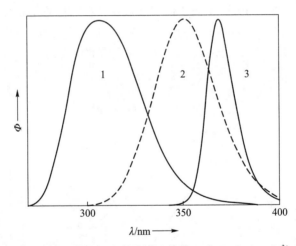

图 6.19　几种紫外发射发光粉的发射光谱。曲线 1 为 $SrAl_{12}O_{19}:Ce^{3+},Mg^{2+}$;曲线 2 为 $BaSi_2O_5:Pb^{2+}$;曲线 3 为 $SrB_4O_7:Eu^{2+}$

从图 6.19 可以一眼看出 $SrAl_{12}O_{19}:Ce^{3+},Mg^{2+}$(具有磁铅石结构,其中 $Ce^{3+}$ 占据 $Sr^{2+}$ 格位,而 $Mg^{2+}$ 则处于 $Al^{3+}$ 格位以提供电荷补偿)会产生严重的晒伤。而在 3.3.3.2 节讨论过的 $SrB_4O_7:Eu^{2+}$ 则只会引起直接色素沉着。要获得长时稳定的古铜色皮肤,需要与灯具配套的发光粉是 $BaSi_2O_5:Pb^{2+}$。有关这类发光粉的研究是发展日光浴灯(sun-tanning lamp)的重要工作。

$Gd^{3+}$ 的发光可以用于控制牛皮癣的灯具中[3]。这种皮肤病虽然不能治愈,但是可以利用紫外线疗法对病情进行控制。$Gd^{3+}$ 的 312 nm 发射可以用于控制牛皮癣的扩散而又不会造成太多的晒伤。不过，$Gd^{3+}$ 不能直接被 254 nm 辐射所激发，而且由于其 $4f^7$ 组态内所有光学跃迁都是严重禁阻的，而激发的 $4f^6 5d$ 组态又具有非常高的能量（>70 000 $cm^{-1}$），因此需要使用敏化剂。当前在这类灯具中使用的发光粉是 $GdBO_3 : Pr^{3+}$ 或者（La, Gd）$B_3 O_6 : Bi^{3+}$[3]。

在 $GdBO_3 : Pr^{3+}$ 中，254 nm 激发被 $Pr^{3+}$ 吸收（$4f^2 \rightarrow 4f5d$），弛豫后的 $Pr^{3+}$ 将激发能转移给 $Gd^{3+}$。随后这些能量就在 $Gd^{3+}$ 亚晶格中传递。由于 $Pr^{3+}$ 并没有与 $Gd^{3+}$ 最低激发能级一致的能级，因此这些激发能只能转化为 $Gd^{3+}$ 本身的发射。图 6.20 给出了其示意图。

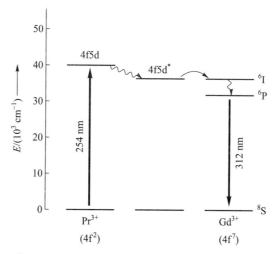

图 6.20　$GdBO_3 : Pr^{3+}$ 的发光。激发发生于 $Pr^{3+}$ 的 $4f^2 \rightarrow 4f5d$ 跃迁，随后也是通过 $Pr^{3+}$ 将能量传递给 $Gd^{3+}$，然后由后者发出来自 $^6P$ 的发射。图中的 $4f5d^*$ 能级表示 $Pr^{3+}$ 的弛豫激发态。为了简化，省去了 $Gd^{3+}$ 亚晶格中的能量传递过程

（La, Gd）$B_3 O_6 : Bi^{3+}$ 中的能量转移现象与 $GdBO_3 : Pr^{3+}$ 相似。首先 $Bi^{3+}$（$6s^2$ 组态）通过 $^1S_0 \rightarrow {}^3P_1$ 跃迁（参见 2.3.5 节）吸收 254 nm 辐射，随后弛豫 $^3P_1$ 态将这些激发能转移给 $Gd^{3+}$，最终产生 $Gd^{3+}$ 的发光。

另外，蓝光发射的 $Sr_2 P_2 O_7 : Eu^{2+}$ 的最大发射波长值位于 420 nm，并且其量子效率 $q$ 约 90%。使用这种发光粉的灯具可以用于高胆红素血症（可引起新生婴儿永久脑损伤的血清中胆红素过多的病症）的光疗。

## 6.4.3　高压汞灯用发光粉

可用于高压汞灯的发光粉要求能够在长紫外与短紫外辐照下发射红光，而且直到 300 ℃ 仍具有高量子效率（参见 6.2 节）。这里列举 3 种目前使用的不同

发光粉作为例子，它们分别是掺 $Mn^{4+}$ 的镁（氟）锗酸盐、$(Sr,Mg)_3(PO_4)_2:Sn^{2+}$ 和（改性）$YVO_4:Eu^{3+}$。

第一种发光粉的基质晶格对应的化学式可以认为是 $Mg_{28}Ge_{7.5}O_{38}F_{10}$。掺杂的 $Mn^{4+}$（$3d^3$ 组态）可以吸收整个紫外范围的辐射，具有高强度的电荷转移跃迁，相应的发射位于深红（620～670 nm）波长范围，由源自 $^2E \rightarrow \, ^4A_2$ 跃迁的若干条谱线组成（参见 3.3.4.2 节）。因为这种 $Mn^{4+}$ 发光正是所期望的窄线发射，所以其热猝灭仅在高于 300 ℃时才发生，而 ~3.5 ms 的长衰减时间则与这类跃迁属于自旋和宇称禁阻跃迁所预期的结果是一致的。

由于一些有关灯用发光粉的著作中关于这种发光粉的光谱描述是错误的[2]，因此这里就补充一些有关这种光谱的内容，并且也可看作对相关理论的解释。首先，从电子组态（$d^3$）的角度来看，这种发光粉中的 $Mn^{4+}$ 应当是八面体配位的，其发射谱线已经罗列在表 6.3 中。在低温下，由于电子组态跃迁与非对称的 $Mn^{4+}-O^{2-}$ 畸形和伸缩振动模，即 $\nu_4$ 和 $\nu_3$ 分别耦合，因此零声子跃迁（参见 2.1 节）伴随着电子振动谱线一同出现。这些非偶振动模可以解禁宇称选律。在室温下，其光谱中也出现了反斯托克斯振动峰（参见图 6.21 和图 6.22）。所有这些振动模式在实验精度范围内，对于激发态和基态都是一样的，这也符合 $^2E \rightarrow \, ^4A_2$ 窄带跃迁所预期的结果[25,26]。另外，斯托克斯和反斯托克斯振动谱线的强度比例也符合玻色-爱因斯坦分布[26]。

表 6.3　$Mn^{4+}$ 激活的氟锗酸盐的发射谱线[2] 及其归属（也可参见图 6.22）

| 光谱位置 | | 归属② |
| --- | --- | --- |
| nm | $10^3 \, cm^{-1}$① | （单位为 $cm^{-1}$） |
| 626.2[a] | 15.969[a] | 0-0+405（$\nu_4$）[b] |
| 632.5[a] | 15.810[a] | 0-0+246（$\nu_3$）[c] |
| 642.5 | 15.564 | 0-0 |
| 652.5 | 15.326 | 0-0-238（$\nu_3$）[c] |
| 660.0 | 15.152 | 0-0-412（$\nu_4$）[b] |
| 670.0 | 14.925 | 0-0-639（$\nu_1$） |

a　77 K 下的数据缺失。

b　300 K 下反斯托克斯和斯托克斯谱线的强度比达 0.1（实验值）和 0.13（计算值）。

c　强度比为 0.4（实验值）和 0.30（计算值）。

---

①　原书有误，该列波数应当倍乘 1 000。——译者注

②　第 3 列数值是相对于零声子跃迁的波数差值。——译者注

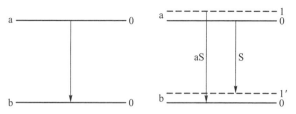

图 6.21　发射中包含的零声子跃迁(左图)、斯托克斯(S)和反斯托克斯(aS)
振动跃迁(右图)示意图。图中的字母表示电子态,而数字则表示振动态

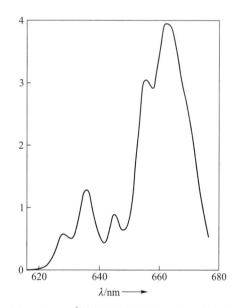

图 6.22　Mn⁴⁺激活的镁氟锗酸盐的发射光谱

　　正如 4.2 节所讨论的,电荷转移态所处的能量位置决定了热猝灭温度的大小。在当前掺 Mn⁴⁺的镁(氟)锗酸盐的例子中,这就意味着$^2$E 能级可以通过电荷转移态而无辐射衰减回基态。这种现象在前面有关 CaZrO$_3$ 中的 Mn⁴⁺发射也提到过[27]。对于 CaZrO$_3$ 这种组成,电荷转移态位于 30 000 cm$^{-1}$,相应的热猝灭温度是 300 K,而在前述的氟锗酸盐中,这两个值则分别为 35 000 cm$^{-1}$ 和 700 K。这就说明了电荷转移态的位置对于高效发光是非常重要的。

　　Butler[2]指出在妥善制备的条件下,Sn$^{2+}$激活的发光粉可以成为高效发光粉。比如(Sr,Mg)$_3$(PO$_4$)$_2$:Sn$^{2+}$具有最大值在 630 nm 左右的宽带红色发射,并且热猝灭开始温度要高于 300 ℃。Sn$^{2+}$具有 5s$^2$ 组态,但是其发光却不像 3.3.7 节所讨论的那样简单。举个例子,基于前面的讨论并不能轻易解释它的发光在可见光区域会走得那么远而落入红光区域；与此相反，在其他很多基质晶格中，$Sn^{2+}$ 的发光却落于紫外或蓝光区域。Donker 等认为，配位数的大小对此具有关键的作用：高配位的时候会产生紫外或蓝光发射，而低配位则是黄光或红光发射[28]。

组分基于 $YVO_4:Eu^{3+}$ 的发光粉在近期获得了更多的关注。而 $YVO_4:Eu^{3+}$ 最早是作为彩色电视机显像管的红基色而被使用的（参见第 7 章）[29]。它是一种非常有趣的发光材料，其中的 $VO_4^{3-}$ 基团可以吸收绝大部分的紫外光，随后能量沿钒酸根基团转移到 $Eu^{3+}$ 上（参见 5.3.2 节）。在 $YVO_4$ 中，$Eu^{3+}$ 给出的是相当红艳的发光谱线（位于 614 nm 和 619 nm 的 $^5D_0 \rightarrow {}^7F_2$ 发射跃迁），而热猝灭只有高于 300 ℃ 才能发生[30]。热猝灭温度高是由于只有在那些温度下，$VO_4^{3-}$ 基团才会出现显著的热猝灭现象。这个结论已经在具有相同晶体结构，且钒被稀释的体系，即 $YP_{0.95}V_{0.05}O_4$ 中得到了验证[31]。

这种发光粉的麻烦就在于如果没有预防措施，那么通常会掺有少量的未反应的 $V_2O_5$，从而降低了光输出。为了用于高压汞蒸气灯，这种发光粉通常在制备过程中加入过量的硼酸，从而使得材料本体呈现白色，除此以外，产物的颗粒尺寸也得到了控制。硼并没有参与组成晶格，而是通过某种方式使得这些含硼化合物起到了熔剂的作用。

## 6.4.4　双光子发射发光粉

迄今为止，所讨论的所有的发光粉在每吸收一个紫外光子后最多就产生一个可见光子。假如激发所用的短波长辐射的能量大约位于 40 000 $cm^{-1}$，而发射的"平均"可见光位置为 20 000 $cm^{-1}$（500 nm），那么将有近一半的能量被丢掉了。这种能量会以热的形式，经过若干个弛豫过程而交给了基质晶格（参见第 2 章和 3 章），不过它并非是与有辐射跃迁展开竞争的无辐射跃迁（参见第 4 章）。

如果所吸收的紫外光子可以分裂为两个可见光子，那么所得的能量效率就要高很多了。这种过程从理论上说，将具有 200% 的量子效率。

有关双光子发射现象的报道见于 $YF_3$ 中的 $Pr^{3+}(4f^2)$ 的发光，其量子效率大约是 145%。图 6.23 给出了相应的能级示意图。其中显示了 $Pr^{3+}$ 的两步衰减过程。该离子的 $^1S_0$ 能级位于 46 500 $cm^{-1}$，而 $^3H_4 \rightarrow {}^1S_0$ 跃迁是宇称禁阻的。灯具必须可以将发光粉激发到高于 $^1S_0$ 能级的 $Pr^{3+}$ 的 4f5d 组态，这就没办法使用低压汞放电灯，而是需要采用其他的办法。

虽然双光子发射可以极大地提高发光灯的效率，但是迄今为止，由于缺乏合适的材料以及紫外源，这种概念尚未成为现实。

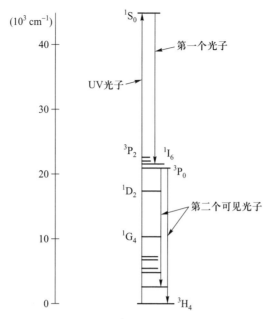

图 6.23 $Pr^{3+}$中的双光子发射

## 6.5 展望

从本章的介绍中可以明确看出，稀土激活发光材料的出现为灯用发光粉带来了剧烈的变革。除了更便宜的卤磷酸盐发光粉，现在已经有了一大家子的稀土激活发光粉可以通过三色灯实现理想的发光照明。它们不仅有高的光输出，而且显色性优良。如果想要更好的显色性，特种灯饰是很好的选择，尽管它们具有较低的光输出。另外，这些使用稀土激活荧光粉所得的三色灯的维持率也是很高的。基于这些惊人的优势，还想预期在这个领域进一步获得重大的突破是不现实的。

既然发光粉的重大突破不大可能，那么就可以预测灯具产业将沿如下两个方向发展：

（1）降低发光粉的成本；

（2）重新考虑发光粉与（将来）环保需求的关系。

从降低成本的角度来讲，组成为 $Sr_3Gd_2Si_6O_{18}:Pb^{2+},Mn^{2+}$ 的化合物是一种相对廉价的绿粉。不过这种发光粉却不耐辐射[6]。另一方面，在有关更廉价红色发光粉的基础研究中找到了一类可用材料，即 $Eu^{3+}$ 激活的含钙和锆的化合物[34,35]。在这些基质中，$Eu^{3+}$带有一个有效电荷：$Eu_{Ca}^{\cdot}$或者$Eu_{Zr}'$。正的有效电荷不利于提高与电荷转移激发有关的$Eu^{3+}$发射的量子效率，而负的有效电荷则相反，它对量子效率的提高更有帮助。这里给出了一个基于位形坐标图的定性模型来解释上述的这些结论。从图中可以看出，如果$Eu^{3+}$具有正的有效电荷，那么基态抛物线的收缩程度相应于电荷转移激发态的抛物线会偏大，从而$q_{CT}$的数值相比于$Y_2O_3:Eu^{3+}$的要小（参见图 6.24）。要克服这种效应，唯一的途径就是为$Eu^{3+}$创建一个非常刚性的环境，基于这种方法已经达到$q_{CT}$的值超过了 60%。

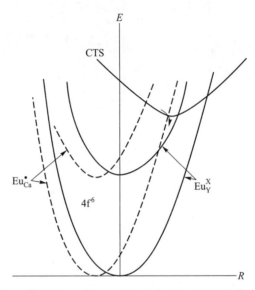

图 6.24　氧化物中 $Eu^{3+}$ 的位形坐标图。图中的实线是含钇化合物中的 $Eu^{3+}$（如 $Y_2O_3:$ $Eu^{3+}$中的 $Eu_Y^x$），而虚线是含钙化合物中的 $Eu^{3+}$（如 $CaSO_4:Eu^{3+}$中的 $Eu_{Ca}^{\cdot}$）。电荷转移态用"CTS"表示，对于 $Eu_Y^x$，其电荷转移态布居在发射能级上，而 $Eu_{Ca}^{\cdot}$ 则是在其基态能级上——也可参见文中介绍

对于带负的有效电荷的情形，可以预期会发生更有利的效应，而这些实际上已经成为现实。在 $BaZrO_3:Eu^{3+}$ 中，某些 $Eu^{3+}$ 的 $q_{CT}$ 已经接近 100%，不过，其他 $Eu^{3+}$ 的 $q_{CT}$ 却要低很多。从这些例子中可以知道，虽然廉价的灯用发光粉并不容易找到，但也并不是不可能实现的事情。

发光灯研究的另一个潮流是激发谱的测试扩展到了真空紫外区域（具体例子可以参见文献[36]）。在可以使用同步辐射光源的条件下，这种测试在当代已经成为现实。高能激发也可以实现高于 100% 的量子效率。比如 $Y_2O_3:Eu^{3+}$ 在 6 eV 激发下，其量子效率大约是 100%；而改用 17 eV 激发，则是 200%；

如果是 23 eV，那么这一数值进一步增加到 240%[36]。这些高量子效率值的出现可以利用带间俄歇跃迁过程来解释。这意味着发生了如下的行为：在激发过程中，一个电子从价带被提升到导带中，剩下的能量可将另一个电子从价带激发到导带，从而一个激发光子产生了两个（或多个）可以在发光中心复合的电子-空穴对。如果希望在灯具中采用非汞的其他物质的气体放电，那么知道宽能量范围内的激发光谱分布会有所帮助。

对于其他更多的特殊应用，可能仍然需要继续寻找新的发光粉。这里需要关注的是最近提出的一种完全新颖的光致发光应用，即在轿车上使用紫外头灯，并且与所有路标上的发光标记组合起来[37]。实验表明在这种条件下，紫外灯相比于常规近光灯（dipped light）而言，可以将视野扩展两倍。引进这种系统并不复杂，而且有望提高道路安全性，甚至节省的成本也相当可观。这种方法当然还有其他的应用，在原始报告[37]中已有提及，就不再赘述了。

# 参考文献

[1] Ouweltjes JL (1965) Modern Materials, Vol. 5. Academic, New York, p 161.

[2] Butler KH (1980) Fluorescent lamp phosphors. The Pennsylvania State University Press, University Park.

[3] Smets BMJ (1987) Mat. Chem. Phys. 16：283. (1991) In：DiBartolo B (ed.) Advances in nonradiative processes in solids. Plenum, New York, p 353. (1992) In：DiBartolo B (ed.) Optical properties of excited states in solids. Plenum, New York, p 349.

[4] See e. g. West AR (1984) Solid state chemistry and its applications. Wiley, New York, Chapter 2.

[5] Maestro P, Huguenin D, Seigneurin A, Deneuve F, Le Lann P, Berar JF (1992) J Electrochem Soc 139：1479.

[6] Verhaar HCG, van Kemenade WMP (1992) Mat. Chem. Phys. 31：213.

[7] Bailar Jr JC, Emeleus HJ, Nyholm R, Trotman－Dickenson AF (eds.) (1973) Comprehensive Inorganic Chemistry, Vol. 1, P 540. Pergamon, Oxford.

[8] See e. g. Soules TF, Bateman RL, Hewes RA, Kreidler ER (1973) Phys. Rev. B7 1657.

[9] Kröger FA (1973) The chemistry of imperfect crystals, 2nd ed. North－Holland, Amsterdam.

[10] Mishra KC, Patton RJ, Dale EA, Das TP (1987) Phys. Rev. B35 1512.

[11] Oomen EWJL, Smit WMA, Blasse G (1988) Mat. Chem. Phys. 19：357.

[12] Jenkings HG, McKeag AH, Ranby PN (1949) J. Electrochem. Soc. 96：1.

[13] Verstegen JMPJ, Radielovic D, Vrenken LE (1974) J. Electrochem. Soc. 121: 1627.

[14] Koedam M, Opstelten JJ (1971) Lighting Res. Technol. 3: 205.

[15] Buijs M, Meijerink A, Blasse G (1987) J. Luminescence 37: 9.

[16] van Schaik W, Blasse G (1992) Chem. Mater. 4: 410.

[17] Smets BMJ, Verlijsdonk JG (1986) Mat. Res. Bull. 21: 1305; Ronda CR, Smets BMJ (1989) J. Electrochem. Soc. 136: 570.

[18] Smets BMJ, Rutten J, Hoeks G, Verlijsdonk J (1989) J. Electrochem. Soc. 136: 2119.

[19] Saubat B, Vlasse M, Fouassier C (1980) J. Solid State Chem. 34: 271.

[20] Verstegen JMPJ, Sommerdijk JL, Verriet JG (1973) J. Luminescence 6: 425.

[21] van Schaik W, Lizzo S, Smit W, Blasse G (1993) J. Electrochem. Soc. 140: 216.

[22] Blasse G (1988) Progress Solid State Chemistry 18: 79.

[23] van Schaik W, Blasse G, to be published.

[24] Blasse G (1986) J Solid State Chem 62: 207.

[25] Atkins PW (1990) Physical Chemistry, 4th ed. Oxford University, Oxford.

[26] Blasse G (1992) Int. Revs. Phys. Chem. 11: 71.

[27] Blasse G, de Korte PHM (1981) J. Inorg. Nucl. Chem. 43: 1505.

[28] Donker H, Smit WMA, Blasse G (1989) J. Electrochem. Soc. 136: 3130.

[29] Levine AK, Palilla FC (1964) Appl. Phys. Letters 5: 118.

[30] Wanmaker WL, ter Vrugt JW (1971) Lighting Res. Techn. 3: 147.

[31] Blasse G (1968) Philips Res. Repts. 23: 344.

[32] Sommerdijk JL, Bril A, de Jager AW (1974) J. Luminescence 8: 341.

[33] Piper WW, de Luca JA, Ham FS (1974) J. Luminescence 8: 344.

[34] van der Voort D, Blasse G (1991) Chem. Mater. 3: 1041.

[35] Alarcon J, van der Voort D, Blasse G (1992) Mat. Res. Bull. 27: 467.

[36] Berkowitz JK, Olsen JA (1991) J. Luminescence 50: 111.

[37] Bergkvist L, Bringfeldt G, Fast P, Granstrom U, Ilhage B, Kallioniemi C (1990) Volvo Technology Report, p 44.

[38] Struck CW, Fonger WH (1970) J. Luminescence 1, 2: 456.

# 第 7 章
# 阴极射线用发光粉

## 7.1 阴极射线管：原理与显示应用

使用通过阴极射线激发的发光粉的设备具有重要的现实意义：阴极射线管可用于电视机、示波器和电子显微镜等。阴极射线是一束高速电子。在电视机显像管中，这束电子具有高的加速电压（>10 kV）。图 7.1 给出了这类管子的示意图。另外，利用磁场可以使电子偏转而实现聚焦。

在彩色电视管中，发光屏由 3 种发光粉点的规则阵列构成。这 3 种发光粉点分别是红光发射点、绿光发射点和蓝光发射点，各自对应一把电子枪，其中对应红色点的电子枪产生红色图像，其他依此类推。

正如 6.2 节所述，以蓝、绿和红发光粉发射作为基色，通过它们的不同混合就可以产生在色度图中三角形所围区域内的所有颜色（参见图 7.2）。对于黑白电视机，蓝白发光颜色是首选。它可以利用好几组双发光粉的混合来实现。而在彩色电视机中，选择发光粉

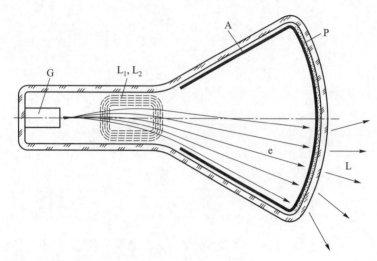

图 7.1　阴极射线管原理示意图。其中离开电子枪（G）的电子（e）被 $L_1$、$L_2$ 系统偏转，随后激发发光材料 P。图中的 A 代表阳极，而 L 是发出的辐射

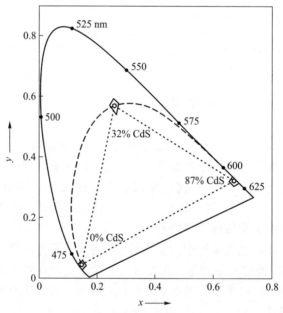

图 7.2　CIE 色度图。图中的实线表示单色辐射，所标注的波长数值的单位是 nm。小四边形相应于国际上公认的颜色宽容度（color tolerance）范围，也可参见文中介绍①

---

①　原图 7.2 中误为"Cds"。——译者注

的问题要更为复杂。它要求选定的发光粉需要满足亮度高和显色性(颜色重现性)好。需要注意的是这里的显色性问题与照明领域中的并不一样，后者关注的是被灯具照射物体的颜色重现性(color reproduction)(参见6.2节)。

虽然近年来在其他显示技术领域已经有了迅猛的发展，比如液晶和电致发光屏的出现就是其中的典型。但是到目前为止，这些成果都没办法获得优于阴极射线管的发光性能。这可以归因于好几个因素。其中包括当前所用的阴极射线发光粉所具有的高辐射效率、高亮度、在管子内长寿命以及易于大面积均匀沉积涂层等优势。

对于真空管，现有的技术所能实现的屏幕大小限制是75 cm左右。利用投影电视机(projection television，PTV)技术可以获得直径为2 m的图像。在PTV中，对于3种基色的每一种都各自对应一支小型(单色)阴极射线管。它们所产生的图像利用一个透镜系统进行光学投影并叠加在投影屏上，通过这种方法就可以在屏幕上得到一张全色的复合图像(参见图7.3)。为了在大屏幕上获得高的照度级别，PTV中所用的电流密度就必须远高于常规的直视(direct-view)型阴极射线管。

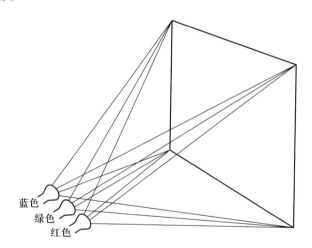

图7.3 投影电视机原理示意图。其中3个更小的阴极射线管(蓝、绿、红)产生的图像被投影到一个大屏幕上

麻烦的是，在激发密度足够高的条件下，发光输出不再与电流密度成正比(这种正比关系在低激发密度下是存在的)。这时会出现饱和。实际上正如下面即将看到的(参见下文)，很难找到一种材料可以满足所有的需求。

进入实际应用的阴极射线管还有许多其他的类型，具体包括示波管、具有极短衰减时间的阴极射线管、雷达管以及具有高分辨率屏幕的阴极射线管等。有关这些管子及其所需的发光粉的介绍可以参见最近发表的综述[1]。

## 7.2　阴极射线用发光粉的制备

有关灯用发光粉的大部分内容已经在 6.3 节中叙述过了，这些东西在这里同样适用。由于高速电子会激发基质晶格并且产生可移动的电子和空穴，因此杂质能级影响发光的情况通常会显得更为严重。常用的硫化物就是这种情况。一般情况下，硫化锌的制备首先是在硫酸中溶解 ZnO 而得到 $ZnSO_4$ 的水溶液，随后往溶液中鼓入 $H_2S$ 气体，将 $ZnSO_4$ 转为不可溶的 ZnS。所得沉淀的形状、尺寸和结晶质量取决于反应条件(pH、温度和浓度)。

然后将上述所得的原始材料与助熔剂和激活剂一同煅烧，并且所得的产物经过过筛处理。最后再除去助熔剂并将产物球磨成粉。如果步骤合理，那么就可以得到所需尺寸(~5 μm)的颗粒。

发红光的 $Y_2O_2S:Eu^{3+}$ 是通过氧化物和元素硫的混合物在加入碳酸钠和碱金属磷酸盐组成的助熔剂后一同加热而制成的。煅烧所得的产物用稀盐酸洗涤以去除 $Na_2S$。图 7.4 给出了氧硫化物发光粉的扫描电子显微图像。

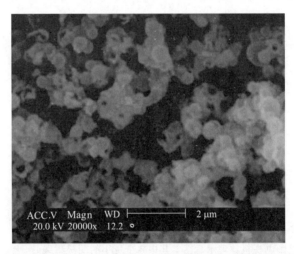

图 7.4　$Y_2O_2S:Eu$ 发光粉颗粒的扫描电子显微图像，经允许转载自参考文献[15][①]

制备阴极射线管的发光屏有好几种手段。常规应用所需的屏厚是 15 ~ 30 μm，即 2~4 个粒子的厚度，相应的质量是 3~7 $mg/cm^2$。已有的方法从阴

---

　　① 原著所给的荧光粉颗粒图由于版权不属于出版该书的出版社，因此译著中不能使用，现改为译者已经获得许可的、近年基于新兴纳米技术合成的空心微球的荧光粉图像。另外，原著的图像也仅仅是要说明颗粒是微米大小而已，因此并没有必要去搜寻英文原书。——译者注

极射线管出现时就开始使用，而且也仍然继续应用于后来出现的单色阴极射线管。为了生产彩色管，可优先采用悬浮液法，另外可用的方法是喷粉（dusting）和电泳法。有关制屏的更详细的细节可以参考文献[1]。

## 7.3 阴极射线用发光粉

### 7.3.1 概述

在阴极射线激发下能够获得最高辐射效率（参见 4.3 节）的基质晶格毫无疑问就是 ZnS 及其衍生物。对于发射蓝光的 ZnS: Ag，已报道的辐射效率就高于 20%。笔者注意到这个结论与 4.4 节中的讨论是一致的，即基质晶格激发取得最大效率的材料具有小的带隙 $E_g$ 和 $\nu_{LO}$ 振动频率数值[参见式（4.5）—式（4.7）]。对于 ZnS，其 $E_g$ = 3.8 eV，$\nu_{LO}$ = 350 cm$^{-1}$。这些数值符合理论需求。这个结论也可以用 $Y_2O_3$ 的例子来说明，它的 $E_g$ = 5.6 eV，$\nu_{LO}$ = 550 cm$^{-1}$，因此最大效率仅有 8%。就算后者的数值是面向红光发射的，这个值也的确远低于 ZnS。

一般情况下，改变蓝色阴极射线用发光粉 ZnS: Ag$^+$ 的方法非常简单，只要将 Zn 替换为镉就可以了。由于此时的带隙减小了，因此发射波长也就向红光方向移动。实验表明，$Zn_{0.68}Cd_{0.32}S$: Ag$^+$ 和 $Zn_{0.13}Cd_{0.87}S$: Ag$^+$ 分别为绿光和红光发射的阴极射线用发光粉。这种发光颜色不是由发光中心的本质决定的，而是取决于带隙的数值。图 7.2 给出了（Zn, Cd）S: Ag$^+$ 家族中的 3 种发光粉在色度图上的位置。

然而，（Zn, Cd）S 体系存在好几个缺点。首先是镉的使用已经开始不被环保要求所接受，其次是基于这种基质的红色发光粉仍然是一个大问题——因为这种为了获得红色发射而改性的发光粉的宽带发射实际上是以近红外发光为主的。该发射带的最大值接近 680 nm，这意味着这种发光粉的流明当量不高（25%）——具有窄线发射的 $Y_2O_2S$: Eu$^{3+}$ 取值为 55%[1]。

很久以前就已经知道要满足彩色电视机的亮度要求，可选的发射红光的发光粉只能是那些可以在 610 nm 附近具有窄线发射的材料[2]。当前已知的只有 Eu$^{3+}$ 可以满足这一需求。实际上，将 Eu$^{3+}$ 激活发光粉引入彩色电视管的确是一个突破性发展：不仅是红光，而且整体的亮度都有了强烈的增加。同样地，稀土发光粉的使用也促进了其他领域的进步（比如在发光灯领域），从而结束了硫化物的主导地位。

### 7.3.2 黑白电视机用发光粉[3]

在某种意义上，本节算是一个概略介绍。黑白电视机的首选颜色是蓝白色。正如色度图所描述的，这可以通过许多对双发光粉的组合来实现，其中最好的一对是 ZnS: Ag$^+$ 和（黄光发射）Zn$_{0.5}$Cd$_{0.5}$S: Ag$^+$ 或 Zn$_{0.9}$Cd$_{0.1}$S: Cu, Al。另外，单组分白色发光粉也有报道，不过没有一个已经进入实际应用。

### 7.3.3　彩色电视机用发光粉

　　接下来将依次讨论可作为蓝光、绿光和红光发射发光粉的材料。对于蓝光发射，ZnS: Ag$^+$ 发光粉一直在使用着。正如前面所述，它的辐射效率非常高，已经接近理论限制。图 7.5 给出了它的发射光谱。

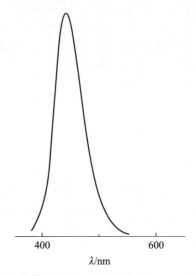

图 7.5　蓝光发射的阴极射线用发光粉 ZnS: Ag 的发射光谱

　　ZnS: Ag$^+$ 的发射属于施主-受主对类型（参见 3.3.9 节）。银在 ZnS 中是受主。而施主可形成浅能级缺陷，一般是铝或氯（分别处于锌或硫格位），图 7.6 给出了它的能级示意图。

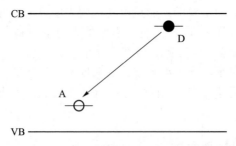

图 7.6　ZnS: Ag 的施主-受主对发射的能级示意图。其中 ZnS 的价带和导带分别用 VB、CB 表示，而 D 代表浅能级施主（铝或氯），A 是受主（银）

ZnS:Cu,Cl(或 Al)被用于绿光发射。其发光也是施主-受主对类型,不过铜产生的、位于价带上方的受主能级对应的能量位置要比银的高,因此含铜材料的发射带的最大值在 530 nm。基于实际应用中的考虑,该发射最大值移到波长稍微长一些的位置是有利的。这可以通过将部分锌(~7%)用镉取代,或者添加一种可产生更深能级的受主,比如金等。总之,这种发光颜色基本上取决于该体系的缺陷化学[4]。

对于发红光的发光粉,最先采用的是(Zn,Cd)S:Ag 和 $Zn_3(PO_4)_2$:$Mn^{2+}$。当预见到红色发光应当由 610 nm 附近的窄带发射组成后[2],又花了 10 年的光阴,才由 Levine 和 Palilla 提出 $YVO_4$:$Eu^{3+}$ 来作为彩色电视管所用的红色发光粉[5]。这种重要的材料已经在前面讨论过了(参见 5.3.2 节和 6.4.3 节)。然而过了几年,它就被亮度更好的 $Y_2O_2S$:$Eu^{3+}$ 取代了[6]。后者的基质晶格会在后面有关 X 射线用发光粉的章节中进行介绍。此后又过了好多年,才有 Kano 等提出可以使用 $Y_2(WO_4)_3$:$Eu^{3+}$,其原因就在于这种材料具有高的流明当量[7]。

图 7.7 解释了 $Eu^{3+}$ 发光在作为红色发光粉方面的巨大优势。该图显示了视觉灵敏曲线(eye sensitivity curve)在红光光谱区域急剧下降的情景,同时也给出了 $Eu^{3+}$ 激活的发光粉和红光发射的(Zn,Cd)S:Ag 的发射光谱。显然硫化物的主要发光落在视觉灵敏度曲线之外,因此流明当量低。表 7.1 小结了有关红光发射阴极射线用发光粉及其性能。

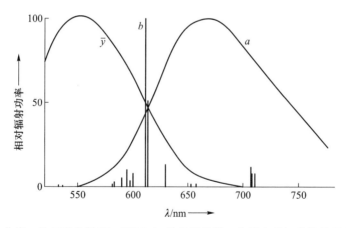

图 7.7　曲线 $a$ 是红光发射(Zn,Cd)S:Ag 的发射光谱;曲线 $b$ 是红光发射 $Eu^{3+}$ 发光粉的发射光谱。图中的 $\bar{y}$ 是视觉灵敏曲线

表 7.1　红光发射阴极射线用发光粉的发光性能(取自参考文献[1])

| 发光粉 | 辐射效率/% | $L^a$ | 相对亮度 |
|---|---|---|---|
| $Zn_3(PO_4)_2:Mn^{2+}$ | 6.7 | 47 | 39 |
| $(Zn,Cd)S:Ag$ | 16 | 25 | 51 |
| $YVO_4:Eu^{3+}$ | 7 | 62 | 55 |
| $Y_2O_3:Eu^{3+}$ | 8.7 | 70 | 88 |
| $Y_2O_2S:Eu^{3+}$ | 13 | 55 | 100 |
| $Y_2(WO_4)_3:Eu^{3+}$ | 4.3 | 81 | 46 |
| 611 nm 辐射 | | 100 | |

a　流明等量是相对于波长为 611 nm 的单色光流明的数值。

$Eu^{3+}$ 发光粉需要注意的重点是，$Eu^{3+}$ 在 700 nm 附近的 $^5D_0-^7F_4$ 发光要尽可能地弱，否则将导致流明当量的降低。事实上，$Y_2O_3:Eu^{3+}$ 和 $Y_2(WO_4)_3:Eu^{3+}$ 的高流明当量值就是建立在 $^5D_0-^7F_4$ 低强度的基础上。另外，在灯用发光粉中，$Eu^{3+}$ 的 $^5D_1$ 发射应当通过交叉弛豫而猝灭掉(参见 6.4.1.4 节)这就要求 $Eu^{3+}$ 的浓度大约为 3%。

## 7.3.4　投影电视机用发光粉

正如 7.1 节所讨论的，在投影电视机领域，阴极射线用发光粉的一个问题就是在高激发密度下它们的光输出会出现饱和现象。与此有关的另一个问题就是在这种高激发密度的条件下，发光粉的温度会升高，实际屏幕的温度可以上升到 100 ℃[8]。

这种光输出的非线性变化可以归因于激活剂的基态耗尽(ground state depletion)。在硫化物中，激活剂的浓度本来就不高(~0.01%)，因此这种现象当然就严重了。这就使得人们的注意力转到了激活剂浓度要高得多(~1%)的氧化物发光粉上。然而，激发态吸收与俄歇跃迁过程(参见 4.6 节)也是会产生饱和效应的，因此激活剂浓度过高也不好。有关被激发的激活剂之间相互作用的详尽研究可以参考已有文献[9,10]。

在图 7.8 中画出了许多绿光发射发光粉的光输出随阴极射线激发密度的变化，而图 7.9 则给出了这些发光粉的光输出随温度的变化。从图中可以看出，虽然硫化物在低激发密度下具有最高的辐射效率，其值为 20%，但是其饱和现象显著，而且随着温度的上升，光输出也出现了下降现象。

另外，$Tb^{3+}$ 激活的材料中除了 $Gd_2O_2S:Tb^{3+}$ 以外都有更好的表现。后者的

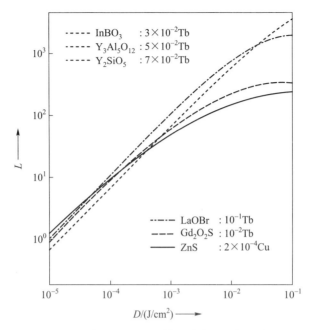

图 7.8　绿色 PTV 用发光粉的非线性性能示意图

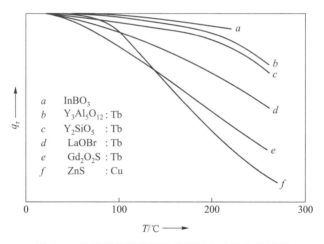

图 7.9　几种阴极射线用发光粉绿色发光的热猝灭

劣势看来是由于它的温度依赖性不好。

可用于 PTV 管的绿色发光粉有好几种可供选择，它们是：$Y_2SiO_5:Tb^{3+}$、$Y_3Al_5O_{12}:Tb^{3+}$ 和 $Y_3(Al,Ga)_5O_{12}:Tb^{3+}$。另外，单论其他几种性能要求，$InBO_3:Tb^{3+}$

也算优异，但是它的衰减时间非常漫长，其值为 7.5 ms[8]。这是因为 InBO₃ 属于方解石结构，其中的 $Tb^{3+}$ 处于具有反演对称性的格位，因此 $Tb^{3+}$ 的受迫电偶极跃迁被禁阻（参见 2.3.3 节）。另外，在高密度激发下，发光粉在 PTV 管内的分解行为也是最终选定发光粉的一个重要标准[11]。

PTV 管采用的红色发光粉是 $Y_2O_3:Eu^{3+}$，这是因为 $Y_2O_2S:Eu^{3+}$ 具有饱和性（参见图 7.10）。有关 $Y_2O_3:Eu^{3+}$ 的性质已经在 6.4.1.4 节中讨论过了，不再赘述。

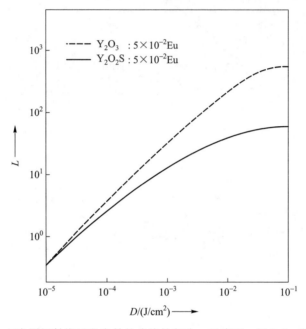

图 7.10　红色阴极射线用发光粉的非线性行为。经许可，图 7.8～图 7.10 均转载自参考文献[14]

理想的 PTV 管用蓝色发光粉仍未被发现。已报道的 $Eu^{2+}$ 激活的材料存在严重的分解行为，而（La, Y）OBr 和（La, Gd）OBr 中的 $Ce^{3+}$ 发光虽然诱人，但是其基质却不利于屏幕制备[12]。至于 $Tm^{3+}$，虽然可以发射蓝光，但是由于存在交叉弛豫，因此激活剂的浓度难于提高，从而会发生光输出的饱和现象。总之，尽管在高激发密度下会有饱和，古老的 $ZnS:Ag^+$ 在这些条件下的优势仍然不可超越，因此是现有蓝色发光粉的选择，其结果就是受限于这种蓝色发光粉，屏幕的亮度并不高。虽然很多实验室已经做了大量的研究，但是这种状况仍未被改变。

### 7.3.5 其他阴极射线用发光粉

文献报道的其他阴极射线用发光粉还有很多,它们可用于多个与前面所述不同的其他领域。这里打算介绍其中的两种发光粉,部分是因为它们是广为人知的发光材料,同时也是因为讨论它们的性质对于基础研究是很有意义的。这两种材料分别为 $Zn_2SiO_4 : Mn^{2+}$——也以硅锌矿这一矿物名为人所知——和 $Ce^{3+}$ 激活的发光粉家族。更多的阴极射线用发光粉也可以在参考文献 [1] 中找到。

绿光发射的发光粉在有关灯用发光粉的章节中也有涉及。这似乎意味着一种高效的发光粉可以到处都有用武之地。不过,这种观点并不是绝对正确的。比如对于卤化磷酸盐在紫外激发下具有高效率发光(参见第 6 章),但是在阴极射线激发下则相反。其原因就在于激活剂自身可以直接被高效激发,这并不意味着通过基质晶格也可以高效激发这种激活剂。然而,如果一种激活剂可以被基质晶格高效激发,那么它也就可以被直接高效激发。此外,当紫外辐照可以激发基质晶格,那么这种激发的效率与阴极射线激发的结果是类似的,即后者如果高,那么前者也就高,反之亦然。后者的示例就是硫化物和 $YVO_4 : Eu^{3+}$,而前者的示例则是 $Y_2O_3 : Eu^{3+}$(可以参照 2.1 节中的讨论)。

硅锌矿作为阴极射线用发光粉被用于终端显示器和示波管,其衰减时间很长,为 25 ms [1]。这主要是由于 $Mn^{2+}$ 的 $3d^5$ 组态的 $^4T_1 \rightarrow ^6A_1$ 发射跃迁的自旋和宇称禁阻的本质(参见 3.3.4.3 节),不过余辉的贡献也是存在的。对于掺 As 的样品,其余辉甚至更长。这是因为掺了 As 后会形成电子陷阱,可以将电子俘获一段时间再释放出来,从而延迟了发光过程(参见 3.4 节)。

具有这样的长余辉的阴极射线用发光粉适合于避免或者最小化显示中的闪烁现象,这对于需要显示高清晰度图像时特别重要。不过,当应用于电视机显像管(图片动态显示)或者高频示波器的时候,这种长余辉当然是致命的。

$Ce^{3+}$ 激活阴极射线用发光粉可以应用于要求衰减时间很短的场合 [13]。由于这种发光是绝对允许跃迁($5d \rightarrow 4f$,参见 3.3.3.1 节),因此 $Ce^{3+}$ 的衰减时间短,在 15~70 ns 之间变化,具体大小取决于发射波长。这类发光粉的一个应用就是(电子)束引示(显像)管(beam-index tube)。这种管子可以通过一支电子枪来产生彩色图像 [1,13]。不过,到目前为止,这种体系并不能取代前述的荫罩式(显像)管①(shadow-mask tube)的主导地位。束引示管用发光粉可以指示

---

① 即前述的常规三枪电视机显像管,当然,荫罩式显像管还有单枪等类型,其共性是采用布满空洞的金属板(网)作为荫罩,只让会聚的电子束通过,而发散的电子束则被挡住,不能射到荧光粉上。——译者注

电子束的位置，因此其发射的衰减时间应当很短，而且为了不使图像产生扰动，其发射应当位于紫外区。$Y_2Si_2O_7:Ce^{3+}$ 是这种发光粉的优秀代表，其辐射效率在 7% 左右，衰减时间为 40 ns，最大发射波长为 375 nm。图 7.11 给出了其改进的 β 和 γ 结构产物的发射光谱。其中 γ 型改进产物明显具有双重发射带的特征，这是因为 $Ce^{3+}$ 的 $4f^1$ 基组态被劈裂为 $^2F_{5/2}$ 和 $^2F_{7/2}$ 两个能级的缘故（参见 3.3.3.1 节）。

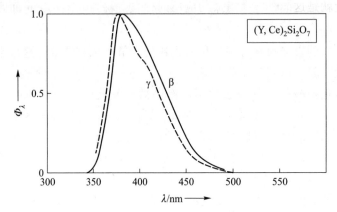

图 7.11　阴极射线激发下的 β- 和 γ-$Y_2Si_2O_7:Ce^{3+}$ 的发射光谱，转载自参考文献［13］

　　$Ce^{3+}$ 激活阴极射线用发光粉的另一个应用是飞点扫描器（flying - spot scanner）。在这种设备中，幻灯片或胶卷上的信息被转换为电信号。具体操作是电子束先激发某种具有短衰减时间的发光粉，随后所得的发光信号会逐点扫描物体①，随后这些透过物体的光会被光电倍增器所探测。为了降低信号的模糊化，所用发光粉的衰减时间应当与电子束扫描一个图元所需的时间（~ 50 ns）在同一数量级。

　　为了传送彩色图片，用于飞点扫描器的发光粉的发光应当覆盖整个可见光区域。要实现这个目标，可以采用 $Y_2SiO_5:Ce^{3+}$ 和 $Y_3Al_5O_{12}:Ce^{3+}$ 的混合物。其中前者发射蓝光，而后者则是绿光和红光［13］。$Y_3Al_5O_{12}$ 中 $Ce^{3+}$ 发射波长会这么长就在于被激发的 $Ce^{3+}$（即 $5d^1$ 组态）发生了巨大的晶体场劈裂，这可以参见前面的 3.3.3.1 节。

　　值得指出的是，虽然最初 $Y_3Al_5O_{12}:Ce^{3+}$ 是为了飞点扫描器用的管子而发展起来的［13］，但是正如 6.4.1.7 节所讨论的，现在它的应用也包括了特种灯饰领域。对于前一种应用，该材料的长波发射和短衰减时间是关键，而对于后

———————————

①　此处就是透明的幻灯片或胶卷。——译者注

一种使用，则是长波吸收和发射是关键。在这两种应用中，最低晶体场分量处于低能位置是共有的关键点。

## 7.4 展望

阴极射线发光粉领域的发展相对较早，目前已经高度成熟。当前彩色电视机的高质量就是这些材料获得成功应用的标志。就现有发光材料而言，在直视式电视机领域已接近成熟，$ZnS:Ag^+$、$ZnS:Cu^+,Al^{3+}$、$Y_2O_2S:Eu^{3+}$ 的组合已经成为世界公认的最合适的组合。

投影电视机用发光粉领域的发展状况并不理想。可以确定的是目前的发光材料难以满足投影电视机的高要求。目前，最大的需求就是饱和性能合适的蓝光发射发光粉。现有的蓝色发光粉依旧是 $ZnS:Ag^+$ 的事实充分反映了这种不利局面的存在——虽然它在直视式电视机管的辐射效率高（~20%），但是在投影电视机管的环境中，其辐射效率会下降到5%以下——无论如何，到目前为止并没有找到某种可接受的蓝光候选者。

## 参 考 文 献

［1］ Hase T, Kano T, Nakazawa E, Yamamoto H（1990）In：Hawkes PW（ed.）Advances in electronics and electron physics, Vol. 79. Academic, New York, p 271.

［2］ Bril A, Klasens HA（1955）Philips Res. Repts. 10：305；Klasens HA, Bril A（1957）Acta Electronica 2：143.

［3］ Ouweltjes JL（1965）Modem Materials, Vol. 5. Academic, New York, p 161.

［4］ Bredol M, Merikhi J, Ronda C（1992）Ber. Bunsenges. Phys. Chem. 96：1770.

［5］ Levine AK, Palilia FC（1964）Appl. Phys. Letters 5：118.

［6］ Royce MR, Smith AL（1968）Ext. Abstr. Electrochem. Soc. Spring Meeting 34：94；Royce MR（1968）US patent 3. 418. 246.

［7］ Kano T, Kinameri K, Seki S（1982）J. Electrochem. Soc. 129：2296.

［8］ Welker T（1991）J. Luminescence 48, 49：49.

［9］ de Leeuw DM,'t Hooft GW（1983）J. Luminescence 28：275.

［10］ Klaassen DBM, van Rijn TGM, Vink AT（1989）J. Electrochem. Soc. 136：2732.

［11］ Yamamoto H, Matsukiyo H（1991）J. Luminescence 48, 49：43.

［12］ Raue R, Vink AT, Welker T（1989）Philips Techn. Rev. 44：335.

［13］ Bril A, Blasse G, Gomes de Mesquita AH, de Poorter JA（1971）Philips Techn. Rev. 32：125.

［14］ Smets B（1991）In：DiBartolo B（ed.）Advances in nonradiative processes in solids.

　　　　Plenum，New York，p 353.

[15]　艾鹏飞，李文宇，李毅东，肖丽媛，王后锦，刘应亮(2009)$Y_2O_2S$：$Eu^{3+}$空心微球的制备与性能. 无机化学学报，25(10)：1753-1757.

# 第 8 章
# X 射线用发光粉和闪烁体
# （积分技术）

## 8.1　引言

  X 射线发光粉（X‐ray phosphor）与 X 射线闪烁体（X‐ray scintillator）通常不加区别地予以应用。有些文献的作者采用的做法是对于发光粉做的屏幕就用 X 射线"发光粉"这个术语，而如果是单晶做的则使用"闪烁体"。不管如何，这两类材料的发光物理过程在原理上是一样的，并且类似于阴极射线发光粉（参见第 7 章）。

  因此，这里对 X 射线发光粉和闪烁体所涉及广阔领域的细分采用了另一种方式，即基于材料的应用将其分为采用积分技术的材料（第 8 章）和采用计数技术的材料（第 9 章）两大类。其中积分技术测试的是材料在连续激发下的发光强度。这种强度对位置敏感，可用于成像，常见的例子就是用于医学诊断的 X 射线成像。相反地，计数技术处理的是来自单个脉冲激发所得的辐射，反映的是

"激发"事件的数目①，典型的例子就是采用闪烁体组成电磁量能器来对光子、电子或其他粒子进行计数。

X 射线发光粉可以定义为一种能够吸收 X 射线，然后高效地将所吸收的能量转化为发光，并且这种发光通常为紫外或可见光的材料。本节将介绍 X 射线吸收现象、X 射线成像的一些重要步骤的原理以及某种材料要成为潜在的 X 射线发光粉所需满足的要求。

接下来将讨论有关材料制备的几个问题。根据具体应用的不同，材料的使用形式可以是粉末、陶瓷或单晶，这就使得问题变得复杂起来。因此在随后的8.3 节，将针对若干个应用分别对所用的材料进行说明。最后一节展望了这个复杂材料研究领域的前景。

### 8.1.1　X 射线吸收

图 8.1 是关于 X 射线吸收系数 $a$ 与被吸收 X 射线能量 $E$ 之间关系的示意图。当 X 射线与某个原子或离子相互作用时，如果一个 X 射线量子②的能量等于或大于这个原子或离子的 K 壳层的电子的结合能 $E_K$，那么 K 壳层的一个电子就会被击出。这个吸收过程将产生一条以 $E_K$ 为起点并向高能量一端延伸的连续吸收谱。图 8.1 的左边部分反映了这一延增过程。

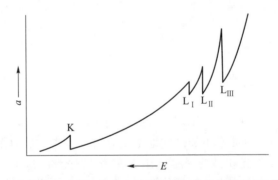

图 8.1　X 射线吸收系数 $a$ 关于 X 射线能量 $E$ 的函数关系(示意图)。其中标注了对应 K 壳层和 L 壳层的 X 射线吸收边

类似地，结合能较低的 L 电子将产生 3 条分别开始于 $L_I$、$L_{II}$ 和 $L_{III}$ 3 个能

---

①　高能物理需要知道的信息是高能粒子的数目(通量)及其粒子的能量，电磁量能器就是通过测试闪烁体所转化的高能粒子的发光而反过来求得入射粒子的数目与能量，每个粒子的能量被材料吸收就是一次激发事件。这与发光强度测试中常用的"计数"的定义不同，后者是指对光电子计数。正如作者所言，本文的"计数"是从材料应用目标的角度来定义的。——译者注

②　目前更常用的是"光子"(photon)，而不是"量子"(quantum)。——译者注

量值的连续吸收谱(图 8.1①的右边部分)。进一步地，结合能量更低的电子(M 壳层电子等)也会在更低的能量产生类似的吸收边，具体的谱线数目取决于这个原子或离子的原子序数。

吸收系数随着原子序数增加而显著增大，这就是 X 射线发光粉需要包含重元素的原因。另一个满足这种高吸收需求的因素是 X 射线发光粉必须是高密度材料。

## 8.1.2 传统增强屏

在 1895 年发现 X 射线后，伦琴(Röntgen)就立即意识到照相底片不是检测 X 射线的理想材料。其原因在于这种胶卷对 X 射线的吸收并不强烈，这就需要漫长的辐照时间，从而会因为受辐照物体的运动(比如小孩子们就经常乱动)而导致模糊的图像。另外，X 射线辐照对人体有害在现代社会也算是一个常识了。因此在伦琴发现 X 射线后，寻求可以吸收 X 射线并且将所吸收能量高效地转化为发光的发光粉的工作就立即展开了[1]。经过不到一年的时间，在 1896 年，Pupin 就提出 $CaWO_4$ 可满足这一要求。随后这种材料为 X 射线增强屏(X-ray intensifying screen)服役时间长达 75 年之久。这个记录在发光材料中尚未被打破。采用 $CaWO_4$ 后，所需的辐照时间比原来低了大约 3 个数量级！由于 $CaWO_4$ 的发光性质已经讨论过(参见第 1 章及 3.3.5 节和 5.3.2 节)，因此这里就不再赘述。

图 8.2 给出了基于增强屏的医学辐照成像系统的示意图。其中以屏幕形式使用的 X 射线发光粉用于探测透过病人的 X 射线，随后这些发光粉发射的光线进一步被照相用的胶卷感知而记录下来。系统所采用的胶卷是特定的，其灵

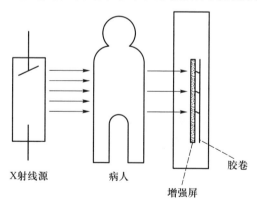

图 8.2 基于增强屏的医学辐照成像系统示意图

---

① 原文误为 8.2。——译者注

敏度需要进行优化,从而与所发射光线的光谱能量分布匹配。虽然这种测试原理被广为人知的应用是在医学领域,但是在其他领域,同样也有用武之地,比如无损材料质量管理就是一个例子。

图 8.3 展示了上述医学辐照成像系统中用于探测 X 射线的 X 光暗盒的更逼真的示意图。从图中可以看出,为了获得最佳灵敏度,胶卷两侧都围着一层增强屏。不过,该图中表明了这种增强屏存在缺点,即它或多或少地会使图像模糊,从而降低图像的清晰度。这是因为发射光的前进方向与 X 射线光子的入射角度无关,所以发光会沿所有方向发散开来。而这种暗盒的情况更为糟糕,这是因为发散的发射光在传输中不仅落在紧邻发光屏的胶卷面上,而且还会落到远离该屏的另一面上(参见图 8.3)。这就是所谓的交叉效应(cross-over effect)。因此,放射科医生在某些场合更乐意采用不需要增强屏的 X 射线成像。这种做法有时是可行的,比如对于人手等可以静止不动的物体的成像就可以这样操作。

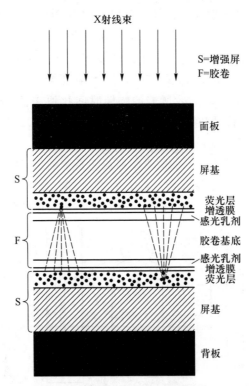

图 8.3　含有双面可感光的胶卷(F)和一对增强屏(S)的 X 光暗盒
截面示意图①

---

① 本图没有按照比例尺严格绘制,比如为了清晰显示出射光线的发散(交叉效应),胶卷基底的尺寸被人为放大了。——译者注

　　当然，增强屏上所含发光粉颗粒的堆积方式和颗粒尺寸以及屏幕的厚度也会影响图像的清晰度。显然，颗粒尺寸越小，颗粒堆积越致密并且屏幕越薄，那么清晰度就越高。

　　通过以上的讨论，可用于增强屏的 X 射线发光粉显然要达到如下的要求：高 X 射线吸收和高密度，高的 X 射线-可见光转换效率，具有对应胶卷感光灵敏度的发射光谱(实际应用中需要蓝色或绿色发光)，稳定性好并且价格合理。有关影响高 X 射线-可见光转换效率的因素可以参见前述的 4.4 节。虽然 $CaWO_4$ 已经使用了很久，但是它并没有满足上述所有的要求，因此正如下面就要提到的，目前这种材料已经被掺杂稀土的材料所代替了。

### 8.1.3　光激励蓄光粉屏

　　大约 10 年前，日本富士公司提出了一种新的 X 射线成像技术[2]。这种技术是基于光激励蓄光粉屏(photostimulable storage phosphor screen)而建立起来的。图 8.4 概略描述了蓄光粉(可蓄光的发光粉，storage phosphor)的工作机制。一般的发光粉受到辐照后，其中的电子会从价带被提升到导带。在蓄光粉中，如此产生的自由载流子大部分会被电子陷阱和空穴陷阱所俘获。这些陷阱是杂质或点阵缺陷在禁带中产生的局域化的能态。如果陷阱的深度 $\Delta E$ 相比于 $kT$ 足够大，那么电子从这些陷阱中发生热逃逸的概率近似于 0，从而处于一种介稳的状态。

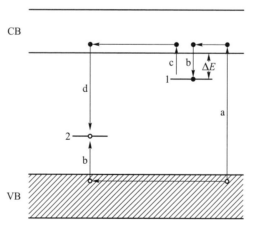

图 8.4　反映蓄光粉中电子跃迁的能带模型：a 表示生成电子与空穴；b 表示俘获电子与空穴；c 表示电子由于受到激励而逸出；d 表示电子与空穴复合。图中黑点代表电子，圆圈代表空穴，中心 1 代表某个电子陷阱，中心 2 代表某个空穴陷阱

　　通过热激励或光激励可以将储存的能量释放出来。在热激励中，辐照后的

发光粉被加热到某个温度，此时可被吸收的热能足以克服陷阱的能垒 $\Delta E$，从而被捕获的电子(或空穴)就可以从陷阱中逃出，然后与被捕获的空穴(或电子)复合。在辐射复合的条件下就可以观测到发光。这种发光称为热激励发光(thermally stimulated luminescence，TSL)[①](可参考 3.5 节)。同样地，在光激励条件下，用来克服一份 $\Delta E$ 的是一个入射光子的能量。其所得的发光由于是光激励产生，因此称为光激励发光(photostimulated luminescence，PSL)。蓄光粉可以获得受激发光的现象被发现于 1663 年(玻意耳，Boyle)[②]。目前这种材料已经得到了广泛的应用，比如红外探测器和剂量仪领域等[3]。

图 8.5 给出了基于光激励蓄光粉的 X 射线成像系统的示意图。其中 X 射

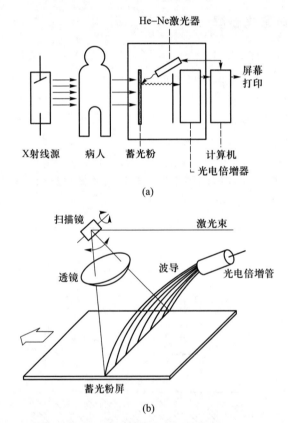

图 8.5　(a)基于光激励蓄光粉的医用辐照成像系统示意图；(b)前述医用辐照成像系统的图像读取器的细节放大图。图 8.2、图 8.4 和图 8.5 均取自 A. Meijerink，thesis，University Utrecht，1990

---

① 更简单的写法是"thermoluminescence"，相应的中文翻译是"热致发光"或"热释光"。——译者注

② 玻意耳在 1663 年的《英国皇家学会存档报告》(《Register of the Royal Society》，第 213 页)中提到"当我将一块金刚石拿上床并且用我裸体温暖它的时候，一缕微光就飘了出来"。——译者注

线感光膜被蓄光粉屏所代替，以此作为基本图像接收器。透过人体的 X 射线光子被屏幕上的蓄光粉吸收，与 X 射线光子剂量成比例的能量就被储存起来。接着屏幕上的这个潜像（latent image）可以利用聚焦的 He-Ne 激光通过扫描整个屏幕而读取出来。红色激光（$\lambda = 633$ nm）可以触发复合过程，产生光激励发光。这种光激励发光的强度正比于入射 X 射线的剂量。激光束在屏幕上照射的每一个点所得的光激励发光强度都会被光电倍增管记录并存储于计算机中。最终在计算机中所得的 X 射线照片可以通过显示器进行观看，也可以打印出来。

相对于传统的增强屏-胶卷辐照成像技术（screen-film radiography），这种新型 X 射线成像技术具有如下的几个重要优点。首先是系统的线性响应范围至少覆盖了常用 X 射线剂量值的 4 个数量级（$10^{-2} \sim 10^{2}$ mR）。这么宽的动态范围可以同时避免过度曝光和曝光不足的问题。其次是光电倍增管对光线的灵敏度要比胶卷高得多，因此新系统的灵敏度也就更高，而且较高的灵敏度可以降低曝光所需的时间。最后，通过新系统所得的是数字化的图像，可以通过计算机进行处理，从而能够采用数字处理技术，并且也便于存储。

除了价格昂贵，数字 X 射线成像系统的主要缺点是分辨率更低。这是因为激光束会被发光粉颗粒散射①，从而使得该系统的性能比传统的增强屏-胶卷系统更差。这就不利于需要高分辨率的应用场合。具有最小化散射作用的半透明蓄光粉屏的发展有望解决这个问题。

一种优良的蓄光粉需要满足如下诸多要求：

（1）针对 X 射线的吸收系数必须高。要实现这点可以选择高密度的材料；

（2）每单位剂量 X 射线可在发光粉中存储的能量数值要大，以便获得高灵敏度；

（3）光激励发射的衰减时间小（<10 μs），从而可以快速读取；

（4）储存在发光粉中的信息消失速度慢②（最好是曝光后信息必须仍可以存在几个小时）；

（5）激励源的能量尽可能位于红光或红外波段，而受激发射必须落在光电倍增管具有最高灵敏度的 300～500 nm 区域。

当前几乎所有的商业化数字 X 射线成像采用的光激励蓄光粉均为 BaFBr:Eu²⁺。有关 Eu²⁺ 激活的钡基氟卤化物的光激励发光的物理机制可以参见 Takahashi 等的报道[4]。已有的光学、EPR 和光导率的研究表明在 X 射线辐照下，部分空

---

①　本质上也是交叉效应，即本该入射到屏幕某一个点上的激光束由于粉末的散射，将邻近点的光也激励出来了，这样图像上相应的点就是多点发射光的叠加，也就是模糊的图像。——译者注

②　这里指蓄光粉在没有外界热或光的激励下，自发发光的速率或概率很小。——译者注

穴可以被 $Eu^{2+}$ 俘获而形成 $Eu^{3+}$,而部分电子则被卤族离子空位俘获,生成了 F 心。波长落在 F 心吸收带上的辐照可以激励这些被俘获电子与 $Eu^{2+}$ 俘获的空穴发生复合,促使 $Eu^{2+}$ 进入 $4f^6 5d$ 激发态。随后 $Eu^{2+}$ 有辐射地返回基态,从而可以观测到属于 $Eu^{2+}$ 的、约在 339 nm 处的特征发射。

　　Takahashi 等的研究发表后不久,人们就发现利用图 8.4 的简单示意图来解释这种发光机制是过于简化了。针对复合机制的进一步研究表明,BaFBr: $Eu^{2+}$ 中电子与空穴的复合并不是通过电子进入导带而发生的,而是通过隧穿来完成的。其他的文献[5] 中给出了有关这种机制的证据如下:

　　(1) 在温度为 100~300 K 的时候,连续激励下所得的光激励发光的衰减时间不随温度而变;

　　(2) 光激励发光强度随着 X 射线剂量的增加而增大,而且这种关系是线性的,这是隧穿过程的特征;

　　(3) 热激励发光的分析也同样证明发生了隧穿过程。

　　对这种理论模型的建立做出重大贡献的是同步辐射光源中的真空紫外辐照测试[6]。其研究结果表明 BaFBr: $Eu^{2+}$ 在真空紫外范围内(>6.7 eV),即基质晶格中的激子或带间能量区域内的射线辐照下就可以产生这种光激励中心(photostimulable center)。

　　由上述有关真空紫外辐照的工作而得到的模型认为:首先是临近 $Eu^{2+}$ 所引起的点阵畸变位置的自由激子发生了弛豫,这就产生了 $e+V_K$ 心(其中 e 代表电子,$V_K$ 代表 $V_K$ 空穴心,即两个 $Br^-$ 格位组成的 $Br_2^-$ 分子),接着产生了一个偏心的自陷激子,即一个彼此最紧邻的 F-H 对(F 就是常见的 F 心,包含一个陷在阴离子空位上的电子,而 H 就是 H 心,可以看作有一个 $X_2^-$ 分子占据了某个 $X^-$ 阴离子格位(此处考虑的阴离子为 $Br^-$,也可参见 3.3.1 节。在取代 $Ba^{2+}$ 的是比其半径更小的 $Eu^{2+}$ 的条件下,这种缺陷对可以保持稳定,从而可以将这种光激励中心看作 $Eu^{2+}$-F-H 复合体。

　　具体的光激励过程如下:在激发下,F 心发生弛豫,从而 H 心变得不稳定,最终产生激活的 $e+V_K$ 心。随后激发能被转移给临近的 $Eu^{2+}$,进而产生发光。这种模型也解释了这样一个客观事实,那就是在 BaFBr: $Eu^{2+}$ 被 X 射线辐照后,实际上是观测不到任何 $Eu^{3+}$ 的存在的。这里需要提醒的是采用图 8.4 的简单模型是需要在辐照后存在 $Eu^{3+}$ 才合理的。

　　很有意思的是 Koschnick 等[7] 在交叉弛豫光谱中也给出了与上述结论一致的实验证据,即 BaFBr: $Eu^{2+}$ 的光激励发光中心(PSL center)包含了一个空间上相互关联但是未畸变的 F 心,一个 $O_F^x$ 心和一个 $Eu_{Ba}^x$ 心。由于上标"x"意味着相对于晶格是"中性不带电的",因此上述的 3 个符号中,就 $O_F^x$ 表示陷在氧离子上的空穴,而 $Eu_{Ba}^x$ 则是处于钡离子格位的 $Eu^{2+}$ 离子。在这种晶格中,氧离子就是一种杂质。这些现象可以很好地解释了为什么就连 BaFBr 这样简单的化合物也难于揭示其中的蓄光机制。当然，由于 Koschnick 等的研究是基于低浓度 Eu 掺杂的晶体，因此也不能排除在做成屏幕的粉末颗粒中相关的机制会有所不同。甚至对于其他已知的蓄光粉，各自的机制也会不一样。因此可以认为，有关 X 射线发光粉蓄光机制的很多方面仍有待探索。

X 射线蓄光粉除了在医疗诊断上的应用之外，预计也可以用于其他多个领域[8]，其中就包括了在(蛋白质)晶体学①以及数据存储领域方面的应用。

## 8.1.4  计算机断层扫描(CT)

采用 X 射线计算机断层扫描技术(CT)，可构建出清晰的人体和头部截面图。典型的例子可以参考图 8.6。CT 的原型是由 Houndsfield 在 1972 年提出的[9]。在这种技术系统中，X 射线管和探测器彼此刚性组合在一起，在扫描期间两者作为一个整体围绕病人旋转［旋转 - 旋转法 ( rotation - rotation principle )］②。在这个旋转过程中，呈扇面发出的 X 射线束会穿过病人的某个横切面而进入探测系统。上述的这种原理如图 8.7 所示。另外，在扫描期间，X 光管-探测器组合典型的做法是在 1~2 s 内完成一次 360°旋转。而且上述的扇形 X 光束由很多个体的 X 光束组成，每个小 X 光束有对应的一个探测单元，目前的探测器通常包含 768 个单独的探测单元[10]。

为了建立 CT 图像，就要分别从几个不同的观察方向扫描位于测量区域内的测试对象的吸收衬度图( attenuation profile )。测量过程中被扫描的物体会被连续辐照。768 个探测器中的光电管会产生相应于实际光束衰减程度的电信号，并由探测器中的电子元件快速按顺序读取，然后经数字化后再传递给图像处理器。

探测单元宽度、X 射线源、准直器和探测器之间的几何布局共同决定了 CT 系统的空间分辨率，当前的取值是 0.4 mm。由于所用的辐照剂量( dose flux )处于 1 R/s 的范围③，从而产生量子的速率达到 $10^{10}$ $s^{-1}$，因此一般计算机断层扫描系统所用的探测器是以电流模式运行的。

光子能量高达 150 keV 的 X 射线强度的定量测量可以通过 3 种探测器实现：需要有效制冷的半导体基探测器、低量子探测效率的电离室(<50%)以及

---

①  可以参考长余辉材料在生物学或生物材料学领域的应用。——译者注

②  即 X 射线管和探测器之间的相对位置是固定的，在旋转中保持不变，两者同步运动。——译者注

③  "R"是伦琴，1R = 2.58×$10^{-4}$ C/kg(库仑/千克)，由于 X 光子能量 150 keV，可以简单理解为一个光子等价于 150 000 个电子，而电子电量是 1.60×$10^{-19}$ C，因此每秒约 $10^{10}$ 个量子(X 光子)。——译者注

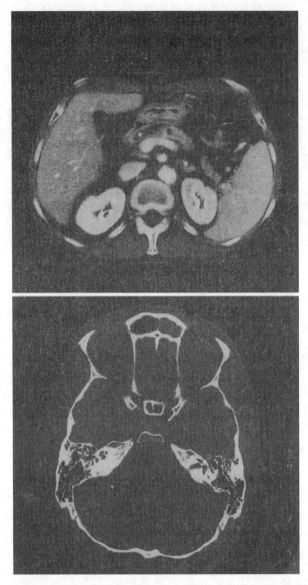

图 8.6　腹腔(上图)和头部(下图,基于颅骨)的计算机断层扫描图像

基于发光材料的探测器。最后一种是本书所关注的探测器,这是因为它是通过"发光材料"与光电二极管组合来实现的。

768 个独立的探测单元构成的阵列中,每个单元的宽度大约 1 mm。虽然单元之间的间距相当小,但是可以利用填隙材料来抑制不同单元之间的交叉干扰。图 8.8 给出了这种探测器的原理示意图,即 X 射线被发光材料吸收并转化

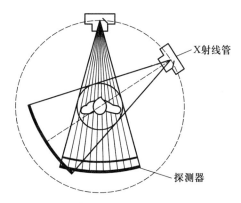

图 8.7 采用扇形光束设计和旋转法的 X 射线 CT 扫描系统

为可见光，然后由与发光材料耦合在一起的光电二极管探测到，从而通过光电转换而得到电信号。

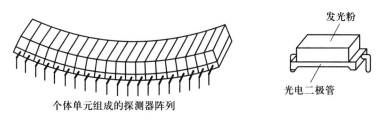

图 8.8 CT 所用的固态探测器扫描件

CT 的关键属性并不是空间分辨率，而是对比度分辨率，其值应该达到千分之几才可以。软组织部分在衰减 X 射线方面的差异非常小，一般是百分之几，这种对比度必须可以被精确探测到。与此同时，CT 也必须可以检测具有最大衰减效应的骨材料。基于现代 CT 设计，在高达 $10^6$ 的动态范围内需要实现千分之几的分辨率。因此，合适的 CT 发光粉的性质需要满足如下的需求[11]：

（1）需要有高的吸收系数。这可以通过寻找包含高原子序数元素以及高密度的化合物来实现，原子序数一般要大于 50，而密度则大于 $4\ \mathrm{g \cdot cm^{-3}}$。

（2）需要有高的光输出，这其实是高的 X 射线转换效率和内部光学效率的必然结果。另外，由于发光材料需要同 Si 光电二极管耦合，因此发射波长应当与该光电二极管的灵敏度最大值尽量一致，从而得到高的信号转换效率。

（3）发光应当在 X 射线激发结束后就很快终止，即该光学中心的衰减时间必须短，一般需要小于 100 μs。

(4) 余辉水平(参见3.4节)要低。如果余辉强度超过了一定的阈限,那么就会由于记忆效应(memory effect)而使得图像模糊①。这个阈限值取决于CT成像所用的扫描周期,一般要求是3 ms后要小于0.01%。

(5) 辐射损伤效应应当小到可以被忽略。相比于对材料发光的影响,辐射损伤的主要效果在于降低了透光性②。

(6) 最后但也是相当重要的是,合适的发光粉必须满足很多技术方面的需求,需要考虑的典型内容包括毒性、化学稳定性、重现性和可加工性等。

## 8.2　X射线用发光粉的制备

### 8.2.1　粉屏

前面已有的大多数有关灯用发光粉(6.3节)和阴极射线发光粉(7.2节)的制备介绍也适用于合成生产屏幕所需的X射线发光粉。Brixner[1]已经给出了若干种制备流程。这里也将列举一些例子。

首先,制备$CaWO_4$并不困难,通过$Na_2WO_4+CaCl_2\rightarrow CaWO_4+2NaCl$化学反应就可以实现。其中的氯化钠产物可以作为助熔剂而获得表面积为$0.2\sim0.3$ $m^2/g$,平均颗粒尺寸为$5\sim10$ μm的高品质多面体晶粒。晶粒的形状可以参见前面给出的图片(图1.7)。颗粒尺寸范围必须合适,这是因为过小的颗粒会由于内部散射过多而减弱发光,反过来,颗粒过大又不容易制备光滑的屏幕。因此发光粉颗粒的形貌非常重要,理想状况下应该是接近球形并具有均一尺寸分布的多面体晶粒,从而获得最好的密堆积效果。

$BaFCl:Eu^{2+}$可以利用$BaF_2$和$BaCl_2$作为原料,在铕掺杂下发生固相反应而制备出来。由于它的结构是层状类型(参见图8.9),因此晶体的形貌是板块状,各向异性严重。这样的板块很难用来做屏幕,而且发射的光容易沿平板的边缘被导走,即产生光导(light piping)现象。不过,利用喷雾干燥方法制备粉料可以显著改进形貌。具有同样晶体结构的$LaOBr$也有类似的问题,同样也可以用这种方法来解决。

氧硫化物$Ln_2O_2S(Ln=$镧系元素)(也可参见7.3节)也可以用作X射线发

---

① 因为CT需要拍摄很多帧图像,相邻图像各自越独立,成像越清晰,如果余辉较大,就意味着前一幅图像仍有部分残影叠加在后一幅图像上,从而降低了清晰度,这种叠加就是所谓的"记忆效应"。——译者注

② 即改变了材料的吸收性能,比如在发光波段产生有关缺陷的新吸收,从而也可以减弱发光,但并没有影响发光机制。——译者注

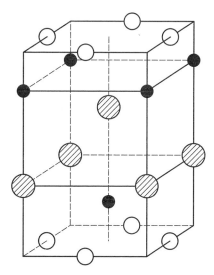

图 8.9 BaFCl 和 BaFBr 的晶体结构。其中黑色离子是 $Ba^{2+}$，空心离
子是 $F^-$，带阴影线的是 $Cl^-$（$Br^-$）

光粉。它们的发光粉可以结晶成接近完美的多面体[1]。图 8.10 给出了 $Gd_2O_2S:Tb^{3+}$
作为它们形貌的示例。

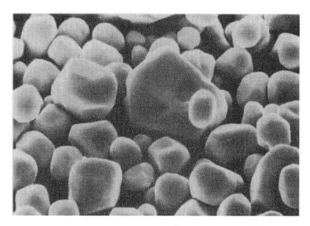

图 8.10 X 射线发光粉 $Gd_2O_2S:Tb^{3+}$ 的扫描电镜图片（2 500×）

---

① 因为这类化合物为立方晶系，各向同性，因此在晶体生长时各方向的生长速度在理想状况下是一致
的，所以近似获得一个类似球形的多面体。——译者注

### 8.2.2　陶瓷板

近几年内涌现了一种新的、基于陶瓷材料的闪烁体。这种陶瓷闪烁体是多晶无机非金属固体。从目前看来，相应的陶瓷板很可能适合于计算机断层扫描技术方面的应用①。

这类发光陶瓷的制备途径仍然遵循已有的陶瓷技术[12,13]。通过所谓的"烧结（sintering）"，即热诱导扩散致密化而使得粉末在低于熔点的温度下固结在一起。这种制备途径产生的一个结果就是陶瓷闪烁体的性质除了取决于基质晶格和掺杂（比如发光激活剂），而且还与这种处理技术有关。

与传统发光粉不同，陶瓷粉的制备目标是获得具有高烧结活性表面的粉末，要求颗粒尺寸低至亚微米范围，并且比表面积达到 50 $m^2/g$。另外，分子层次的均匀掺杂水平也是重中之重。

合成粉末的方法多种多样，比如混合氧化物溶液沉淀法或乳液沉淀法等。图 8.11 以 $(Y,Gd)_2O_3$ 为例给出了 3 种不同沉淀技术制备的粉体照片。这些粉体具有不同的颗粒形貌和大小，其中柠檬酸盐和草酸盐沉淀法制备的粉末团聚严重[14]。利用制得的粉体可以压缩成素坯。这些粉坯可以给出同样的发光性质，但是由于近似 50 vol%②的高孔隙率，因此内部散射严重，光输出并不高。

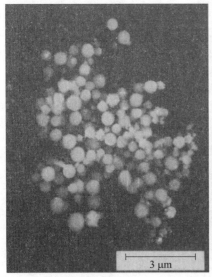

3 μm　　　　　8 μm

---

① 随着先进陶瓷制备技术的发展，这个设想已经成为现实。基于透明或半透明闪烁陶瓷的 CT 机已有商业成品出售。——译者注

② vol%表示体积百分比，这里表示孔隙体积占据粉坯总体积的 50%。——译者注

图 8.11 利用乳液沉淀、柠檬酸盐沉淀和草酸盐沉淀方法(从左到右，然后往
下)所得的$(Y,Gd)_2O_3$粉末的形貌

通过挥发温度下的烧结处理可以降低孔隙率。当然，为了达到完全的致密化，就需要采用专业的烧结技术，比如真空烧结、热压或充气热等静压烧结。图 8.12 给出了一个具有均匀结构的致密陶瓷样品的示例[15]。

图 8.12 1 850 ℃下真空烧结 2 h 所得的$(Y,Gd)_2O_3$陶瓷的微结构

### 8.2.3 单晶

X 射线发光材料①也可以是单晶。针对各种专门应用而从事的单晶生长(晶体生长)可以参见 9.4 节的介绍。

## 8.3 实用材料

### 8.3.1 传统增强屏用 X 射线发光粉

前面已经概略介绍了 $CaWO_4$ 的应用历史。令人惊讶的是 $CaWO_4$ 的成功并不是因为它能够很好地满足上面规定的 X 射线发光粉的各种指标。恰恰相反,$CaWO_4$ 的 X 射线吸收能力相当低,因为就医学应用重点考虑的 30~80keV 范围,构成化学式"$CaWO_4$"的 6 个原子中,仅有一个能够强烈吸收 X 射线,它就是钨原子。而且 $CaWO_4$ 的密度($6.06 \ g \cdot cm^{-3}$)也不是很高,同时它的宽带发光(参见图 8.13)很难完全被用起来——对蓝光敏感的相机胶片并不会用到发光中的绿色成分。前面的 3.3.5 节已经讨论过了,这种发射带的宽化是源自钨酸根基团及其与晶格振动的强烈耦合所得的结果。不过,另一方面也要看到 $CaWO_4$ 是一种廉价且稳定的材料。但是最不利的地方就在于它的 X 射线-可见光转换效率只有 6%(参见表 4.5),就算基于 4.4 节描述的方法进行计算,所得的最大转换效率也是 8%左右,因此直到现在,对于这类材料,也没有太大希望获得比已有产品更高的转换效率了。

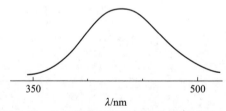

图 8.13 X 射线激发下的 $CaWO_4$ 的发射光谱

$CaWO_4$ 还有另一个缺点,那就是存在严重的余辉(参见 3.4 节)。发光具

---

① 这里作者使用的是"phosphor"。严格来说,phosphor 并没有对物体的形态进行限定,只是长期以来发光材料主要体现为粉末,因此就主要指代"powder",相应地翻译为"发光粉"。随着晶体、玻璃和陶瓷发光材料的兴起,此时虽然仍可以用 phosphor,但是并不能区分材料的形态,因此英文中更常见的是仍然维持 phoshor 的"powder"定义,而采用 crystal、ceramics 和 galss 等来称呼这些块体材料,同时以 material 来涵盖所有的材料。因此此处翻译为"发光材料"。后面用于块体的"phosphor"也做类似翻译。——译者注

有严重余辉(或者说辉光持续时间长)的 X 射线荧光屏会导致当前图像在下一次曝光获取的另一张图像上留下鬼像(ghost image)。如果在煅烧时混合了 $NaHSO_4$,那么 $CaWO_4$ 的余辉可以有显著的降低。不过,$CaWO_4$ 的其他缺点是本征固有的,基于此,寻求更好 X 射线发光粉的研究一直在进行着。

第一个试图取代 $CaWO_4$ 的商业稀土 X 射线发光粉是杜邦公司推出的 $BaFCl\colon Eu^{2+}$[1]。相比于 $CaWO_4$,这种材料具有更高的 X 射线吸收和更好的转换效率,可惜的是,它的密度较低($4.56\ g\cdot cm^{-3}$),而且很难得到合适的粉体形貌(参见前文)。

图 8.14 给出了 $BaFCl\colon Eu^{2+}$ 的发射光谱。其发射带的最大值位置与蓝光敏感胶卷的灵敏度峰值位置接近。300 K 下的发射光谱由两部分组成,即 $Eu^{2+}$ 的 $4f^7$ 组态内跃迁产生的锐线发射($^6P_{7/2}\rightarrow{}^8S$)和 $4f^65d\rightarrow4f^7$ 组态间跃迁产生的宽带发光。显然,此时 $4f^65d$ 组态的最低能级只是比 $^6P_{7/2}$ 能级稍高一点(参见3.3.3.2 节)。

$BaFCl\colon Eu^{2+}$ 的发射带要比 $CaWO_4$ 的窄(对比图 8.13 和图 8.14)。这是因为前者的发射属于中强耦合的相互作用机制,而后者则是强耦合相互作用机制(参见 3.2 节)。这种差异在匹配胶卷灵敏度方面的重要性是显而易见的。

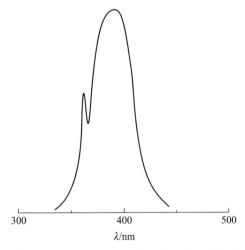

图 8.14  X 射线激发下 $BaFCl\colon Eu^{2+}$ 的发射光谱。较短波长处的谱
峰来自 $^6P_{7/2}\rightarrow{}^8S$ 跃迁

具有类似 $BaFCl\colon Eu^{2+}$ 特性的一种更好的 X 射线发光粉是 $LaOBr\colon Tm^{3+}$。它与 $BaFCl$ 具有相同的晶体结构(参见图 8.9)。不过,$LaOBr$ 的密度要高得多,其值为 $6.13\ g\cdot cm^{-3}$。Rabatin 围绕以其作为基质晶格的发光粉做了大量的研究,相关成果可以参见已发表的几个专利[1]。图 8.15 给出了 $LaOBr\colon Tm^{3+}$ 的发

射光谱,其中包含了 $Tm^{3+}(4f^{12})$ 在近紫外和蓝光区域的两个组态内锐线跃迁(参见 3.3.2 节)。凭借着优良的性质,目前这种发光粉已经实现了商业化。

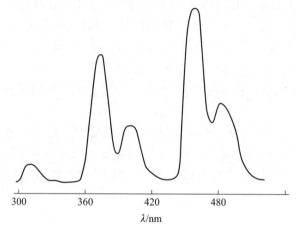

图 8.15　X 射线激发下 $LaOBr:Tm^{3+}$ 的发射光谱

发射绿光的高质量 X 射线发光粉 $Gd_2O_2S:Tb^{3+}$ 是由 Tecotzky 首次提出的[16]。其基质与 BaFCl 一样,也具有层状的晶体结构。若采用合理的制备流程是非常适合做粉屏形貌的(参见图 8.10)。这种材料具有 7.34 g·$cm^{-3}$ 的高密度值,有利于吸收 X 射线。另外,$Gd_2O_2S:Tb^{3+}$ 发光的转换效率大约是 15%,与这种基质可得的最大转换效率很接近(参见 4.4 节),并且要比 $CaWO_4$ 高很多。$Gd_2O_2S:Tb^{3+}$ 发光粉的发光落在绿光区域,主要属于 $Tb^{3+}$ 的 $^5D_4 \rightarrow {}^7F_J$ 的锐线跃迁(参见 3.3.2 节)。这种发光粉是可用于绿光敏感胶卷的优良 X 射线发光粉。

表面看来,$LaOBr:Tm^{3+}$ 和 $Gd_2O_2S:Tb^{3+}$ 的推出似乎意味着寻求新型 X 射线发光粉的研究已经到了终点,然而,事实并非如此。后来又发现了很好的发射绿光的发光粉,比如 $GdTaO_4:Tb^{3+}$、$Gd_2SiO_5:Tb^{3+}$ 和 $Gd_3Ga_5O_{12}:Tb^{3+}$ 等,其中令人更为惊奇的是在物理性质上①与 $CaWO_4$ 相似的钽酸盐基发光粉的发现[1,17]。

钽酸盐发光粉的组分是基于 $M'$-$YTaO_4$,这是 $YTaO_4$ 改性的结果。另一种写作 $M$-$YTaO_4$[1] 的则是白钨矿($CaWO_4$)的畸形变种。在 $YTaO_4$ 的 $M'$ 改性中,$Ta^{5+}$ 是六配位的,其密度为 7.55 g·$cm^{-3}$。为了获得可用于粉屏生产的粉体,制备过程中需要加入助熔剂($Li_2SO_4$)。图 8.16 给出了 $M'$-$YTaO_4$ 的发射光谱。其中的宽带发射来自钽酸根基团的电荷转移跃迁(参见 3.3.5 节)。这种发光

———————————

①　即发光性质与发光机制。——译者注

粉本质上是紫外发光的，当部分的钽被铌取代后，发光可以移向更长的波长位置（铌酸根基团的发光）。从图 8.17 可以明显看出 $YTaO_4$ 作为基质晶格有助于 X 射线的吸收。目前可获得的发光转换效率达到 9%，等同于该化合物预计的最大效率值（参见 4.4 节）。

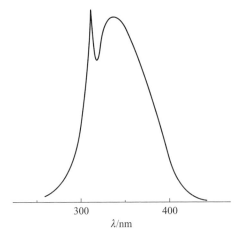

图 8.16　X 射线激发下 $M'-YTaO_4$ 的发射光谱，约 312 nm 处的谱峰来自掺杂的 $Gd^{3+}$

更为引人注目的材料是基于 $M'-LuTaO_4$ 的发光粉。这是密度最大（$d = 9.75\ g \cdot cm^{-3}$）并且没有放射性的白色材料。另外，它对 X 射线的吸收能力也要高于钇基同类化合物（参见图 8.17）。不过，纯 $Lu_2O_3$ 的昂贵有可能会阻碍

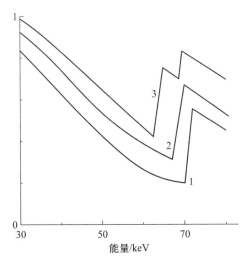

图 8.17　$CaWO_4$（曲线 1）、$YTaO_4$（曲线 2）和 $LuTaO_4$（曲线 3）在 X 射线吸收 k 边及其邻近区域处的相对 X 射线吸收强度

这种材料的商业化。总之，当前可用于传统 X 射线增强屏的最好的 X 射线发光粉是 $LaOBr:Tm^{3+}$、$Gd_2O_2S:Tb^{3+}$ 和 $M'-YTaO_4(:Nb)$。

## 8.3.2  光激励蓄光屏用 X 射线发光粉

可用于光激励蓄光屏的最常见的 X 射线发光粉无疑是 $BaFBr:Eu^{2+}$。它的发光性质与同构的 $BaFCl:Eu^{2+}$ 类似(参见 8.3.1 节)。正如 8.1.3 节所讨论的，这种蓄光是由于电子被阴离子空位所俘获(形成 F 心)，同时空穴也陷在各种中心中[典型的中心有氟离子格位上的氧离子或者 $V_K$ 心(参见 3.3.1 节)]。光激励发光(photostimulable luminescent，PSL)中心被认为是由 3 种空间关联的中心，即电子陷阱、空穴陷阱和发光中心所组成的。图 8.18 和图 8.19 分别给出了 $BaFBr:Eu^{2+}$ 的发射光谱以及该发射对应的光激励谱(optical stimulation spectrum)。这种发射来自 $Eu^{2+}$ 的 $4f^65d\rightarrow4f^7$ 跃迁，而光激励谱则与 F 心的吸收谱一致，从而意味着光激励过程中首先要做的是激发出被陷住的电子。

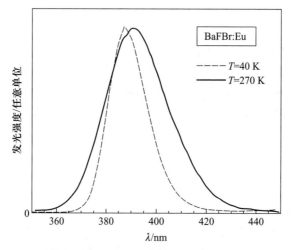

图 8.18  $BaFBr:Eu^{2+}$ 分别在 40 K 和 270 K 时的发射光谱。转载自 H. H.
Rüter, thesis, University Hamburg, 1991

已有研究表明，虽然 X 射线辐照下同时产生了氟的 F 心和溴的 F 心，但是对这种光激励性有贡献的仅有溴的 F 心[18]。针对某个特定的 $BaFBr:Eu^{2+}$ 样品，这些文章的作者也给出了有关其各种缺陷中心浓度的估计值。虽然这些估计值并不怎么合理，但是它们却揭示了蓄光粉的物理机制可以复杂到何等程度：X 射线辐照后产生的 F 心中有 82% 属于氟的 F 心及其衍变的缺陷，它们都对光激励发光没有贡献；所产生 F 心中剩下的 18% 属于溴的 F 心，其中的四分之一与空穴和 $Eu^{2+}$ 发生空间关联，即它们可以通过隧穿机制发生 PSL，而其他的、没有

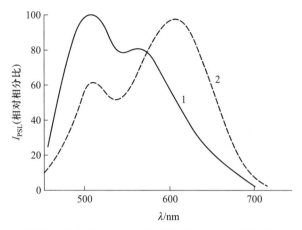

图 8.19　以光激励发射的强度($I_{PSL}$)对所用激励波长 $\lambda$ 所作的 BaFBr:Eu$^{2+}$ 在
550 ℃ 退火前(曲线 1)和退火后(曲线 2)的激励光谱①

这种关联性的溴的 F 心则需要通过热激活和导带两种因素②才能产生 PSL。需要注意的是，这些浓度估计值强烈依赖于样品的制备过程以及 Eu$^{2+}$的浓度。

另一种 X 射线蓄光粉是 RbBr:Tl$^+$。其发光中心是 Tl$^+$，而发光则来自 Tl$^+$($6s^2$)的 6s6p→$6s^2$ 跃迁产生的发射(参见 3.3.7 节)。在蓄光过程中，电子被束缚于溴空位上，而空穴被认为是陷在 Tl$^+$上，从而可以将蓄光状态(storage state)表示为 F+Tl$^{2+}$。这种材料的 PSL 关键步骤由两部分组成：F 心受光激励而被激发以及电子与铊上的空穴复合而使得 Tl$^+$进入激发态[19]。RbBr:Tl$^+$的光激励发光效率在 230 K 以上时会下降，其原因在于某种被束缚的载流子出现了热致不稳定现象。

其他一些 X 射线蓄光粉概括介绍如下：

（1）Ba$_5$SiO$_4$Br$_6$:Eu$^{2+}$ 和 Ba$_5$GeO$_4$Br$_6$:Eu$^{2+}$[20]。这两种材料中如果加入少量的铌，那么蓄光能力就可以提高，同时蓄光机制也发生了变化[21]。被辐照过的样品可以检测到 Nb$^{4+}$(EPR)，而辐照前是没有这种离子的，这就意味着处于硅格位上的 Nb$^{5+}$起到了电子陷阱的作用。当受到光激励的时候，就可以获得能够与被陷住的空穴发生复合的电子。不过，这种发光的本质仍然是未知的。

紫外激发也可以让这些材料进入蓄光态。其中铌酸根基团通过电荷转移跃迁来吸收这种辐照(参见 3.3.5 节)。这种电荷转移态被认为是可以分离的：电子仍然位于铌离子上，而空穴则离开铌酸根基团而在别的地方被陷住。X 射线激发所得的蓄光态与紫外线激发的结果是一样的。

---

① "stimulation spectrum"：激励光谱，一种特殊的激发光谱，此时入射光是让电子脱离陷阱，不是进入激发态，因此不是传统意义上的激发光谱。——译者注

② 即电子通过热激活而脱离陷阱，并且进入导带，然后再与空穴复合。——译者注

（2）$Ba_3(PO_4)_2$:$Eu^{2+}$。这是一种有效的光致发光 $Eu^{2+}$ 发光粉。添加少量的 $La^{3+}$ 可以使这种材料获得高蓄光能力[22]。对蓄光态进行 EPR 测量的结果表明其中包含了 $H^0$。已有研究认为，存在 $La^{3+}$ 时所需的电荷补偿可以利用 $H^+$ 来实现（$2Ba^{2+} \rightarrow La^{3+} + H^+$），而可以在制备过程中加入 $H^+$［比如磷酸盐为 $(NH_4)_2HPO_4$ 的时候就可以获得 $H^+$］。$H^+$ 充当电子的陷阱。当不存在蓄光态的时候，前述的 EPR 信号就消失了。另外，空穴被认为是陷在 $PO_4^{3-}$ 基团中的。

（3）$Y_2SiO_5$:$Ce^{3+}$[23]。在这种材料中，电子被氧空位捕获，而空穴则陷在 $Ce^{3+}$ 上（形成 $Ce^{4+}$）。通过加热或者光激励都可以在 $Ce^{3+}$ 上发生电子与空穴的耦合，从而在大约 400 nm 左右会产生 $Ce^{3+}$ 的发光，其衰减寿命很短（35 ns）（参见 3.3.3 节）。上述的各种中心是空间关联在一起的。如果共掺了 $Sm^{3+}$，那么蓄光特性会发生变化——这是因为电子现在（也可以）陷在 $Sm^{3+}$（产生 $Sm^{2+}$）上。相关介绍可以参考图 8.20 和图 8.21 给出的示意图。随后的光激励发光则来自

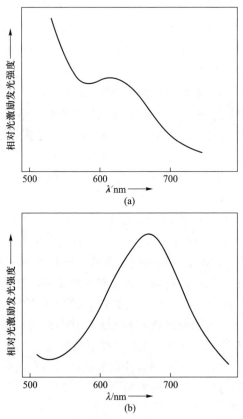

图 8.20　$Y_2SiO_5$:$Ce^{3+}$(a) 和 $Y_2SiO_5$:$Ce^{3+}$,$Sm^{3+}$(b) 分别受 X 射线辐射后 $Ce^{3+}$ 发光（400 nm）的激励光谱

$Sm^{2+}$ 的光电离化(参见 4.5 节)。

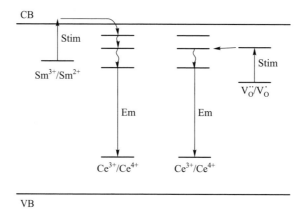

图 8.21 $Y_2SiO_5:Ce^{3+}$(左)和 $Y_2SiO_5:Ce^{3+},Sm^{3+}$(右)中电子与空穴的复合模型示意图。其中价带和导带分别用 VB 和 CB 表示，而 Stim 和 Em 则分别代表受激和发光

这些例子表明，不同 X 射线蓄光粉在化学组成上可以有很大的差别，甚至可以比现有例子之间的差异还要大；同时与蓄光相应的物理机制还不完善。因此，将来可能会有可以取代 $BaFBr:Eu^{2+}$ 的更好发光粉。

### 8.3.3 计算机断层扫描用 X 射线发光材料

Farukhi[24]和 Grabmaier[25]详细综述了常规可用于计算机断层扫描的 X 射线单晶发光材料。其中最重要的几种分别是 $NaI:Tl$、$CsI:Tl$、$CdWO_4$、$ZnWO_4$ 和 $Bi_4Ge_3O_{12}$。

$NaI:Tl$ 因其严重的余辉问题、潮解行为及其发光最大值落在蓝光区(415 nm)(也可以参见 9.5.1 节)等缺点而被淘汰。$ZnWO_4$ 和 $Bi_4Ge_3O_{12}$ 用于 X 射线 CT 的缺点是光输出太低(分别相当于 $CsI:Tl$ 的 20% 和 10%)(也可参见 9.5.2 和 9.5.3 节)。正如表 8.1 所示，剩下的两种发光材料，$CsI:Tl$ 和 $CdWO_4$ 也有好几种缺点。其中 $CsI:Tl$ 的余辉严重，并且不能通过生长技术或者共掺来消除；同时它的光输出还受到辐照历史的影响。这种现象被称为滞后效应(hysteresis)。另外，同为 $CsI:Tl$ 时，这种滞后效应的表现还随着不同的晶锭而变。最后剩下的 $CdWO_4$ 晶体虽然余辉小、衰减快并且光输出足够高(也可参见 9.5.2 节)，但是它却是有毒、很脆且在加工过程中容易沿着解理面平行破裂开来的材料。

到目前为止，有几个研究团队提出了一类新型发光材料，即陶瓷基发光材料[26,27]。这些材料是常用氧化物和硫氧化物发光粉的衍生物。其中，最有前景的陶瓷材料的基质晶格包括（$Y,Gd)_2O_3$、$Gd_2O_2S$ 和 $Gd_3Ga_5O_{12}$。

表 8.1　可用于 CT 探测器的潜在发光材料的属性数据

| | CsI: Tl | CdWO$_4$ | (Y,Gd)$_2$O$_3$:<br>Eu, Pr | Gd$_2$O$_2$S:<br>Pr, Ce | Gd$_3$Ga$_5$O$_{12}$:<br>Cr, Ce |
|---|---|---|---|---|---|
| 类型<br>结构 | 单晶<br>立方 | 单晶<br>单斜 | 陶瓷<br>立方 | 陶瓷<br>六方 | 陶瓷<br>立方 |
| 密度/(g·cm$^{-3}$) | 4.52 | 7.99 | 5.91 | 7.34 | 7.09 |
| 衰减系数 150 keV/cm$^{-1}$ | 3.21 | 7.93 | 3.40 | 6.86 | 4.36 |
| 发光峰值/nm | 550 | 480 | 610 | 510 | 730 |
| 光输出 80 keV(相对百分比) | 100 | 30 | ~67 | ~75 | ~60 |
| 衰减时间/μs | 0.98 | 8.9 | ~1 000 | ~3 | 140 |
| 3 ms 后的余辉/% | 2 | <0.1 | ~3 | ≤0.1 | ≤0.1 |
| 50 ms 后的余辉/% | 0.2 | 0.005 | 0.005 | 0.005 | ~0.01 |
| 光学质量 | 清晰 | 清晰 | 透明 | 透明 | 透明 |
| 化学稳定性(可被腐蚀) | 水 | HCl | 浓 HCl | HCl | 浓 HCl |
| 力学性质(20 ℃) | 塑性形变 | 脆性<br>劈裂 | 脆性,<br>高强度 | 脆性,<br>高强度 | 脆性,<br>高强度 |

　　从更早之前的章节中读者可以发现这些材料已经被介绍过：$Y_2O_3$:$Eu^{3+}$ 是一种灯用发光粉（参见 6.4.1.4 节），同时也是一种可用于投影电视机的发光粉（参见 7.3.4 节）；$Y_2O_2S$:$Eu^{3+}$ 是一种阴极射线发光粉（参见 7.3.3 节）；$Gd_2O_2S$:$Tb^{3+}$ 是一种增强屏用 X 射线发光粉（参见 8.3.1 节），而石榴石 $Y_3Al_5O_{12}$:$Ce^{3+}$ 和（$Y,Gd)_3(Al,Ga)_5O_{12}$:$Tb^{3+}$ 中，前者是一种用于特种灯饰的发光粉（参见 6.4.1.7 节），而后者作为发光粉可用于投影电视机显像管（参见 7.3.4 节）和 X 射线增强屏（参见 8.3.1 节）。

　　在 CT 应用中，（$Y,Gd)_2O_3$ 的有效激活剂是具有 $^5D_0 \rightarrow {}^7F_J$ 特征发射的 $Eu^{3+}$（参见 3.3.2 节），然而相对于这种应用，其衰减时间实际是太长了。$Gd_2O_2S$ 中的激活剂则是 $Pr^{3+}$，主要给出 $^3P_0 \rightarrow {}^3H_J$，$^3F_J$ 发光，其衰减时间是 3 μs。在 $Gd_3Ga_5O_{12}$ 中用的则是 $Cr^{3+}$。基于 $^4T_2 \rightarrow {}^4A_2$ 晶体场跃迁，产生的是宽带红光（或红外）发射（参见 3.3.4 节），这种发射之所以会出现是由于 $Gd_3Ga_5O_{12}$ 中 $Cr^{3+}$ 位置的晶体场相当弱。由于宇称选律的作用（参见 2.1 节），因此它的衰减时间相对较长（140 μs）。陶瓷闪烁体在发光性质上与它的同质单晶或粉末样品并没有明显的不同，但是光输出会随着陶瓷光学质量的不同而有所变化。

余辉（参见 3.4 节）主要取决于基质晶格的缺陷浓度。通过特定的掺杂可以降低余辉。这种有效的共掺剂包括 $(Y, Gd)_2O_3 : Eu^{3+}$ 中的错和 $Gd_2O_2S : Pr^{3+}$ 与 $Gd_3Ga_5O_{12} : Cr$ 中的铈。然而需要提醒的是，通过共掺降低余辉水平的同时也会出现光输出的下降。有关如何解释共掺会降低余辉的模型可以参见文献 [28] 和 [29]。作为总结，图 8.22 给出了不同闪烁体的余辉表现，参考物为各自材料的光输出。另外，表 8.1 给出了一些陶瓷发光材料相比于单晶 $CsI : Tl$ 和 $CdWO_4$ 的属性。

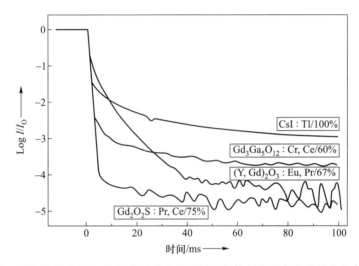

图 8.22　用于 X 射线 CT，被 X 射线激发后不同闪烁体相应于各自光输出的余辉效果

## 8.4　展望

用于传统 X 射线增强屏的新型 X 射线发光粉的研究工作正进入尾声。目前已经获得了许多令人满意的材料，而且已经实现了最好的转换效率。当然，针对特定的应用，这些材料仍需要进一步改善。

满意度更低，但是挑战性也更高是 X 射线蓄光粉面临的处境。目前可用的一种有效材料就是 $BaFBr : Eu^{2+}$。然而，有关它的蓄光机制的物理解释并没有完全清楚。因此不能知道目前的效率是否已经接近了理论极限。另外发展这类材料的潜在应用也才刚开始起步。因此可以预期这一领域在将来会日新月异的。

计算机断层扫描在过去几年内已经有可观的发展，可以预期将来也会用上陶瓷板。虽然这里并不能排除新材料的发现，但是看起来可能性较低，而直接应用现有发光材料的陶瓷片形态会更为现实一些。

# 参 考 文 献

[1]　Brixner LH (1987) Mat. Chem. Phys. 16：253.

[2]　Sonoda M, Takano M, Migahara J, Shibahara Y (1983) Radiology 148：833.

[3]　McKeever SWS (1985) Thermoluminescence of solids. Cambridge University Press, Cambridge.

[4]　Takahashi K, Miyahara J, Shibahara Y (1985) J. Electrochem. Soc. 132：1492；Iwabuchi Y, Mori N, Takahasji K, Matsuda T, Shionoya S (1994) Jap. J. Appl. Phys. 33：178.

[5]　Meijerink A, Blasse G (1991) J. Phys. D：Appl. Physics 24：626.

[6]　Rtter HH, von Seggern H, Reiniger R, Saile V (1990) Phys. Rev. Letters 65：2438.

[7]　Koschnick FK, Spaeth JM, Eachus RS, McDugle WG, Nuttal RHD (1991) Phys. Rev. Letters 67：3751.

[8]　von Seggern H (1992) Nucl. Instrum. Methods A 322：467.

[9]　Hounsfield GN (1973) Brit. J. Radiol. 46：1016.

[10]　Alexander J, Krumme HJ (1988) Electromedica 56：50.

[11]　Rossner W, Grabmaier BC (1991) J. Luminescence 48, 49：29.

[12]　Kingery WD, Bowen HK, Uhlmann DR (1975) Introduction to Ceramics. Wiley, New York.

[13]　Engineered Materials Handbook (1992) Vol. 4 Ceramics and Glasses ASM International.

[14]　Gassner W, Rossner W, Tomande G (1991) In：Vincencini P (ed.) Ceramic today-tomorrow's ceramics. Elsevier, Amsterdam, p 951.

[15]　Grabmaier BC, Rossner W, Leppert J (1992) Phys. Stat. Sol. (a) 130：K183.

[16]　Tecotzky M (1968) Electrochem. Soc. Meeting, Boston, May.

[17]　Brixner LH, Chen Hy (1983) J. Electrochem. Soc. 130：2435.

[18]　Thoms M, von Seggern H, Winnacker A (1991) Phys. Rev. B 44：9240.

[19]　von Seggern H, Meijerink A, Voigt T, Winnacker A (1989) J. Appl. Phys. 66：4418.

[20]　Meijerink A, Blasse G, Struye L (1989) Mater. Chem. Phys. 21：261；Meijerink A, Blasse G (1991) J. Phys. D：Appl. Phys. 24：626.

[21]　Schipper WJ, Leblans P, Blasse G, Chem. Mater., in press；Schipper WJ (1993) Thesis, University Utrecht.

[22]　Schipper WJ, Hamelink JJ, Langeveld EM, Blasse G (1993) J. Phys. D：Appl.

Phys. 26: 1487.

[23] Meijerink A, Schipper WJ, Blasse G (1991) J. Phys. D: Appl. Phys. 24: 997.

[24] Farukhi MR (1982) IEEE Trans. Nucl. Sci. NS-29: 1237.

[25] Grabmaier BC (1984) IEEE Trans. Nucl. Sci. NS-31: 372.

[26] Greskovich CD, Cusano DA, Di Bianca FA (1986) US Pat. 4 571 312; Greskovich CD, Cusano DA, Hoffman D, Riedner RJ (1992) Am. Ceram. Soc. Bull. 71: 1120.

[27] Yokota K, Matsuda N, Tamatani M (1988) J. Electrochem. Soc. 135: 389.

[28] Blasse G, Grabmaier BC, Ostertag M (1993) J. Alloys Compounds 200: 17.

[29] Grabmaier BC (1993) Proc. of the XII into conf. defects in insulating materials. World Scientific, Singapore, p350.

# 第 9 章
# X 射线用发光材料和
# 闪烁体(计数技术)

## 9.1 引言

　　第 8 章的激发源仅局限于 X 射线辐照,而其他可引起电离的辐射类型,比如 γ 射线和带电粒子等则是本章的重点。这些辐射中有很多种类的能量要高于 X 射线的能量。在它们的各种应用领域中,对电离事件进行计数至关重要。这种辐射探测的方法可以给出辐射的类型、强度、能量、发光时长以及发光的方向和时间等物理量的信息。另外,很多辐射探测应用中所采取的发光材料是大尺寸的单晶。

　　本章的内容如下安排。9.2 节将介绍电离辐射与凝聚态物质间的相互作用原理。接下来的 9.3 节将讨论几种应用的原理及其对材料的特定要求。然后 9.4 节论述有关材料的制备,重点是晶体生长技术。最后在 9.5 节中对正在使用的几种材料做个小结,同时在 9.6 节中就将来的发展进行展望。如果需要获取更多的细节,读者可以参考最近举行的研讨会所介绍的内容[1]。

## 9.2  电离辐射与凝聚态物质的相互作用

电离(电磁)辐射与物质的相互作用有 3 种方式:

(1) 光电效应;

(2) 康普顿效应;

(3) 电子偶的产生。

在光电效应中,入射光子被某个离子吸收,随后一个(光)电子从该离子的某个电子壳层中被弹射出来,这个电子壳层通常是 K 壳层。光电子具有的能量 $E_{pe}$ 等于光子能量 $h\nu$ 与该电子的结合能 $E_b$ 之差。当 K 壳层遗留空位被其他电子填满时,前述的这个结合能 $E_b$ 就以产生 X 射线或者俄歇电子的形式释放出来。随后 X 射线可以被吸收而产生二次光电过程,从而入射光子的能量就全部被闪烁体吸收了。

在康普顿效应中,入射光子与固体的离子中某个电子相互作用,从而将一部分能量转移给了这个电子。其结果就是生成康普顿散射光子和所谓的康普顿电子,其能量分别为 $h\nu'(\nu'<\nu)$ 和 $E_c$。随后被散射的光子既可以离开闪烁体,也可以再次与该闪烁体发生相互作用(不过位于与首次相互作用位置不同的格位处)。如果是后面这种过程,那么入射光子就在不同位置上产生了两个发光点,从而使得康普顿效应不适合用于面向位置敏感的探测。反之,如果散射光子离开了闪烁晶体,那么所产生的发光辐射就要比光电效应的更少。

光子能量非常高的时候就会生成电子偶:光子被完全吸收并且产生一个电子-正电子对。正电子会与其他的某个电子发生湮灭而发射出两个光子,能量为 0.511 MeV。

上述这 3 种相互作用机制的相对重要性随入射光子能量与闪烁体中起吸收作用的离子对应的原子序数大小而变化,具体说明可以参见图 9.1。

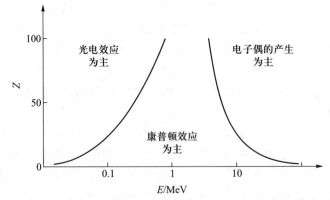

图 9.1  γ 射线与凝聚态物质的 3 种主要相互作用的相对重要性。其中原子序数 Z 线性增加,而 γ 射线的能量 E(MeV)取对数形式

电子、μ 介子、α 粒子等带电粒子通过与固体中的电子发生库仑相互作用而失去能量。可以将这些带电粒子分为两大类：

（1）弱穿透粒子（比如低能电子、质子、α 粒子等）。其中能量损失速率会随着粒子的电荷与质量的增加而增加，同时闪烁光产额下降；在同等能量条件下，质子产生的光是电子的 1/4~1/2，而 α 粒子产生的光则仅有电子的 1/10。

（2）极小带电粒子。这种粒子带有单位电荷，质量小且能量高（比如快电子、宇宙 μ 介子等）。它们的每单位路径长度的能量损耗并不大。

## 9.3 闪烁晶体的应用

闪烁晶体可以用于医疗诊断以及工业和科学领域[1]。在最后一个领域中引人瞩目的应用就是闪烁晶体在电磁量能器中的服役[1,2]。这些电磁量能器被用于高能物理、核物理和天体物理中的电子与质子的计数工作。最大的电磁量能器位于 CERN（日内瓦），建成于 20 世纪 80 年代后期。它含有 12 000 根 24 cm 长的 $Bi_4Ge_3O_{12}$（参见 3.3 节和 5.3 节）晶体，这些晶体的总体积为 1.2 $m^3$[2]。

电磁量能器应用中面对的辐射或粒子的能量很高（~GeV），因此转换效率低的闪烁体也是可以接受的。在这一领域中，这类效率的表示方式同 4.3 节所给的定义是不同的。它表示为光产额，即每 MeV 得到的光子数目。从电磁量能器收集到的巨大能量的角度来考虑，每 MeV 仅产生 200 个光子的光产额就已经够用了。读者需要注意的是，在假定发射光的能量为 4 eV 的条件下——作为一个例子——上述的光产额相应于 0.08% 的辐射或能量效率（参见 4.3 节）。而 4.4 节中预计的最大效率则是 10%~20% 的数量级。需要注意的是，如此低的效率可以满足应用仅是一个例外情况而已。

不过，在闪烁晶体的所有其他应用中，几乎都需要高光产额。如果被观测到的光子数 $N$ 更大，那么观测准确性就越高。这是因为能量和时间分辨率是正比于 $1/\sqrt{N}$ 的。闪烁计数的基本原理就是闪烁体的光输出正比于入射光子的能量[3]。这意味着为了探测这些光子，可以将闪烁体与光电倍增管耦合，从而闪烁体发射的光子被转化为光电子并得到放大，进而给出幅度正比于光子数目的脉冲。需要提醒的是，线性响应探测器对入射的各种粒子（能量）组分都应当同样地具有线性响应性才行。

另外，γ 射线光谱仪应该能够区分能量差别微小的 γ 射线。这种特性可以通过所谓的能量分辨率来表征，而它正是由上面提到的光产额所决定的。

时间分辨率定义了能够准确给出闪烁体在哪一时刻吸收光子的能力大小。它的数值与 $1/\sqrt{N}$ 和衰减时间 $\tau$ 成正比（参见 5.3.1 节）。显然，如果闪烁体发光的 $\tau$ 短，那么就能更准确地确定吸收事件发生的时刻。

闪烁体在医疗诊断中也起着重要作用[4]。第 8 章已经讨论了 X 射线成像的内容。在这一章中将介绍一下 γ 射线相机。其原理如下：首先将放射性同位素注入人体中。它通常以标记有合适放射性元素的化合物形式加以使用，并且经常使用的同位素种类是 $^{99m}$Tc(参见表 9.1)。接着测试从人体发出的辐射，从而得到一张可用于诊断的图像[需要注意的是第 8 章介绍的方法是不需要注入任何东西的(non-invasive)]。最后利用通常使用闪烁晶体的 γ 射线相机测试这种由人体发出的辐射(120~150 keV)。普通的 γ 射线相机可以产生有关这种放射性分布的二维图像。不过，当相机围绕病人旋转，或者同时使用两台相对放置的 γ 射线相机时，就可以建立起一幅三维图像了(可以对照一下计算机断层扫描，参见 8.1.4 节)。因此，上述的这种技术被称为单光子发射计算机断层扫描(SPECT)。不过，这种方法不能精确校正人体中的辐射衰减效应，因此，SPECT 的分辨率有限，特别是不适合探测埋藏较深的器官。

表 9.1　一些常用放射性核素

| 放射性核素 | 半衰期[a] | $E_\gamma$/keV |
|---|---|---|
| $^{99m}$Tc | 6.02 h | 140.5 |
| $^{81m}$Kr | 13.3 s | 190.7 |
| $^{123}$I | 13.0 h | 158.9 |
| $^{67}$Ga | 3.26 d | 93.3；184.6；300.3 |

a　h：小时；s：秒；d：天。

与上述 SPECT 不同的一种方法就是正电子发射断层扫描(PET)[4,5]。它也是一种体内示踪(invivo tracer)的技术，只不过采用的是正电子的湮灭现象。实际所用的正电子发射源使得这种技术主要用于研究活体内具有生物学活性的化合物中的元素，即碳、氮和氧的分布。因此，可以利用这种手段来探索新陈代谢过程(也可参见表 9.2)。

表 9.2　用于正电子成像的一些重要放射性同位素及其应用实例

| 同位素 | $T_{1/2}$ | $E_\beta^+$ 最大值/MeV | 标记物质 | 应用实例 |
|---|---|---|---|---|
| $^{11}$C | 20.4 min | 0.961 | $^{11}$C-葡萄糖 | 脑代谢 |
|  |  |  | $^{11}$C-腐胺 | 肿瘤代谢 |
| $^{13}$N | 9.96 min | 1.19 | $^{13}$NH$_3$ | 心脏血流量 |

续表

| 同位素 | $T_{1/2}$ | $E_\beta^+$ 最大值/MeV | 标记物质 | 应用实例 |
|---|---|---|---|---|
| $^{15}O$ | 2.04 min | 1.73 | $^{15}O_2$ | 耗氧量 |
| $^{124}I$ | 4.2 d | 2.13 | $^{124}I^-$ | 甲状腺研究 |
| | | 1.53 | | |

所发射的正电子在人体组织中的穿透深度并不大，其大小只有几个 mm。在被人体组织减速后就与电子发生了湮灭。在大多数情况下，这种湮灭会产生两个能量为 511 keV 并且彼此出射方向之间的夹角为 180° 的两个光子（γ 辐射）。PET 对这种共线发射的利用是通过可满足同步记录需求、彼此相对放置的两个探测器来实现的，即同步被两个探测器所探测的一个事件就意味着这两个探测点之间连线上的某点发生了湮灭事件（参见图 9.2）。利用这些体现一致性的数据（coincidence data），就可以建立起放射性的三维分布图像。与 SPECT 不同，这种图像是可以进行人体中的辐射衰减校正的。有关 PET 扫描的例子可以参见图 9.3。

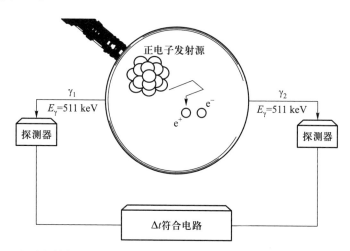

图 9.2　正电子发射断层扫描原理。放大镜下绘制的是正电子发射过程。详情可参见文中介绍

正如前面已经提到的，闪烁体的发光可以被光电倍增管所探测，不过，实际上还可以采用其他的方法。比如在固态光子探测器中，硅光电二极管正日益流行起来。这些也是前面已经提及的内容（参见 8.1.4 节有关计算机断层扫描的部分）。波长大于 500 nm 的闪烁光可以让它们的灵敏度处于最大值。

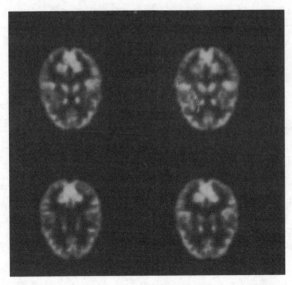

图 9.3　通过正电子发射断层扫描获得的几个头部图像

　　另一种不同的探测单元是固态闪烁体正比计数器[6]。它由处于充满有机蒸气的多丝腔室(multiwire chamber)中的、可以发射紫外光的闪烁体构成。这种有机分子可以被紫外光电离，所产生的光电子会被多丝腔室所探测。常用于这一方面的有机分子是 TMAE[即四(二甲胺基)乙烯]。图 9.4 给出了所提到的探

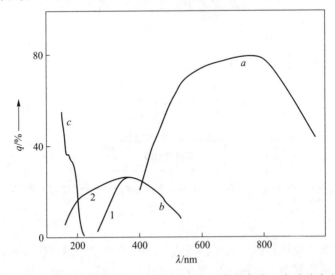

图 9.4　较为重要的辐射探测器的量子效率 $q(\%)$。其中曲线 $a$ 表示硅光电二极管；曲线 $b$ 表示玻璃(曲线 1)和石英(曲线 2)光电倍增管；曲线 $c$ 表示使用充气探测器的固态闪烁体正比计数器

测器的光谱灵敏度。

闪烁体在工业方面的应用领域非常广泛，其探测技术既有成像技术，也可以采用计数技术。具体包括 X 射线断层扫描、油井记录、过程控制、安检系统、集装箱检查、矿物加工和煤炭分析等[7]。

表 9.3 总结了不同应用对闪烁体性能的需求[8,9]。一个客观要求就是闪烁体应当有高的组分原子序数和密度。这种要求的一个例外就是用于中子探测的闪烁体——它们含有原子序数较低的 Li、B 或者 Gd。另外，闪烁体应当坚固且耐辐射。当然，它们也应当没有吸湿性。最后，闪烁体需要有高的光产额——仅在用于高能物理领域大型对撞机中的大型电磁量能器时，这个要求才不那么重要。

表 9.3  不同应用对闪烁体性能的需求（取自参考文献[8]）

| 应用 | 光产额/（光子数/MeV） | 衰减时间/ns | 发射/nm |
|---|---|---|---|
| 计数技术 | | | |
| 电磁量能器（高能物理） | >200 | <20 | >450 |
| 电磁量能器（低能物理，核物理） | 高 | 可变 | >300 |
| 正电子发射断层扫描（PET） | 高 | <1 | >300[a] |
| γ 射线相机 | 高 | 非必要 | >300 |
| 工业应用 | 高 | 可变 | >300 |
| 积分技术 | | | |
| 计算机断层扫描（CT） | 高 | 无余辉 | >500 |
| X 射线成像 | 高 | 非必要 | >350 |

a  不过，当使用多丝腔室时要求<250 nm。

利用最大允许效率可以预测最大允许的光产额（参见 4.4 节）。表 9.4 给出了一些示例[10]。客观上，要获得高的光产额，闪烁体发光中心应当具有高的量子效率，并且不存在其他竞争（猝灭）中心（参见 4.4 节，参考文献[10,11]）。

要获得短的衰减时间，可以考虑具有允许发射跃迁的发光离子。在无机材料领域中，最好的选择就是 5d→4f 跃迁（$\tau \sim 10$ ns）（参见 2.3.4 节和 3.3.3 节）和交叉发光（$\tau \sim 1$ ns）（参见 3.3.10 节以及文献[11]）。正如 3.4 节所述，余辉则取决于基质晶格中存在的陷阱。

**表 9.4　部分闪烁体的光产额及其最大允许效率[10]，也可参见文中说明**

| 闪烁体 | 光产额 /(光子数/MeV) | 基于光产额计算的 $\eta$/% | $\eta_{max}$ (参见 4.4 节) |
|---|---|---|---|
| NaI: Tl | 40 000 | 12 | 19 |
| $Lu_2SiO_5$: Ce | 25 000 | 8 | 10 |
| $Bi_4Ge_3O_{12}$ | 9 000 | 2 | $2^a$ |

a　修正热猝灭后的结果。

在热释光(thermoluminescence)的最重要应用中(参见 3.5 节)，有一个与放射性剂量学有关[12,13]。在这种应用中，某种闪烁体材料需要在辐射场中曝光一段时间。曝光后，通过监控热释光就可以测试所吸收的剂量，其范围从 $10^{-2}$ mGy 到 $10^5$ Gy[1 Gy = 100 rad，而 1 rad 等价于吸收了 0.01 J/kg 的能量]。有很多材料具有热释光强度正比于所吸收辐射数量的性质，从而使得 Daniels 及其同事在 20 世纪 50 年代早期就开始将热释光作为辐射剂量学中的一种方法进行应用。

热释光的第一次应用发生在 1953 年，当时 LiF 被用于测试原子武器实验留下的辐射[12]。后来这种材料就被用于医院中接受放射性核素治疗的癌症病人所受的体内辐射剂量测试。在这项开创性的工作之后，为了扩展这种应用，人们又做了大量的工作。其间发现了很多材料(总结性介绍可以参考文献[12])。一个典型的例子就是人们发现掺杂 170 mol ppm① 的 Mg 和 10 mol ppm 的 Ti 可以优化 LiF 的性能。

有关这种应用的进一步研究是相当复杂的问题，建议有兴趣的读者参考文献[12]。在那本书里面，读者也可以找到有关热释光的其他应用，比如年龄鉴定等。

最后要介绍的是使用闪烁晶体来实现粒子甄别的可行性。该方法基于如下事实而提出，即特定的闪烁体，比如 $BaF_2$ 和 CsCl: $Tl^+$，可以各自给出不同的发射，一个衰减时间较短，而另一个则更长(参见 9.5 节)。因此 Wisshak 等可以使用 $BaF_2$ 闪烁体来区分光子和带电强子[14]。另外，Migneco 等也给出了利用 $BaF_2$ 的一个更一般性的例子[15]。

快速发射与总发射之间的强度比例取决于粒子的本质。这正如图 9.5 所示，以 $BaF_2$ 闪烁体受不同辐射作用所得的快速光输出相对于总光输出作图。其中快组分的贡献依 γ 射线、宇宙 μ 介子、质子、氘核、氚核和 α 粒子的顺

① mol ppm 表示百万分之一摩尔，即 $10^{-6}$ mol。——译者注

序而递减。基于同样的排列顺序，穿透深度随之下降，即激发密度(excitation density)增加了。这种事情的结果会在有关 $BaF_2$ 的段落里(参见 9.5.7 节)再次讨论。

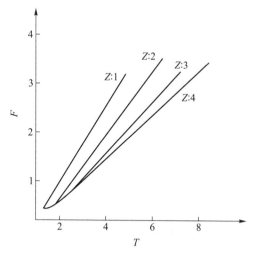

图 9.5 粒子甄别所用的快速发光组分强度($F$)-总发光强度($T$)的
关系曲线图①(以 $BaF_2$ 为例)

## 9.4 材料制备(晶体生长)

本章所讨论的用于探测强烈电离辐射的闪烁体在实际应用中通常是以晶体的形式出现。这是因为闪烁体在发光波长范围内需要有高光学透明度，从而所发的光才能高效逃逸出去。在一些场合下，还需要晶体尺寸很大，并且内部没有气泡或者沉淀——因为这些会产生有害的光散射。另外，晶体中包含的缺陷也可能不利于获得优良的辐射硬度。最后，在掺杂条件下，比如将 $Tl^+$ 掺入 NaI 时，掺杂永远不能在整个晶体内均一分布也是一个问题。

所有商用闪烁晶体都是从熔体(melt)中生长出来的。不过，仅有满足如下要求的晶体才能从熔体中生长出来，那就是基于化合物的性质，相应的单晶具有固定的熔点，在熔化前不会分解，而且在熔点与室温之间也不会发生相变。

这里简单讨论一下两种被频繁使用的熔体生长法，即 Bridgman-Stockbarger

---

① $Z$ 为核电荷总数目。——译者注

法和 Czochralski 法①。在 Bridgman-Stockbarger 技术中,固态晶体与液态熔体都位于同一个固体容器中,在晶体、熔体和容器材料之间形成了三相边界(three-phase boundary)。这种技术可以进一步划分为多种类型,比如建立晶体-熔体界面并使之垂直或水平移动,初始时所有的炉料都被熔化,随后再逐步结晶,以建立一个熔融区并使之扫过一块晶锭等。

图 9.6 给出了垂直逐步固化的示意图。其中的电阻炉由几段隔开的加热区组成(图 9.6 中仅显示了分为两个区时的情况),各个加热区的温度可以实现程序设计并且分别控制。在晶体生长过程中,含有炉料的圆柱形安瓿在炉膛内被撑着并且不断往下移动②。

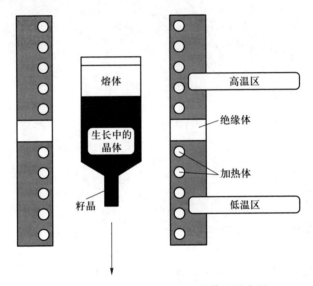

图 9.6　Bridgman-Stockbarger 晶体法示意图

采用上述的方法可以维持 1 mm/h 的生长速率。利用它可以生长直径达 30 in(~75 cm)、半吨重的碱金属卤化物晶体。不过,这样的晶体并非严格的单晶,而是 5 到 10 块子晶的组合体,其证据既可以通过露出表面的小角晶界来确认,也可以在强光照射下利用晶界处杂质的散射而显现出来[16]。

如果需要 $Tl^+$ 激活的碱金属卤化物,那么就必须在原料(NaI 或 CsI)中混入碘化铊并且一同熔融。测得的铊在碱金属卤化物中的分布系数分别是 NaI 约 0.2[16] 和 CsI 约 0.1[17],这个系数是处于晶体中的 $Tl^+$ 的浓度与处于熔体中的

---

① Bridgman-Stockbarger 法也可简称为 Bridgman(布里奇曼)法,不过国内更常用的是"坩埚下降法",而 Czochralski(丘克拉斯基)法在国内也常称作"提拉法"。——译者注

② 原文"on"误为"or"。——译者注

Tl⁺的浓度之间的比值。这就意味着在晶体生长中，铊在熔体中的浓度会升高，但是由于铊在 NaI ($T_m$: 652 ℃)和 CsI ($T_m$: 623 ℃)的熔点下会挥发，因此部分的铊会通过蒸发而损失掉。这就意味着对于具体的晶体而言，Tl⁺的浓度在晶体的各个部位并不是固定的。幸运的是，特定浓度范围内的 Tl⁺给出的发光强度近似为常数，对于 NaI，这个浓度范围是 0.02~0.20 mol%[16]，而 CsI 则是 0.06~0.30 mol%[17]。直径长达几英寸的 CsI:Tl 可以使用石英安瓿作为容器，不过当前所有的碱金属卤化物晶体生长都采用 Pt 坩埚了。

附带说一下，BaF₂ 和 CeF₃ 晶体也可以用 Bridgman–Stockbarger 法生长。

Czochralski 法的组成如图 9.7 所示。坩埚中的熔体可以通过射频感应加热或电阻加热的方式进行加热。拉杆位于坩埚的轴线上，其下端带有一个可夹持籽晶的夹头。籽晶浸入熔体中，并且熔体的温度被调整到固-液界面能形成弯月面为止。在晶体生长中，拉杆会缓慢旋转并逐渐上升。通过谨慎调整施加于熔体上的加热功率，就可以在晶体生长中控制它的直径。旋转速度范围通常为1~100 r/min。提拉速度则随具体晶体而变，可以从氧化物晶体的每小时 1 毫米变到卤化物晶体的每小时几十毫米。上述的整套装置被封装在一个可以控制周围气体环境的套腔内。这种技术的主要优点是晶体冷却时仍然维持无应力状

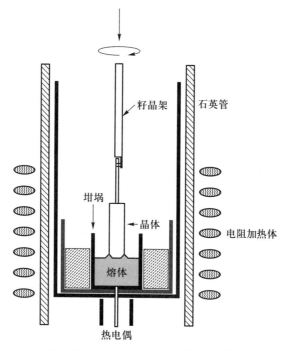

图 9.7 Czochralski 晶体生长法示意图

态,因此可以获得高度完美的结构。为了获得高且可控纯度的材料,需要采用不会侵蚀熔融炉料的材料来制作坩埚。

对于 $Bi_4Ge_3O_{12}$($T_m$:1 044 ℃)和 $CdWO_4$($T_m$:1 272 ℃)等氧化物晶体,使用 Czochralski 法生长时通常采用 Pt 坩埚,而熔点更高的晶体,比如 $Gd_2SiO_5$:Ce($T_m$:1 950 ℃)等则需要使用 Ir 坩埚[18]。

氧化物晶体经常使用 Czochralski 法生长。不过前述的使用 Bridgman-Stockbarger 法生长的碱金属卤化物同样也可以采用这种方法生长。这些晶体虽然完美性高,但是尺寸一般被限制在 3~4 in 的直径范围。然而,通过某种特殊的技术,即在生长晶体的同时继续投入原料,就可以得到直径达 20 in(~50 cm)且长度达 75 cm 的高质量卤化物晶体[19]。

仅当使用高纯(5~6 N①)$Bi_2O_3$ 和 $GeO_2$② 原料的时候,所得的 $Bi_4Ge_3O_{12}$ 晶体才的确是无色的。另外,生长气氛必须是氧气,否则 Pt 坩埚会被腐蚀。

采用更高的、甚至达到 100 r/min 的转速可以在一定程度上抑制 $Bi_4Ge_3O_{12}$ 晶体生长中出现新"晶核"的趋势。不过采用其他生长技术也可以避免这种麻烦。最近将水平 Bridgman-Stockbarger 法用于 $Bi_4Ge_3O_{12}$ 的生长的确变得热门起来,尤其在中国更是如此[20]。有关这种技术的使用细节在目前尚未公开,但可以知道它的确成功了——因为已经得到尺寸为 30 cm×30 cm×240 cm 的高质量晶体并进入了实际应用,比如用于电磁量能器等。为了生长直径为 3 in 的大尺寸且具有化学计量比的 $CdWO_4$ 单晶,技术必须稍做改良,以阻止镉在 $CdWO_4$ 熔点处的挥发。

在 $Gd_2SiO_5$:Ce 中,沿[010]轴向热膨胀的各向异性大,因此这种化合物的单晶生长相当困难。另一方面,由于生长出来的晶体的残余应力大,因此从大约 1 950 ℃到室温的降温冷却操作都会导致晶体的开裂。不过,当前已经可以得到直径为 2 in 且不开裂的晶体。限于篇幅,有关晶体生长的内容就不多做介绍,相关主题在很多综述性文章和著作中都有涉及[21-24],读者可以进一步自行参考。最后,为了说明当前已经取得的晶体生长成果,图 9.8 给出了几款 $Bi_4Ge_3O_{12}$ 晶体。其中包括两块新生长的无核晶锭以及几块经过机械加工的成品晶体。

---

① N 是"nine"的简称,5~6 N 表示纯度有 5 到 6 个 9,即 99.999%~99.999 9%。——译者注
② 原文误为 $Ge_2O$。——译者注

图 9.8　Czochralski 法生长的 $Bi_4Ge_3O_{12}$ 晶体。图中包括两个新长的晶锭和几块机械
加工后的晶体。在此感谢提供此照片的 Crismatex 公司

## 9.5　闪烁材料

### 9.5.1　碱金属卤化物

已经有两种碱金属卤化物被用作闪烁体材料。它们分别是 NaI 和 CsI。这两种材料都掺有 $Tl^+$ 离子，相关的性质总结可以参见表 9.5——其中也包含了有关 CsI:Na 和纯的 CsI 的性质介绍。另外，图 9.9 给出了这些掺 $Tl^+$ 晶体的发射光谱。

**表 9.5　碱金属卤化物闪烁体的部分性质**[4,9,26]

| 性质 | $NaI:Tl^+$ | $CsI:Tl^+$ | CsI:Na | CsI |
| --- | --- | --- | --- | --- |
| 密度/$(g \cdot cm^{-3})$ | 3.67 | 4.51 | 4.51 | 4.51 |
| 最大发射/nm | 415 | 560 | 420 | 315 |
| 光产额/(光子数/MeV) | 40 000 | 55 000 | 42 000 | 2 000 |
| 衰减时间/ns | 230 | 1 000 | 630 | 16 |
| 余辉(6 ms 后)/% | 0.3~5.0 | 0.5~5.0 | 0.5~5.0 | — |
| 稳定性 | 潮解 | 潮解 | 潮解 | 潮解 |
| 力学行为 | 脆性 | 可变形 | 可变形 | 可变形 |

这些碱金属卤化物材料具有很高的光产额(除了未掺杂的 CsI)。这种高效发光的典型例子就是 NaI: Tl,由它的光产额所计算的辐射效率接近其最大可允许效率的 2/3(参见表 9.4)。而纯 CsI 的低光产额有一部分当然是因为它的热猝灭[26]。对于一些应用来说,这些闪烁体的衰减时间(<1 μs)是可以接受的。然而遗憾的是,这些闪烁体的余辉较大,而且材料的稳定性也不好,因此能否进入实用还是要由具体的应用领域来决定(参见表 9.3)。总体看来,NaI: Tl 可以说是碱金属卤化物中使用得最为广泛的闪烁体。

掺 Tl⁺碱金属卤化物的发射来源于 Tl⁺中的 $^3P_1 - {}^1S_0$ 跃迁(参见 3.3.7 节),其余辉一般被认为是因为空穴陷在基质晶格中[受困激子(trapped exciton),参见 3.3.1 节],而电子则被激活剂所捕获的缘故。另外,CsI: Na 的发射来自被 Na⁺所束缚的激子(bound exciton),而纯的 CsI 则属于自陷激子(self-trapped exciton)发光。

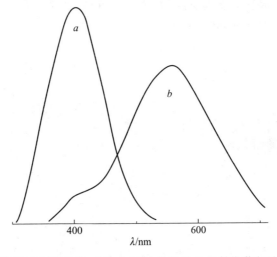

图 9.9　室温下 NaI: Tl(曲线 *a*)和 CsI: Tl(曲线 *b*)在 X 射线激发下的发射光谱

## 9.5.2　钨酸盐

ZnWO₄ 和 CdWO₄ 闪烁体具有高密度的特点(参见表 9.6)。相比于碱金属卤化物,它们的光产额比较低,但是其余辉微弱。这些晶体容易发生解理从而不利于机械加工,另外,CdWO₄ 是有毒的。

这些闪烁体的最大发光效率可以预期低于 10%(参见 4.4 节),利用表 9.6 中的数据,可以认为 CdWO₄ 的效率值为 3.5%。

表 9.6　钨酸盐闪烁体和 $Bi_4Ge_3O_{12}$ 的部分性质[4,9,26]

| 性质 | $ZnWO_4$ | $CdWO_4$ | $Bi_4Ge_3O_{12}$ |
|---|---|---|---|
| 密度/$(g \cdot cm^{-3})$ | 7.87 | 7.99 | 7.13 |
| 发射最大值/nm | 480 | 480 | 480 |
| 光产额/(光子数/MeV) | 10 000 | 14 000 | 9 000 |
| 衰减时间/ns | 5 000 | 5 000 | 300 |
| 余辉(3 ms 后)/% | <0.1 | <0.1 | 0.005 |
| 稳定性 | 良好 | 良好 | 良好 |
| 力学行为 | 脆性 | 脆性 | 脆性 |

这些钨酸盐都具有源自钨氧八面体的宽带发射(与白钨矿 $CaWO_4$ 相反,它们均具有黑钨矿的晶体结构)。不过这种类型的发光已经在前面的 3.3.5 节中提过了,因此这里不再赘述。

### 9.5.3　$Bi_4Ge_3O_{12}$(BGO)

表 9.6 总结了有关 BGO 的一些性质。这种材料对于基础研究和应用研究均有重要的意义,目前已经被用于电磁量能器和 PET 扫描器中。它的衰减时间相当短,余辉弱,而且密度也大。有关这种闪烁体的发展与性质的综述可以参见 Weber 的文章[27]。图 9.10 给出了它的发光光谱,而与此相关的光学跃迁已经在前面的 3.3.7 节和 5.3.2 节中讨论过了,不再赘述。

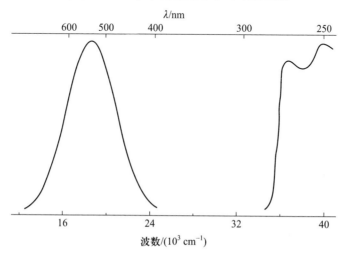

图 9.10　$Bi_4Ge_3O_{12}$ 发光的发射(左)和激发(右)光谱

由于 BGO 的发射具有巨大的斯托克斯位移，即它的激发态弛豫大，因此在室温下 $Bi_4Ge_3O_{12}$ 的大部分发射会被猝灭。理论计算的 $\eta_{max}$ 是 6%，但是从猝灭的角度看，实际数值应该会降到 2%。从表 9.6 中的数据所计算的实际数值的确是 2%，这就意味着热猝灭是最主要的无辐射损失。

化合物 $Bi_2Ge_3O_9$[28] 具有与 BGO 相似的发光性质[29,30]，其斯托克斯位移甚至要比 $Bi_4Ge_3O_{12}$ 的大(各自分别是 20 000 $cm^{-1}$ 和 17 500 $cm^{-1}$)，从而导致它的发光强度在 150 K 下就发生了猝灭，这就使得该材料没有实用价值。

最后，化合物 $Bi_4Si_3O_{12}$ 在发光方面也同样非常类似于那些含锗的、化学式相似的化合物[31,32]。

## 9.5.4　$Gd_2SiO_5:Ce^{3+}$ 和 $Lu_2SiO_5:Ce^{3+}$

化合物 $Gd_2SiO_5$ 具有复杂的晶体结构，其中的稀土离子具有两种晶体学格位。近年来，它作为一种闪烁体开始热门起来。其晶体可以采用 Czochralski 法生长[19,24]。表 9.7 总结了这类材料的一些性质。从表中可以看出，$Gd_2SiO_5:Ce^{3+}$ 没有潮解性，但是却容易解理，这就给某些应用造成了麻烦。

表 9.7　$Ce^{3+}$ 激活闪烁体的部分性质[9,26]

| 基质晶格 | $Ce^{3+}$ 浓度 /(mol%) | 发射最大值 /nm | 光产额/(光子数/MeV) | 衰减时间 /ns | 密度 /(g·cm⁻³) |
|---|---|---|---|---|---|
| $BaF_2$ | 0.2 | 310 325 | 7 000 | 60[b] | 4.89 |
| $LaF_3$ | 10 | 290 305 | 900 | 27 | 5.89 |
| $CeF_3$ | 100 | 310 340 | 4 000 | 30 | 6.16 |
| $YAlO_3$ | 0.1 | 350 380 | 17 000 | 30 | 5.55 |
| $Gd_2SiO_5$ | 0.5 | 440 | 9 000 | 60[b] | 6.71 |
| $Lu_2SiO_5$[a] | | 420 | 25 000 | 40 | 7.4 |
| 玻璃[c] | 4 | 390 | 1 500 | 70[b] | 2.5 |
| $Y_3Al_5O_{12}$ | 0.4 | 550 | 14 000 | 65 | 5 |

a　取自参考文献[1]的第 415 页，作者为 C.L. Melcher。

b　还存在更长衰减的成分。

c　组成为 $(SiO_2)_{0.55}(MgO)_{0.24}(Al_2O_3)_{0.06}(Li_2O)_{0.06}(Ce_2O_3)_{0.04}$。

$Ce^{3+}$ 的发光在前面的 3.3.3 节和 5.3.2 节中已经讨论过了。相应的发射跃迁(5d→4f)是完全允许的，因此可以预料到这种发光具有短的衰减时间，而实际观测正是如此(参见表 9.7)。另外，衰减时间的变化主要取决于发射波长，相应的关系是 $\tau \sim \lambda^2$(参见 3.3.3.1 节)。$Gd_2SiO_5:Ce^{3+}$ 的光产额虽然不小，但是仍低于理论预测($\eta_{observed} \sim 2.5\%$，$\eta_{max} \sim 8\%$)。

Suzuki[33] 等报道了紫外和 $\gamma$ 射线激发下 $Gd_2SiO_5:Ce^{3+}$ 的发光。在 11 K 时他们发现，发光来自两种 $Ce^{3+}$，其中一种的发射最大值位于 425 nm 左右，而另一种则在 500 nm 左右，各自最低激发带的最大值分别位于 345 nm 和 380 nm，而各自的衰减时间则分别是 27 ns 和 43 ns。在室温下，前一种 $Ce^{3+}$ 的发光很难被猝灭，而后者的发射强度在高于 200 K 时就下跌了，到室温时仅留下原来的 20%。在 $\gamma$ 射线辐照下，室温下的发光以 425 nm 发射为主，这是因为另一种 $Ce^{3+}$ 的发射已经被大部分猝灭了。相当古怪的是，在这些测试条件下所得的衰减均有一个长组分($\tau \sim 600$ ns)，这在 $Y_2SiO_5:Ce^{3+}$ 和 $Lu_2SiO_5:Ce^{3+}$ 中没有被观测过。

利用本书前面章节提到的结论可以对上述这些实验结果做个简单的解释。首先可以注意到正如 $\tau \sim \lambda^2$ 关系(参见 3.3.3.1 节)所预期的，实际的衰减时间比例($\sim 0.65$)近似等于发射带最大值的平方之比($\sim 0.75$)。

其次 $Gd_2SiO_5:Ce^{3+}$ 的长衰减成分可以归因于 $\gamma$ 射线辐照下产生的电子-空穴对中，有一部分会被 $Gd^{3+}$ 所俘获，正如 5.3.1 节所描述的，相应的激发能就在 $Gd^{3+}$ 之间传递。在这种过程中，$Ce^{3+}$ 的发光就处于被延迟的状态，从而就观测到长衰减成分了。这种效应在 $Y_2SiO_5:Ce^{3+}$ 和 $Lu_2SiO_5:Ce^{3+}$ 中并不会发生，因为组成它们基质晶格的离子并没有低于带隙能量的能级分布。

在 $Gd_2SiO_5$ 的晶体结构中，一种 $Ce^{3+}$ 分别与 8 个属于硅氧四面体的氧离子和一个不与硅成键的氧离子进行配位，后面这种氧离子与 4 个稀土离子形成四面体配位。另一种 $Ce^{3+}$ 则分别同 4 个来自硅氧四面体的氧离子和 3 个不与硅成键的氧离子进行配位。这后一种 $Ce^{3+}$ 具有更强的共价成键性质，其原因就在于没有与硅近邻的氧离子就不会有足够的正电荷处于其第一近邻位置，从而抵消它的两个负电荷[34]。因此，这种 $Ce^{3+}$ 的能级具有更低的能量(参见 2.2 节)，这也正如在 $Gd_2SiO_5$ 中观测到的 $Tb^{3+}$ 的表现一样[34]。

最后，这种 $Ce^{3+}$ 的发射具有更低的猝灭温度仍有待解释。需要着重注意的是仅与 4 个稀土离子配位的氧离子在 $Gd_2SiO_5$ 晶体结构中形成了一个二维网络，而长波发射的 $Ce^{3+}$ 就位于这个网络上。在 $Y_2O_3$ 的结构中也明显具有类似的结构，其中每个氧离子都与 4 个钇离子形成四面体配位，因此此时产生的网络是三维的。实际上 $Ce^{3+}$ 在 $Y_2O_3$ 中由于光电离的原因而不会发光(参见 4.5 节)。同样地，$Ca_4GdO(BO_3)_3$ 中的 $Ce^{3+}$ 也没有发光现象[35]。在这种硼酸盐基质晶格中也可以分离出类似的网络结构。因此，可以认为上述 $Gd_2SiO_5$ 中的那种 $Ce^{3+}$，即与 3 个不键合硅的氧离子配位的 $Ce^{3+}$ 的低猝灭温度必定可以用同样的方式进行解释。

在 $Gd_2SiO_5:Ce^{3+}$ 中，实际观测与理论预测的发光效率值之间的差异至少可以部分归因于 $Gd_2SiO_5$ 中的两种 $Ce^{3+}$ 中心之一发生了猝灭。

$Lu_2SiO_5$ 的基质晶格的晶体结构与 $Y_2SiO_5$ 的结构不同。其室温下的发光研究并没有发现 $Ce^{3+}$ 的发射被大量地猝灭[33]。因此，这种结构可以获得比 $Gd_2SiO_5$ 更高的光产额也就不值得奇怪了。它的发光效率实验值接近于理论最大值(参见表 9.4)。另外，$Y_2SiO_5:Tb^{3+}$ 在 X 射线激发下的发光效率也比 $Gd_2SiO_5:Tb^{3+}$ 高[34]，这就意味着 $Gd_2SiO_5$ 结构中含有某些可以同激活剂离子竞争捕获载流子的中心。因此 $Lu_2SiO_5:Ce^{3+}$ 闪烁体看来的确具有很多优势，不幸的是，纯 $Lu_2O_3$ 的售价的确太高了。

### 9.5.5　$CeF_3$

$CeF_3$ 闪烁体的一些性质已经总结于表 9.7 中。这种材料是新一代高精度电磁量能器的几种候选闪烁体之一。这些量能器拟用于在 CERN(日内瓦)新建的大型质子对撞机中。该应用所需的晶体总体积达到 $60\ m^3$[2]，近似比当前数值($Bi_4Ge_3O_{12}$ 的 $1.2\ m^3$)高两个数量级。正如前面提到的，$CeF_3$ 相当低的光产额对这种专业应用并没有不利影响(参见表 9.3)。基于这些高能物理建设计划，围绕 $CeF_3$ 已经进行了大量的研究[36-38]。这里顺带提一下，虽然 $CeF_3$ 可用于量能器，但是这种提议所需的高成本已经促使科学家们基于成本与性能之间的合理折中而潜心寻找降低成本的解决方案。

$CeF_3$ 是一种激活剂浓度为 100% 的材料，正如 5.3.2 节中所讨论的，$Ce^{3+}$ 发射的大斯托克斯位移使得其激发态被孤立化①，因此由于能量迁移而产生的浓度猝灭并不会发生。

笔者认为 Moses 等有关 $CeF_3$ 闪烁机制的文章[36]是演示如何从基础研究的视角探索闪烁体的优秀典型。在这篇文献中综合使用了多种技术，包括(时间分辨)发光谱、紫外光电子谱、透射谱和基于同步辐射的扩展到好几十 eV 的激发谱等，而且进一步将组成同为 $La_{1-x}Ce_xF_3$ 的粉末与晶体结合起来进行研究。

$La_{1-x}Ce_xF_3$ 的发射强烈依赖于 $x$ 的取值和所用的激发能(也可参见图 9.11)，其本征 $Ce^{3+}$ 发射是一个窄带，相应的两个发射极大值分别位于 284 nm 和 300 nm。这两个发射最大值可以归因于 5d 组态的最低能级向 4f 基态的两个能级($^2F_{5/2}$, $^2F_{7/2}$)的跃迁(参见 3.3.3 节)。如果 $x>0.1$，在更长的波段(大约是

---

① 此处是个比喻，描述激发能由于激发态的弛豫而不会转移给邻近 $Ce^{3+}$，因此相当于激发态被孤立起来了。——译者注

340 nm）会再出现一个发射带，在某些条件下该发射带甚至居于主导地位（参见图 9.11）。这种发射属于靠近缺陷的 $Ce^{3+}$ 的发光。

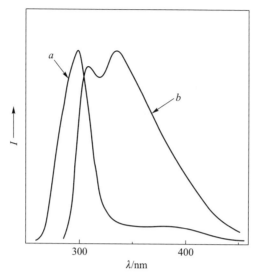

图 9.11　$CeF_3$ 的发射光谱。其中曲线 $a$ 是 X 射线激发下粉体的发光，曲线 $b$ 是晶体受 γ 射线激发的发光。数据来源于参考文献[36]

$x<0.01$ 的发射很有研究意义：它包含了 $Ce^{3+}$ 的本征发射带、$Pr^{3+}$ 的发射线以及从 250 nm 扩展到 500 nm 归因于基质的自陷激子（self-trapped exciton，STE）发射的宽带。该 STE 体现为束缚在一起的一个电子和一个 $V_K$ 心。该 $V_K$ 心是一个由两个氟离子及其上俘获的空穴组成的赝分子 $F_2^-$（参见 3.3.1 节）。这就意味着基质晶格自身也会俘获电子-空穴对。在室温下，STE 可以在晶格中迁移，其间既可以辐射复合而消失，也可以将能量传递给 $Ce^{3+}$ 或 $Pr^{3+}$（后者在这里属于杂质），或者发生无辐射复合。这就表明，在考虑 $Ce^{3+}$ 发射的时候，式(4.6)所涉及的 $S$ 因子在这种组成中的取值要远高于 1。

在 $CeF_3$ 中可以发生从本征（intrinsic）$Ce^{3+}$ 到外部（extrinsic）$Ce^{3+}$ 的能量转移（参见第 5 章）[36,37]。所谓的外部 $Ce^{3+}$ 就是在晶体晶格中靠近缺陷的 $Ce^{3+}$。这种转移可以是有辐射的，也可以是无辐射的。实际上 340 nm 的发射的增加与 290 nm 发射的衰减是一致发生的。这两种发射的衰减时间分别是 30 ns 和 20 ns，很符合 $\tau \sim \lambda^2$ 的关系（参见 3.3.3.1 节）。

在高能激发下，实验观测到了一种刚开始就出现并且衰减要快得多的发射组分。这种现象已经被 Pédrini 等研究过[37]。如果晶格中有更多的缺陷（杂质），那么这个快组分就更为显著。不过，即使是非常纯的晶体，它也是存在的。当一个高能粒子被吸收,其弛豫区域半径在 $10 \sim 100$ nm 的范围[①],因此这种电子激发过程与空间和时间是有关的。另外,这种被激发的电子-空穴对所产生的俄歇弛豫被认为是一种损耗入射激发能的机制。它的重要性会随着温度升高而下降,因为此时激发态越来越趋向更高的能级,从而被激发的离子对可以发生分离[②]。

CeF$_3$ 的光产额并不高,等于 4 000 光子数/MeV。这个数值相应于 $\eta \sim 1\%$,而理论上 $\eta_{max} \sim 8\%$,从而意味着大部分发射被猝灭掉了。主流观点是稀土离子杂质并不能产生这么大的损耗。然而,氟化物晶体通常包含有一定(低的)数量的氧。如果一个 $O^{2-}$ 的存在会迫使其近邻的铈离子之一变为 $Ce^{4+}$ 以实现电荷补偿,那么就会产生一个巨型猝灭中心,这是因为价间电荷转移跃迁(intervalence charge-transfer transition)(参见 2.3.7 节)位于低能量位置从而很少产生发射[39]。如果再加上前述俄歇过程产生的损耗,就可以理解为什么 CeF$_3$ 的光产额会远低于预测值了。

Moses 等[36]确定了 CeF$_3$ 发光的量子效率(参见 4.3 节)。如果直接激发 $Ce^{3+}$,这个值是高的,而如果一开始激发的是 $F^-(2p)$,那么就得到更低的量子效率。在 100 eV 激发下,总量子效率大约是 0.7,相应的能量效率是 3%。这个数值也是相当低的,为了解释这个结果,这些作者认为需要考虑猝灭中心的无辐射复合。

## 9.5.6　其他掺 Ce$^{3+}$ 闪烁体及相关的材料

诸如 Gd$_2$SiO$_5$:Ce$^{3+}$、Lu$_2$SiO$_5$:Ce$^{3+}$ 和 CeF$_3$ 等闪烁体的优异潜力推动了其他 Ce$^{3+}$ 激活闪烁体的探索工作。近年来已经发现了很多新的品种[1,9,11],其中有一部分可以参见表 9.7 中的介绍。当然,新材料仍然在不断涌现。

这里要介绍的新闪烁体有 BaF$_2$:Ce$^{3+}$、YAlO$_3$:Ce$^{3+}$ 和 Y$_3$Al$_5$O$_{12}$:Ce$^{3+}$(参见表 9.7)。另外,关于 CeP$_5$O$_{14}$($\tau \sim 30$ ns,光产额为 4 000 光子数/MeV[11])、LuPO$_4$:Ce$^{3+}$(25,17 200[11])、CsGd$_2$F$_7$:Ce$^{3+}$(30,10 000[40])和 GdAlO$_3$:Ce$^{3+}$($\tau \sim 1$ ns,非常短;未给出光产额[41])已有相关文献报道,读者可自行参考。

Van Eijk 小组提出了一种稍微不同的路线,即采用 Nd$^{3+}$ 的发光[9]。Nd$^{3+}$ 具

---

① 这是高能物理常用的说法,具体解释就是在半径为 $10 \sim 100$ nm 的球形区域内,入射的高能粒子通过产生大量的电子-空穴对而失去能量(即弛豫),离开球形区域后,这个粒子即使存在,其能量也不足产生原来的那种电离作用了。——译者注

② 本节选自参考文献[37],因此原文不通顺。实际意思是在高能激发下产生的电子激发态会形成新的发光中心,对实际发光(主要是上文提到的 ~290 nm 高能发光)起到增强或猝灭的作用。在 CeF$_3$ 中,这种中心可以猝灭初始的 Ce$^{3+}$ 发光,能量转移可以通过俄歇弛豫来实现,从而出现一开始就有的快衰减组分。——译者注

有 4f³ 组态，可以发生落在紫外区(~175 nm)的 5d→4f 发射跃迁。由于这种跃迁是能量很高的允许跃迁，因此其辐射衰减时间甚至要短于 $Ce^{3+}$ 的发射，其值为 6 ns(来自 $LaF_3:Nd^{3+}$)。具体讨论也可参见 3.3.3 节。$LaF_3:Nd^{3+}$ 的光产额是每 MeV 的能量可以产生几百个光子，虽然也尝试了其他的基质晶格，但是光产额从来没有超过 1 000 光子数/MeV[42]。这类闪烁体的一个严重问题就是稀土杂质会吸收 $Nd^{3+}$ 的发光。

## 9.5.7 BaF₂(交叉发光，粒子甄别)

在前面的 3.3.10 节中已经讨论过 $BaF_2$ 发光所涉及的光学跃迁。这种闪烁体的发光有两种，一种是很快的交叉发光($\tau=0.8$ ns，发射最大值在 195 nm 和 220 nm)，而另一种是慢很多的自陷激子发光($\tau=600$ ns，发射最大值 ~310 nm)，后者在室温下大部分会被猝灭。

$BaF_2$ 没有潮解性，可以生长大晶体。掺入 1% $LaF_3$ 可以将慢发光组分强度降低到原来的 1/4。表 9.8 罗列了有关它的一些性质，而图 9.12 则给出了它的发射光谱以及两种组分对温度的依赖性[26]。

**表 9.8 BaF₂ 的部分性质**

| 密度 | 4.88 g·cm⁻³ |
|---|---|
| 最大发射波长 | 310 nm (慢) |
| | 220 nm 和 195 nm (快) |
| 衰减时间 | 630 ns (慢) |
| | 0.8 ns(快) |
| 光产额 | 6 500 光子数/MeV(慢) |
| | 2 500 光子数/MeV(快) |

目前实验观测到的 $BaF_2$ 发射光谱与基于分子簇法进行从头算所得的光谱之间非常一致[43,44]。这就可以确认光谱的归属。另外，快组分的光产额相对较低是这种闪烁体实用化的一个缺陷，而不幸的是慢发射组分也是一种本征的属性，无法消除，而且会比快组分占用更多的电子-空穴对。与 $BaF_2$ 有关的全面讨论已经由 Van Eijk 做了总结，读者可以自行参考文献[9，45]。

$BaF_2$ 闪烁体适合于粒子甄别领域(参见 9.3 节和图 9.5)，这是因为其发射中的快组分和慢组分之间的强度比例取决于激发源的本质。图 9.5 清楚表明激发粒子越重，快组分发射强度就越小。从已有的介绍这种效应的文献内容来看，它并没有对这种效应进行解释。这里应当注意的是，重粒子在闪烁体中的

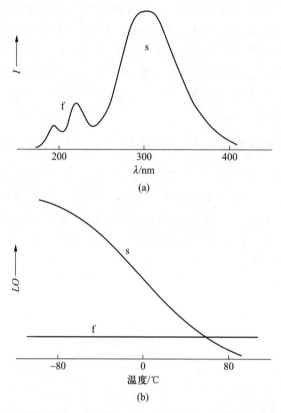

图 9.12　有关 BaF$_2$ 闪烁体的一些数据。(a)室温下受 γ 射线激发的发射光谱;其中慢组分用 s 表示,而快组分则用 f 表示。(b) BaF$_2$ 受 γ 射线激发后光输出(light output, LO)随温度的变化,温度范围限制在室温附近的一个宽阔区域,其发射中的快组分(f)强度与温度无关,而慢组分(s)则随着温度的升高而急剧下降

贯穿深度并不大,这就意味着其激发密度肯定非常高[1]。由于室温下激子比电子-空穴对更为活跃,而后者才与交叉发光有关,另外俄歇相互作用(参见 4.6 节和 9.5.5 节)对快组分的影响也要强于慢组分的,因此重粒子激发下,快组分强度较小。这里需要注意到一种有趣的"文字双关"现象:交叉发光的激发态在发射过程中是快的[2],但是它[3]在晶格中的迁移却是慢的(其原因就在于 Ba 的 5p 芯带中的空穴具有强烈局域化的特征,参见图 3.27)。与此相反,激

---

① 可以理解为能量的空间分布,即同样多的能量下,贯穿深度越小,能量扩散区域的体积就越小,相应的能量密度就越高,传递给能量扩散区域内的电子/空穴的能量就越大。——译者注

② 即快速衰减或寿命很短。——译者注

③ 严格说是快组分激发能的迁移。下面关于激子的描述也是如此。——译者注

子的发射是慢的，但它在晶格中的迁移却是快的。

## 9.5.8　具有交叉发光的其他材料

　　基于对超快闪烁发光的强烈兴趣，有关交叉发光的其他许多化合物已被研究也就不足为奇了。交叉发光的发射能要小于能隙是理所当然的关键，否则就不会发射交叉发光了(也可参见图 3.27)。表 9.9 展示了这个结论[9]。它说明预测与观测结果之间具有很好的一致性。

表 9.9　产生交叉发光的可能性[9]

| 化合物 | $E_c-E_{VB}{}^a/eV$ | $E_g{}^b/eV$ | 预测[c] | 观测[d] |
|---|---|---|---|---|
| $BaF_2$ | 4.4~7.8 | 10.5 | + | + |
| $SrF_2$ | 8.4~12.8 | 11.1 | 0 | -/STE |
| $CaF_2$ | 12.5~17.3 | 12.6 | - | -/STE |
| CsCl | 1~5 | 8.3 | + | + |
| CsBr | 4~6 | 7.3 | + | + |
| CsI | 0~7 | 6.2 | 0 | -/STE |
| KF | 7.5~10.5 | 10.7 | + | + |
| KCl | 10~13 | 8.4 | - | -/STE |

a　芯带顶与价带底或价带顶之间的能量差。
b　能隙。
c　+表示可能有交叉发光(CL)，-表示不可能有 CL，0 表示不确定是否有 CL。
d　+表示观测到 CL，-表示没观测到 CL，STE 表示观测到激子发光。

　　最后，表 9.10 也给出了一些已经确实观测到交叉发光的化合物[9]。所有的衰减时间都处于同样的数量级(~1 ns)，而光产额没有超过 2 000 光子数/MeV的水平。因此，在目前要预言交叉发光是否具有重要应用价值还为时过早。

表 9.10　300 K 下具有交叉发光的闪烁体[9]

| 化合物 | 发射最大值/nm | 光产额/(光子数/MeV) | $\tau/ns$ |
|---|---|---|---|
| $BaF_2$ | 195, 220 | 1 400 | 0.8 |
| CsF | 390 | 1 400 | 2.9 |
| CsCl | 240, 270 | 900 | 0.9 |

续表

| 化合物 | 发射最大值/nm | 光产额<br>/(光子数/MeV) | $\tau$/ns |
|---|---|---|---|
| RbF | 203, 234 | 1 700 | 1.3 |
| $KMgF_3$ | 140～190 | 1 400 | 1.5 |
| $KCaF_3$ | 140～190 | 1 400 | <2 |
| $KYF_4$ | 140～190 | 1 000 | 1.9 |
| $LiBaF_3$ | 230 | 1 400 | 1 |
| $CsCaCl_3$ | 250, 305 | 1 400 | <1 |

## 9.6　展望

多年来，有关闪烁体研究的观念通常是：物理机制未知，预测是不可能的，并且新材料需要利用试差法来找到[46]。正如本书和其他文献[10,11,47]所言，这种观念并不合理。实际上发光学的其他领域的知识对此是很有帮助的。比如光产额可以通过式(4.6)进行预测，$\eta_{max}$(最大效率)在阴极射线发光中是常用的物理量，而 $q$ 则是光致发光领域的基本物理量。不过式(4.6)中的转移因子(transfer factor)$S$ 难于预测，并且可能与晶体的完美性和纯度有关。最后，衰减时间也是容易预测的(参见 3.3 节)。

另外，现代设备对研究闪烁体的基础过程也提供了巨大的可能性。首先应该提到的是同步辐射。它使得获取能量非常高的单色激发源成为可能，相关的例子可以参考前面的介绍[36,37]。

这些发展使得闪烁体的研究日益变为一门"大科学(big science)"。与此同时，国际间的合作也在增加(具体例子可参见文献[38])，并且这类研究的跨学科性进一步增强。事实上，前面勾勒的 $CeF_3$ 闪烁体的简短发展历史就是对所有这些发展的很好解释。

不过，这并不一定意味着已经可以预测很多新型闪烁体。这种观点的理由就在于转移因子 $S$。为了让它接近于 1，就需要采用简单的体系，而已有的简单体系中有很多已经被检测过了，结果却不理想。基于同样的原因，对无定形闪烁体也不用抱太大的期望，它们包含了太多的"本征"的且可以产生猝灭的中心。虽然现有的理论可以满足探索未知领域的需要，然而，优化给定的材料并使之成为满足给定应用需求的闪烁体仍是一项艰苦的工作。它需要具有不同背景(晶体生长、缺陷化学、固体物理、材料科学、光谱学和辐射损伤学)的材料学家之间的合作。晶体纯化协会(Crystal Clear Collaboration)(参见文献[38]的作者)就是这样的团队。图 9.13 给出了他们在 1993 年 9 月 3 日团队进展报告中所总结的工作成果。关心这张图在今后会如何演变将是一件有趣的事情。

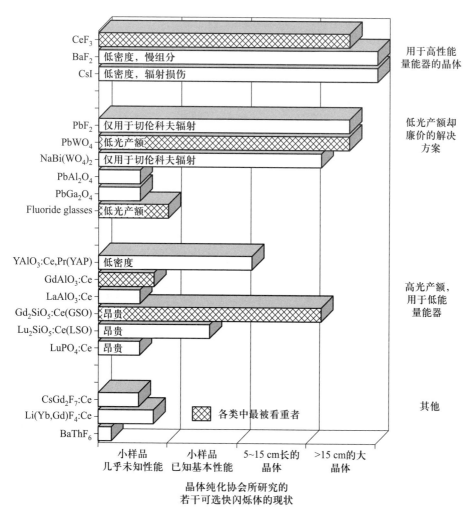

图 9.13　面向量能器用闪烁晶体的晶体纯化协会(Crystal Clear Collaboration)有关闪烁体研究的概述示意图(1993),经允许摘自该协会在 1993 年 9 月 3 日所做的进展报告

# 参 考 文 献

[1]　De Notaristefani F, Lecoq P, Schneegans M (eds.) (1993) Heavy scintillators for

scientific and industrial applications. Editions Frontieres, Gif-sur-Yvette.

[2] Lecoq P (1994) J Luminescence 60/61: 948.

[3] Knoll GF (1987) Radiation detection and measurement. Wiley, New York.

[4] Grabmaier BC, p 65 in Ref. [1]; J Luminescence 60/61: 967.

[5] Schotanus P (1988) thesis, Technical University, Delft.

[6] Anderson DF (1982) Phys. Leiters B 118: 230.

[7] Melcher CL, p 75 in Ref. [1].

[8] van Eijk CWE, pp 161 and 601 in Ref. [1].

[9] van Eijk CWE (1993) Nucl. Tracks Radial. Meas. 21: 5.

[10] Blasse G (1994) J Luminescence 60/61: 930.

[11] Lempicki A, Wojtowicz AJ (1994) J Luminescence 60/61: 942; Lempicki A, Wojtowicz AJ, Berman E (1993) Nucl. Instr. Methods A322: 304.

[12] McKeever SWS (1985) Thermoluminescence of solids. Cambridge University, Cambridge. McKeever SWS, Markey BG, Lewandowski AC (1993) Nucl. Tracks Radial. Meas. 21: 57.

[13] Azorin J, Furetta C, Scacco A (1993) Phys. Stat. Sol. (a) 138: 9.

[14] Wisshak K, Guber K, Kappeler F, Krisch J, Müller H, Rupp G, Voss F (1990) Nucl. Instr. Methods A292: 595.

[15] Migneco E, Agodi C, Alba R, Bellin G, Coniglione R, Del Zoppo A, Finocchiaro P, Maiolino C, Piattelli P, Raia G, Sapienza P (1992) Nucl. Instr. Methods A 314: 31.

[16] Nestor OH (1983) Mal. Res. Soc. Symp. Proc. 16: 77.

[17] Grabmaier BC (1984) IEEE Trans. Nucl. Sci. NS-31: 372.

[18] Takagi K, Fukazawa T (1983) Appl. Phys. Lett. 42: 43.

[19] Goriletsky VI, Nemenov VA, Protsenko VG, Radkevich AV, Eidelman LG (1980) Proc. 6th conf. on crystal growth. Moscow, p Ⅲ 20.

[20] Chongfau H (1987) (Shanghai Institute of Ceramics, Academia Sinica, unpublished manuscript), cited as Ref. 59 by Gévay G, Progress Crystal Growth Charact 15: 181.

[21] Wilke KTh, Bohm J (1988) Kristallzüchtung. Verlag Harry Deutsch, Thun (in German).

[22] Anthony AM, Collongues R (1972) In: Hagenmuller P (ed.) Preparative methods in solid state chemistry. Academic, New York, p 147.

[23] West AR (1984) Solid state chemistry and its applications. Wiley, New York, Secl. 2. 7.

[24] Ishii M, Kobayashi M (1991) Progress Crystal Growth Charact 23: 245.

[25] Gévay G (1987) Progress Crystal Growth Charact 15: 145.

[26] Schotanus P (1992) Scintillation Detectors. Saint-Gobain, Nemours.

[27] Weber MJ (1987) Ionizing Radiation (Japan) 14: 3.

［28］ Grabmaier BC，Haussühl S，Kliifers P（1979）Z. Krisl. 149：261.

［29］ Timmermans CWM，Boen Ho O，Blasse G（1982）Solid State Comm. 42：505.

［30］ Timmermans CWM，Blasse G（1984）J. Solid State Chem. 52：222.

［31］ Blasse G（1968）Philips Res. Repts. 23：344.

［32］ Ishii M，Kobayashi M，Yamaga I，p 427 in Ref.［1］.

［33］ Suzuki H，Tombrello TA，Melcher CL，Schweitzer JS（1992）Nucl. Instrum. Methods A 320：263.

［34］ Lammers MJJ，Blasse G（1987）J. Electrochem. Soc. 134：2068；unpublished measurements.

［35］ Dirksen GJ，Blasse G（1993）J. Alloys Compounds 191：121.

［36］ Moses WW，Derenzo SE，Weber MJ，Cerrina F，Ray – Chaudhuri A（1994）J Luminescence 59：89.

［37］ Pedrini C，Moine M，Boutet D，Belsky AN，Mikhailin VV，Viselev AN，Zinin EI（1993）Chem. Phys. Letters 206：470.

［38］ Anderson S，Auffray E，Aziz T，Baccaro S，Banerjee S，Bareyre P，Barone LE，Borgia B，Boutet D，Burg JP，Chemarin M，Chipaux R，Dafinei I，D'Atonasio P，De Notaristefani F，Dezillie B，Dujardin C，Dutta S，Faure JL，Fay J，Ferrère D，Francescangeli OP，Fuchs BA，Ganguli SN，Gillespie G，Goyot M，Gupta SK，Gurtu A，Heck J，Hervé A，Hillimanns H，Holdener F，Ille B，Jönsson L，Kierstead J，Krenz W，Kway W，Le Goff JM，Lebeau M，Lebrun P，Lecoq P，Lemoigne Y，Loomis G，Lubelsmeyer K，Madjar N，Majni G，EI Mamouni H，Mangla S，Mares JA，Martin JP，Mattioli M，Mauger GJ，Mazumdar K，Mengucci PF，Merlo JP，Moine B，Nikl N，Pansart JP，Pedrini C，Poinsignon J，Polak K，Raghavan R，Rebourgeard P，Rinaldi DT，Rosa J，Rosowsky A，Sahuc P，Samsonov V，Sarkar S，Schegelski V，Schmitz D，Schneegans M，Seliverstov D，Stoll S，Sudhakar K，Svensson A，Tonwar SC，Topa V，Vialle JP，Vivargent M，Wallraff W，Weber MJ，Winter N，Woody C，Wuest CR，Yanovski V（1993）Nucl. lnstrum. Methods A332：373.

［39］ Blasse G（1991）Structure and Bonding 76：153.

［40］ Dorenbos P，Visser R，van Eijk CWE，Khaidukov NM，p 355 in Ref.［1］.

［41］ Mares JA，Pedrini C，Moine B，Blazek K，Kvapil J（1993）Chem. Phys. Letters 206：9.

［42］ Visser R，Dorenbos P，van Eijk CWE，p 421 in Ref.［1］.

［43］ Andriessen J，Dorenbos P，van Eijk CWE（1991）Molec. Phys. 74：535.

［44］ Andriessen J，Dorenbos P，van Eijk CWE（1993）Nucl. Tracks Radiat. Meas. 21：139.

［45］ van Eijk CWE（1994）J Luminescence 60/61：936.

［46］ Blasse G（1991）IEEE Trans. Nucl. Science 38：30 47. Blasse G，p 85 in Ref.［1］.

# 第 10 章
# 其他应用

发光的应用领域远不止前面 4 章所讨论的。限于篇幅，剩下的这些应用只能挑选一部分并在本章中做简要介绍。基于这个目的，笔者选定了如下的讨论主题：上转换、基于发光中心的探针、发光免疫分析、电致发光、光纤和微粒。

## 10.1 上转换：过程及材料

### 10.1.1 上转换过程

图 10.1 给出了上转换原理的示意图。从图中可以看出，离子的能级结构包含了基态 A 和两个激发态能级 B 和 C，并且能级 B 和 C 之间的能量差等于能级 B 与 A 之间的能量差。引起激发的辐射所具有的能量就等于这个能量差值，从而将该离子从 A 激发到 B。如果能级 B 的寿命足够长，那么激发辐射又会将该离子从 B 激发到 C，最终就可以产生从 C 到 A 的发射。现在假定 B-A 和 C-B 之间的能量差为 10 000 cm$^{-1}$（相应于红外激发），那么得到的发射

则位于 20 000 cm$^{-1}$，即落在绿光波段。这实际上就是反斯托克斯发射①！这也可以明显看出采用这种办法就能可视化地进行红外探测了。讲完了这个有关上转换的超简介绍，接下来就让我们进入更为复杂的讨论——这里采用的内容来自 Auzel 提出的有关理论[1]。

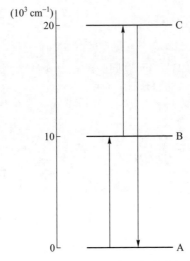

图 10.1　上转换原理示意图。该过程将红外激发辐射（10 000 cm$^{-1}$）
转换为绿光发射（20 000 cm$^{-1}$）

可能存在的上转换过程其实有很多种，各自的转换效率也是千差万别。图 10.2 给出了它们能量转移的示意图，从左到右依次给出了如下的转换过程：

（1）通过能量转移的上转换（参见第 5 章），这种转换有时也称为 APTE②（Addition de Photons par Transfers d'Energie，即通过能量转移产生的光子增加）效应。在该过程中，离子 A 先被激发，随后将它们的激发能转移给另一种离子 B，从而现在的 B 就可以从更高的能级产生发射。

（2）通过两步吸收产生的上转换（图 10.1 就是这种例子），此时仅需要 B 离子而已。

（3）通过协同敏化产生的上转换：两个离子 A 同时将它俩的激发能转移给离子 C，而后者不具有与 A 的激发态同样位置的能级，随后由 C 的激发态能级产生发光。

（4）协同发光：两个离子 A 将它们的激发能组合起来形成一个量子并发射

---

① 即发射波长短于激发/入射波长的发射。——译者注
② 法语的缩写，参见后面括号中的解释。——译者注

出去(然而这里需要注意的是,该发射能级并不是实际存在的,而是一个虚能级)。

(5)二次谐波产生(倍频)——此时入射光的频率被增加一倍(不存在吸收跃迁)。

(6)双光子吸收。此时两个光子被同时吸收,其间根本没有经历任何真实存在的中间能级,随后从激发态能级发射一个光子。

表 10.1 给出了有关这些上转换过程效率的一些结论[2]。其中,所给的效率值是相对于入射功率(1 W/cm²)归一化后而得到的数值。表 10.1 中也给出了相关过程的材料示例。通过表 10.1 和图 10.2 可以看出,效率更高的过程要求离子的能级能够与入射或出射光产生共振,而后面 3 种并不符合这种要求,因此就不再进一步讨论。

表 10.1 　不同双光子上转换的过程、机制、针对入射功率( 1 W/cm² ) 归一化后的所得的效率和材料示例,摘自参考文献[1]和[2],可参考图 10.2

| 机制 | 效率 | 示例 |
| --- | --- | --- |
| 连续能量转移(APET) | $10^{-3}$ | $YF_3 : Yb^{3+}, Er^{3+}$ |
| 两步吸收 | $10^{-5}$ | $SrF_2 : Er^{3+}$ |
| 协同敏化 | $10^{-6}$ | $YF_3 : Yb^{3+}, Tb^{3+}$ |
| 协同发光 | $10^{-8}$ | $YbPO_4$ |
| 二次谐波产生 | $10^{-11}$ | $KH_2PO_4$ |
| 双光子激发① | $10^{-13}$ | $CaF_2 : Eu^{2+}$ |

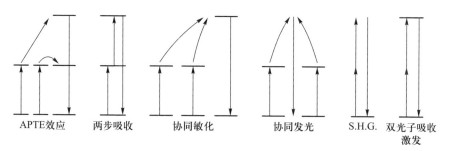

图 10.2 　Auzel 提出的几种上转换过程[1]。也可参见文中介绍

---

①　这里的"激发"同上文的"吸收"本质上是一样的,因为后者就是一个激发的过程。——译者注

## 10.1.2　上转换材料

### 10.1.2.1　含 $Yb^{3+}$ 和 $Er^{3+}$ 的材料

　　首个上转换示例是 1966 年由 Auzel 报道的双掺 $Yb^{3+}$ 和 $Er^{3+}$ 的 $CaWO_4$[3]。图 10.3 给出了这个体系的能级分布。其中，$Yb^{3+}$（$^2F_{7/2} \rightarrow {}^2F_{5/2}$）吸收近红外辐射（970 nm）并将能量传递给 $Er^{3+}$ 并布居于 $Er^{3+}$ 的 $^4I_{11/2}$ 能级上[①]。在 $^4I_{11/2}$ 能级的寿命期内，$Yb^{3+}$ 又吸收第二个光子并且将能量转移给 $Er^{3+}$，从而当前的 $Er^{3+}$ 就从 $^4I_{11/2}$ 能级上升到 $^4F_{7/2}$ 能级。从这一能级出发，它快速且无辐射衰减到 $^4S_{3/2}$ 能级，随后从该能级产生绿光发射（$^4S_{3/2} \rightarrow {}^4I_{15/2}$）。通过这种方式就可以从近红外激发得到绿光发射。

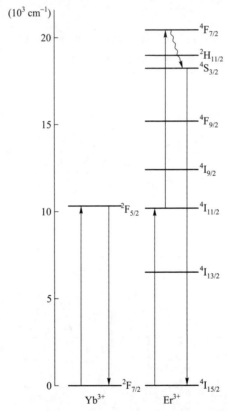

图 10.3　$Yb^{3+}$，$Er^{3+}$ 组合的上转换示意图。受激发的是 $Yb^{3+}$，而
发射则源自 $Er^{3+}$ 的 $^4S_{3/2}$ 能级

---

　　① 　这里客观的物质是电子，该过程其实分别是 $Yb^{3+}$ 和 $Er^{3+}$ 离子各自电子的跃迁，而能量则通过电子的跃迁进行转移，因此作者才使用了"populate"（布居）一词。——译者注

由于产生一个绿光子需要两个红外光子,因此发射光密度随红外激发光密度的平方值而增加,这个结论获得了实验支持,同时也是双光子激发的特征。这也意味着只有给定了激发密度,这时讨论效率值才有意义。

表 10.2 中给出了 $Yb^{3+}$,$Er^{3+}$ 共掺基质晶格在红外激发下产生绿光发射强度的效率值[4]。这些体系吸收的激发强度是一样的,而且激活剂浓度也一样。从实验结果上看,效率主要与基质晶格的类型有关,其中 $\alpha-NaYF_4$ 是非常高效的上转换材料[5]。相比于氟化物,氧化物作为上转换材料不大适合,这是因为在氧化物中,由于发光中心与周围环境之间的相互作用更强(参见 2.2 节),因此激发态的寿命比氟化物的短。如果中间态,即 $^4I_{11/2}$ 能级的寿命下降,那么上转换过程的总效率也会下降。

**表 10.2   $Yb^{3+}$,$Er^{3+}$ 共掺基质晶格在红外激发下并经归一化后的绿光发射强度[4]**

| 基质晶格 | 强度 |
| --- | --- |
| $\alpha-NaYF_4$ | 100 |
| $YF_3$ | 60 |
| $BaYF_5$ | 50 |
| $NaLaF_4$ | 40 |
| $LaF_3$ | 30 |
| $La_2MoO_8$ | 15 |
| $LaNbO_4$ | 10 |
| $NaGdO_2$ | 5 |
| $La_2O_3$ | 5 |
| $NaYW_2O_6$ | 5 |

由于 $Er^{3+}$ 具有合适的 $^4I_{11/2}$ 激发态寿命,因此这些共掺 $Yb^{3+}$ 和 $Er^{3+}$ 的材料可以将红外光转换为绿光。作为其中的一个例子,可以产生红外发射的 GaAs 二极管(参见 10.4 节)就能够在其表面覆盖一层共掺的 $Yb^{3+}$ 和 $Er^{3+}$ 氟化物而得到绿光发射。然而,对于这个体系,这种做法并没有实际的优势——因为 GaP 就可以直接发射绿光,而 GaAs 自身的发光虽然具有更高的效率,但是其上转换过程的效率却太低,所以 GaAs 与发光粉的组合实际上不如单独使用的 GaP 二极管。

### 10.1.2.2　含 Yb³⁺和 Tm³⁺的材料

有关 Yb³⁺和 Tm³⁺的能级分布可以参见图 10.4。红外光可以通过一个三光子的上转换过程改为蓝光发射。第一次的能量转移后，Tm³⁺将布居于³H₅能级，接着快速弛豫到³F₄能级，然后第二次能量转移又将 Tm³⁺从³F₄升高到³F₂，随后再弛豫到³H₄。接下来的第三次能量转移会将 Tm³⁺从³H₄升高到¹G₄，最终从¹G₄能级得到了蓝光发射。它的强度随着激发密度的三次方而线性增加。

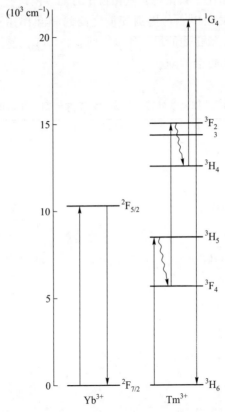

图 10.4　Yb³⁺，Tm³⁺组合的上转换示意图。在连续发生 3 次来自 Yb³⁺的
能量转移之后，Tm³⁺到达¹G₄发射能级

对于 Er³⁺的上转换蓝光发射过程，Auzel 使用了总计达 5 个光子的机制来加以解释[1]，通过这种方式可以将 970 nm 的辐射转换为 410 nm 的辐射。不过其中的几步能量转移步骤并没有实现共振，因此在这些转移过程中，能量会因为声子吸收而产生损耗。Yb³⁺和 Tm³⁺组合的第一次能量转移就含有这种能量损耗的例子(参见图 10.4)。

### 10.1.2.3 含 Er$^{3+}$ 或 Tm$^{3+}$ 的材料

从 10.1.1 节可以明确仅掺杂一种离子的材料只能通过两步或多步光子吸收过程（参见图 10.1）来实现具有可观效率的上转换。图 10.5 给出了其中的两个示例。图中左边的一个是 Er$^{3+}$ 将 800 nm 辐射转换为 540 nm 辐射，而右边则是 Tm$^{3+}$ 将 650 nm 辐射转换为 450 nm 和 470 nm 的辐射。

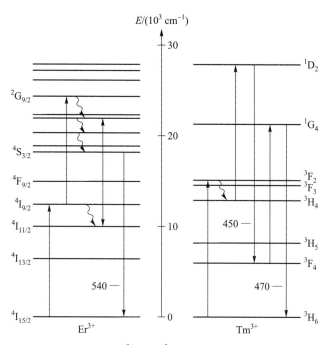

图 10.5　基于 Er$^{3+}$ 和 Tm$^{3+}$ 的单离子上转换示意图

在具体应用中（参见下文），这些离子所受的辐照来自激光二极管（参见 10.4 节）：Er$^{3+}$ 吸收来自 AlGaAs 二极管的 800 nm 辐射，而 Tm$^{3+}$ 则吸收来自最近出现的激光二极管的 650 nm 辐射。从图 10.5 可以看到，Er$^{3+}$ 通过连续吸收两个光子到达 $^4S_{3/2}$ 发射能级。图中给出了两种不同的能量变化途径，它们的相对重要性取决于不同跃迁速率之间的比值。Tm$^{3+}$ 也是通过两步过程达到蓝光发射能级。在这两种材料中都可以观测到发射强度随激发功率平方值而变化的关系[6]。

与在硅酸盐玻璃中的不同，这些离子在氟化物玻璃中具有高的上转换效率（也可参见 10.1.2.1 节）。其中一种典型的玻璃示例就是 ZBLAN（53ZrF$_4$，20BaF$_2$，4LaF$_3$，3AlF$_3$，20NaF）。图 10.6 给出了 ZBLAN 玻璃中 Er$^{3+}$ 在 800 nm 辐照下的上转换发光。由于快速无辐射地从 $^2G_{9/2}$ 弛豫到更低的能级（参见图

221

10.5)，因此该材料中的 $^2G_{9/2} \to {}^4I_{15/2}$ 发射很弱。另外，由于有少量地从 $^4S_{3/2}$ 无辐射弛豫到 $^4F_{9/2}$，因此也出现了微弱的 $^4F_{9/2} \to {}^4I_{15/2}$ 发射。

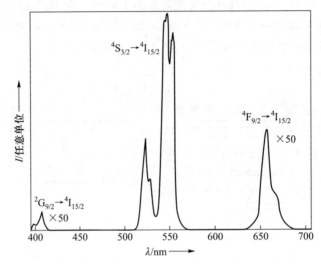

图 10.6　红外激发下 $Er^{3+}$ 掺杂 ZBLAN 玻璃在可见光区的发射光谱。经允许转载自参考文献[6]

这种 ZBLAN 玻璃在高密度光存储领域（比如用于 CD 播放器）具有潜在的应用。在这类设备中，信息存储密度随着激光聚焦光斑尺寸的减小而增加。该密度的大小反比于激光波长值的平方而变化。由于目前可用的二极管激光的发光处于近红外，因此已经有大量的研究专注于实现蓝光发射二极管激光器。目前有 3 种可用的方法，即：

（1）探索现在虽然没有，却可以基于硫化锌而发展的蓝光发射的激光二极管。这种激光器的实现看来已经不远了。

（2）通过产生二次谐波使近红外激光辐射的频率变为原来的两倍（参见图 10.2），能够实现这种目的的材料有 $KNbO_3$ 和 $K_3Li_{1.97}Nb_{5.03}O_{15.06}$[7]。

（3）基于前述的两步吸收过程，采用氟化物玻璃做的光纤作为上转换激光器，利用红外激光二极管进行泵浦。

#### 10.1.2.4　结论

上面提到的材料特别强调了三价稀土离子非常适于实现上转换过程。从它们的能级图（参见图 2.14）来看，这种现象并不值得惊讶。这些稀土离子的能级通常都具有丰富的中间能级，可用于上转换过程。不过，其他种类的离子也可以实现上转换，比如 $5f^n$ 离子（在 $ThBr_4$ 中的 $U^{4+}$ 和 $Np^{4+}$[8]）和过渡金属离子（$MgF_2 : Ni^{2+}$）等。

前面已经概述了上转换现象在材料领域中的积极作用。不过上转换现象对材料也存在这负面影响，即饱和效应（saturation effect）。这是因为上转换在本质上意味着从某个激发态继续往上跃迁。如果感兴趣的是来自这个特定激发态的发射，那么不管是考虑它的发光还是受激发射，都必须意识到上转换将降低布居于这个能级的粒子数目，从而也就降低感兴趣的发射的强度。在激活剂浓度更高或者激发密度较大的场合下，这种影响就会明显化（饱和效应）。

投影电视机发光粉的饱和效应有一部分可以归因于图 10.7 所说明的那类上转换过程。它很类似于前述半导体中的俄歇过程（参见 4.6 节）。这类上转换通常不利于材料成为优良的激光材料。这是因为如果受激发射出来的辐射又被仍然处于激发态的离子重新吸收，那么实际的激光效率就会下降。从图 10.7 可以清楚看出，在这种情况下，这种通常被称为激发态吸收的上转换过程会对粒子数的布居反转①起到相反的作用：对于图 10.7 中的两个离子，在上转换发生前已经实现了布居反转，但是在上转换发生后并且无辐射弛豫到发射态时，布居反转下降到了 50%。基于这种原因，探索潜在激光材料的研究者普遍会考虑所研究材料的激发态吸收。

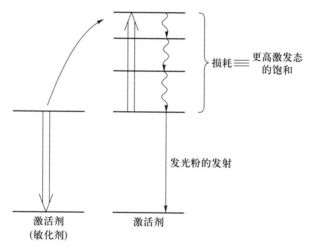

图 10.7 某发光粉中上转换成为发光猝灭过程的示意图

有关近年来上转换的发展，读者可以参考 1993 年国际发光学会议的论文集［J. Luminescence，（1994）60/61］。

---

① 实现激光输出的前提是发射态/激发态的粒子数高于基态粒子数。——译者注

## 10.2　发光离子探针

发光离子作为探针来使用并不属于发光材料的工业应用范畴，而应该被看作在材料研究和表征领域中的应用。其基本思想就是某离子的发光性质可以给出该离子自身及其所处基质晶格环境的一些信息。这种发光应用的风险之处，也是经常被忽视的一面是，能够监测的只是有发光的离子而已。然而，虽然材料包含某种特定离子，但是在给定的配位环境下，该特定离子也可能没有或者仅有部分产生发光。因此了解这种离子是否真正被激发以及是否所有这些离子都给出发射是一件重要的事情。

离子的发光可作为针对离子本身的化学分析工具。Fassel 等[9] 已经提出了有关稀土元素化学分析的光学原子发射和 X 射线激发学发光技术。待分析的元素可以被高效激发并且发光具有高的量子效率是应用这类技术的关键。在这种前提下，分析结果可以达到 ppm 的范围，有时甚至还可以更低。一个典型的例子就是通常在 $Gd^{3+}$ 被激发下可以给出 $Cr^{3+}$ 发射的 $GdAlO_3$[10]。$Gd^{3+}$ 得到的激发能可以在 $Gd^{3+}$ 亚晶格中迁移（参见 5.3.1 节），中途会被 $Cr^{3+}$ 杂质高效捕获，后者来自含 Al 的原始反应物。与此类似，$TiO_2$ 经金红石改性后通常会显示 $Cr^{3+}$ 的发射，其激发来自金红石的带 - 带跃迁。金红石基质被激发后产生的自由载流子（参见 3.3.9 节）会在杂质上复合，从而很难观测到金红石的本征发光[11]。这些实验测试表明，含铝和钛的化合物通常都包含着一些铬。附带说一下，在 $GdAlO_3$ 和 $TiO_2$ 中，激发过程是非常高效的。

观察图 3.10 就容易理解发光离子是如何具有表征其周围环境的探针作用的。$Eu^{3+}$ 在 $NaGdO_2$ 和 $NaLuO_2$ 中的发光有很大的不同。如果晶体结构未知，那么从这些光谱就可以发现 $Na^+$ 和 $Ln^{3+}$（Ln = Gd，Lu）是有序排列的，而 $NaLuO_2$ 中的 $Eu^{3+}$ 配位具有反演对称性，相反地，$NaGdO_2$ 中则没有这种对称。

在这种应用中，一件重要的事情就是要注意到发光所给出的结构信息以及通过衍射（X 射线、中子）法所得到的具有完全不同的特征。后者所测的是长程有序结构，即整体的晶体结构，而前者只能提供围绕发光中心的结构信息，从而可以表征短程有序结构。

这里以白钨矿 $Y_2SiWO_8$ 和 $Y_2GeWO_8$ 作为例子进行说明[12]。由于四面体格位具有晶体学的有序性，因此 X 射线衍射不能给出超结构的衍射线。而这些化合物中少量的发光可以给出别的信息。其中含硅的化合物具有锐利的发射线，这意味着存在可观数量的短程有序，相反地，含锗的化合物的发射线相比之下宽了一个数量级，这就意味着它的有序程度要低得多（参见图 10.8）。

发光离子通常被用于表征玻璃的结构。笔者认为，这种测试只能给出玻璃

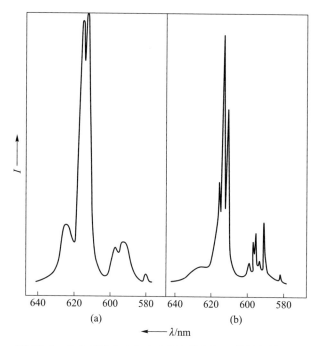

图 10.8 $Y_2GeWO_8(a)$ 和 $Y_2SiWO_8(b)$ 中 $Eu^{3+}$ 的发射光谱

中发光离子周围环境的结构信息，而不是玻璃的结构信息。另外，需要记住的是，发光离子通常是网络改性剂[①]，可能局部强烈地改变玻璃的原有结构。

Boulon 等[13,14] 利用 $Cr^{3+}$ 的发光来研究玻璃的晶化以及表征玻璃陶瓷。这种操作实际上利用的是 $Cr^{3+}$ 更趋向于进入晶体相而不是无定形相的机制。图 10.9 给出了他们研究成果的一个例子。其中，所用的玻璃组成为 52% $SiO_2$、34.7% $Al_2O_3$、12.5% MgO 和 0.8% $Cr_2O_3$。图中的曲线 $a$ 是纯玻璃的发射光谱，由 $Cr^{3+}$ 产生。其中一小部分 $Cr^{3+}$ 给出 $^2E$ 发射（大约 692 nm），而大多数 $Cr^{3+}$ 给出的则是 $^4T_2$ 发射（850 nm 附近的发射带）（参见 3.3.4.1 节）。曲线 $c$ 给出的是该玻璃在 950 ℃下加热 10 min 后所得的发射。这个加热温度是刚开始发生晶化的温度。现在改为 $^2E$ 发射为主并且变得更为尖锐。分析结果表明，这种发射主要来自 $MgAl_{2-x}Cr_xO_4$ 晶粒中的 $Cr^{3+}$，该晶粒直径为 40 nm。在晶体中，发光的非均一宽化较小（参见 2.2 节），因此 $^2E$ 发射相比于先前玻璃中的开始尖锐化。在尖晶石结构中，$Cr^{3+}$ 的晶体场足够大，从而只出现 $^2E$ 发射。曲线 $c$ 中的宽带

---

① 如果将构成玻璃的离子组成的几何结构称为网络，那么要稳定玻璃就要求离子尽可能成为网络的节点，而不是端点。改性剂除了改变网络的局部结构，也可以调整节点与端点的数目比例（最终也改变了网络的结构），从而获得所需的玻璃性能。——译者注

来自仍处于玻璃中的 $Cr^{3+}$，其周围晶体场强度较低。

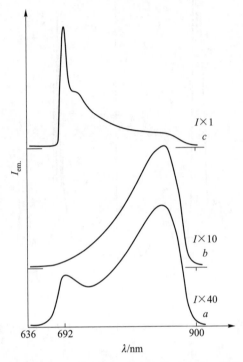

图 10.9　玻璃晶化过程的发射光谱变化。曲线 a 为玻璃的 $Cr^{3+}$ 的发射光谱（$^2E$ 和 $^4T_2$ 发射）；曲线 b 为含 $MgCr_2O_4$ 晶粒的玻璃的发射光谱；曲线 c 为含 $MgAl_{2-x}Cr_xO_4$ 晶粒的玻璃的发射光谱。需要注意的地方是，发光强度大幅度增大。也可参见文中介绍。

经允许，转载自参考文献[13]

　　图 10.9 的曲线 b 是玻璃在稍低一些的温度下退火后所得的发射光谱。从中可以看出玻璃中包含了很少量的 $MgCr_2O_4$ 晶粒。因此就可以得到如下的结论：$Cr^{3+}$ 在玻璃中群聚起来并且在结晶刚一开始时就形成了 $MgCr_2O_4$ 晶粒，随后由于在晶粒长大中可以同化/吸收 $Al^{3+}$，因此 $Cr^{3+}$ 重新分布而形成 $MgAl_{2-x}Cr_xO_4$。

　　晶体材料中的相变也可以利用发光来表征。比如八-正十二烷氧基取代酞菁（octa-n-dodecoxy substituted phthalocyanine）发生晶体相→液晶相变时，其发光会消失；而掺 $Cr^{3+}$ 的 $Li_2Ge_7O_{15}$ 中发生顺磁到铁电相变时，$Cr^{3+}$ 的 $^2E$ 发射线会发生劈裂。

　　有关探测周围环境的示例列举如下：

　　（1）在 $CaF_2$:$Er^{3+}$ 中，通过发光测试发现发光离子占据了多达 20 个不同的晶格位置[17]。这是因为 $Er^{3+}$ 相比于 $Ca^{2+}$ 多了一个正电荷，从而需要进行电荷补偿。在这种氟化物结构中，这种补偿的方式有很多，从而就产生了多种发光中心。这种现象已经在许多位于氟化物中的三价离子上发现过。这些 $Er^{3+}$ 中心的典型例子包括没有近邻参与电荷补偿的 $Er^{3+}$，与 $O^{2-}$ 结合的 $Er^{3+}$，与间隙 $F^-$ 结合的 $Er^{3+}$ 以及 $Er^{3+}$ 与若干个 $F^-$ 的缔合体等。通过使用定位光谱（site-selective spextroscopy）测试技术就可以研究缺陷-缺陷相互作用的热力学机制。

（2）在 $CaSO_4$ 中，基于发射光谱可以直接得出 $Eu^{3+}$ 及其他三价发光离子可以形成 $V^{5+}$：$( Eu_{Ca}^{\cdot} \cdot V_S' )^x$ 缔合体。由于 V—Eu 之间的间距短（直接近邻，参见 5.3.2 节）[18]，因此钒酸根基团被激发，从而产生 $Eu^{3+}$ 的发射。这种样品可以看作 $EuVO_4$ 分子进入 $CaSO_4$ 中形成了固溶体。遗憾的是，其溶解度并不高，否则就可以成为一种廉价的红光发射灯用发光粉了（参见 6.5 节）。

（3）在 $CsCdBr_3$ 中，$Cd^{2+}$ 形成了链条结构，如果有 3 个 $Cd^{2+}$ 被两个 $Ln^{3+}$ 所取代，那么它们就形成了一条簇链（$Ln_{Cd}^{\cdot} \cdot V_{Cd}'' \cdot Ln_{Cd}^{\cdot}$）$^x$。当 Ln = Tb 时，这种簇就可以通过交叉弛豫（参见 5.3.1 节）而产生来自 $^5D_4$ 的绿光发射，因此即使 $Tb^{3+}$ 的浓度不高，原有的蓝光发射强度也变低了[19]。

（4）利用三价镧系离子的发射光谱可以推导出它们与二氧化硅表面配位的方式[20]。其中 $Ln^{3+}$ 直接通过 Si—O 键与二氧化硅成键，而另一方面还与 4 个水分子发生配位。

（5）对于工业上重要的催化剂 $SiO_2$—V，利用发光光谱可以知道钒酸根基团在二氧化硅表面上吸附的方式[21]。这些材料具有独特的发光：钒酸根基团在低温下的发射带具有振荡的结构，个体谱峰之间的间距大约是 $1\,000\ cm^{-1}$（参见图 10.10）。这意味着 V—O 键很短，而衰减时间很长。所有这些都表明

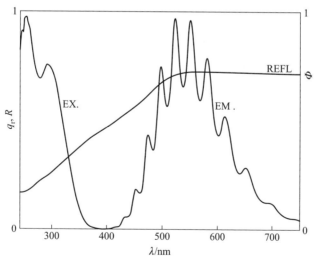

图 10.10　$SiO_2$—$V^{5+}$ 的光谱表征。其中 REFL 为漫反射光谱；EX. 为发光的激发光谱；EM. 为含振荡结构的低温发射光谱。摘自 M. F. Hazenkamp, thesis, University Utrecht, 1992

$V^{5+}$ 通过 3 个 Si—O—V 键而与二氧化硅表面结合，并且还有一个很短的 V—O 键立在表面上（V—O 间距～1.56 Å）。正是这个 V—O 键参与了催化过程（参见图 10.11）。

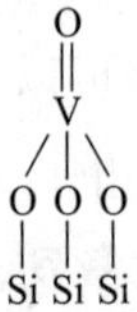

图 10.11　二氧化硅表面的钒酸根基团

## 10.3　发光免疫分析

### 10.3.1　原理

稀土配合物的发光可以应用于免疫学领域，为生物物种确认工作，尤其是其中的临床应用提供一种新的技术手段。这种方法在灵敏度和特异性（或者说专一性）方面要优于许多其他的方法。虽然本书仅涉及固体材料，但是从关于发光材料的有意义的主题内容的角度出发，这里还需要介绍下这种应用——而且发光离子在这些材料中的发光性质也同其在固体中的发光性质极为相似。另外，最近 Sabbatini 等已经对这一领域的方方面面进行了总结，读者也可以自行参考有关文献[22]。

基于发光标记的免疫学方法通常被称为荧光免疫分析（fluoroimmunoassay）[23]。与 6.2 节中介绍发光照明时所给的原因一样，这里同样改用"发光免疫分析（luminescence immunoassay）"这一术语①。这种发光标记通过化学方式与抗体耦合起来，而后者可以通过特定的方式与已知的生物分子或有机体结合在一起。采用这种办法，发光的出现就与某种分子或有机体的存在关联起来了。

掺杂稀土的样品通常都有自己特有的发光现象，因此就可以实现所谓的稀土"标记"的功能。另外，可看作是背景光的生物材料的自身的发光，其寿命通常都很短，而诸如 $Eu^{3+}$ 和 $Tb^{3+}$ 却具有长寿命的发光（参见 3.3.2 节），因此将背景光和稀土特有发光区分开来并不是困难的事情。

因为整个测试是在含水介质中进行，所以稀土离子必须被其周围配位环境直接与水隔离，否则水分子会强烈猝灭掉它的发光（参见 4.2.1 节）。要阻止

---

①　传统的说法是"荧光免疫分析"。但是很多免疫分析所用的发光并不是荧光，因为相应的发光跃迁不满足 $\Delta S = 0$ 这一专属于荧光的特征要求，作者正是据此提出了建议。——译者注

这种猝灭有好几种办法，这些将会在下文进行讨论。总体上看，所有的这些方法就是给发光离子套上一个笼子。图 10.12 以示意图的形式给出了发光免疫分析的原理。

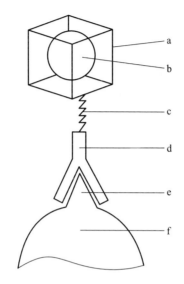

a—穴状配体(cryptand)；b—稀土发光离子；c—与抗体之间的连接；d—抗体；
e—反基因；f—生物分子。

图 10.12 采用稀土穴状配合物(cryptate)的发光免疫分析示意图

## 10.3.2 材料

目前，可用的商品药剂采用的是 $Eu^{3+}$ 螯合物。由于这种药剂中使用了两种不同的螯合物，因此相关的分析过程并不简单。更有前景的材料是由一个稀土离子和一个用于封装的配体组成的配合物。这类配体已经报道了好几种，具体可以参见文献[22]。这里将围绕其中的一种配位，即穴状配体进行讨论。穴状配体是一种可形成笼状结构而套在金属离子上的配体，包含金属离子在内的整个配合物就称为穴状配合物。图 10.13 给出了这样一种穴状配体的示例。$(Eu \subset 2.2.1)^{3+}$ 和 $(Tb \subset 2.2.1)^{3+}$ 穴状配合物(其中"$\subset$"代表封装)在水溶液中可以发光，但是其量子效率并不高，尤其是 $Eu^{3+}$ 就更低了(激发分别通过电荷转移和 4f-5d 跃迁来完成)。相应的无辐射损耗源于与水分子相关的多声子发射，而对于 $Eu^{3+}$，电荷转移态处于低能量位置也是引起这种损耗的一个原因(参见 4.2.2 节)

无论如何，穴状配体可以将稀土离子和含水介质隔开，这是一件好事，毕竟赤裸的稀土离子在水溶液中给出的发光效率更低。对于后者，该稀土离子可以与 9~10 个水分子配位，而在穴醚[2.2.1]中仅有 3 个水分子仍有机会同这个稀土离子结合在一起。

在改用含有可以强烈吸收紫外线的有机基团的穴状配体后，配合物的发光效率就有了显著改善。典型的配体示例就是 bpy. bpy. bpy 穴状配体（bpy = 2, 2′-联吡啶）。图 1.9 给出的就是这类穴状配合物。因为 bpy 基团可以强烈吸收紫外辐射，所吸收的能量随后被转移给稀土离子，然后由稀土离子产生发光，因此这种穴状配合物的镧系离子发射具有高的光输出。这种现象与 $YVO_4$: $Eu^{3+}$ 非常类似（参见 5.3.2 节），其中的 $VO_4^{3-}$ 基团与 bpy 配体一样，都是稀土离子发射的高效敏化剂（参见 5.1 节）。如果采用光化学术语，这种就被称为天线效应（antenna effect）[22]。

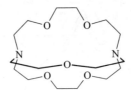

图 10.13　穴醚[2.2.1]

然而，这类体系还是存在着无辐射损耗。其原因就在于穴状配体并不能完全屏蔽稀土离子。就算是 $Tb^{3+}$，所得的量子效率也还是不高。这是由于 $Tb^{3+}$ 和该穴状配体之间存在着一个电荷转移态，从而可以导致被激发的 $Tb^{3+}$ 无辐射返回基态（参见 4.5 节）。这里再次提醒一下，它同样类似于 $YVO_4$: $Tb^{3+}$，由于可以通过电荷（或者说是电子）转移态（参见 4.5 节）而猝灭，因此这种材料的发光效率也不好。

这些发现也意味着如下的改进路线：$Tb^{3+}$ 要比 $Eu^{3+}$ 优越——这是因为 $Tb^{3+}$ 的发射能级与下一个更低能级之间的能量差较大（参见图 2.14），从而它的发光对水分子的存在更不敏感（也可以对照 4.2.1 节）。不过，要获得高效的发光，$Tb^{3+}$ 也只能在更高的激发组态（比如电荷转移态）位于高能位置时才能实现。利用别的可以更好隔开水分子的同时又不引入有害激发态的大环配体已经实现了这一目标。这种配体就是 bpy-支化三氮杂环壬烷[22]。到目前为止，这类配合物可得的最大量子效率对于 $Eu^{3+}$ 是 20%，而 $Tb^{3+}$ 则是 40%。

在结束前需要提及的是，实现发光免疫分析还有一条完全不一样的途径，那就是使用商业发光粉。例如，采用 $YVO_4$: $Eu^{3+}$ 可以得到不错的结果。其粉体颗粒被束缚在抗体上，再以这种方式连接到待分析的对象上。这种体系不仅量子效率高，而且对水分子的屏蔽也不再是一个问题，这是因为此时的发光物质是固体状态。不过，与穴状配合物起作用时所处的分子尺度相比，就算是最细的颗粒也显得过于庞大。

另外，有部分研究已经泛泛考察了某些含有"被笼住"稀土离子的体系在发光免疫分析方面的应用潜力。其中就包括了分子筛[24]。分子筛是一种固体材料，其内部含有可以容纳离子或分子的孔隙。它们被广泛用于催化剂，并且价格便宜。不过，到现在为止，具有"被笼住"的离子或分子的这类体系尚未发现具有免疫分析应用的潜力。这是因为不管如何，一个明显的事实是，利用有机基团的吸收特性要比采用无机基团优越得多，这是因为相比于无机基团来说，它们的吸收强度要高出一个数量级是容易的事情。

# 10.4　电致发光

## 10.4.1　概述

当发光材料可以通过施加电势进行激发的时候，就可以说产生了电致发光。为了将所施加的电势提供的电能转化为辐射，需要完成 3 个步骤：施加电场进行激发，能量传递给发光中心以及该中心产生发光。根据所施加电场的大小，电致发光可以分为低场和高场两种类型。能量被注入 p-n 结上的发光二极管产生的是典型的低场电致发光，施加于其上的电势的特点是其大小一般为几个伏特。而高场电致发光所需的电场强度为 $10^6$ V/cm。这类电致发光常用的是基于 ZnS 的发光材料。低场电致发光通常工作于直流电模式，而高场电致发光则通常为交流电模式（ACEL①）。在本章节中首先考虑低场电致发光（以及诸如发光二极管和激光二极管，也称为半导体激光器等应用），随后再讨论一下在显示领域具有潜在应用的高场电致发光（薄膜电致发光）。有关这一主题的更详尽介绍，读者可以参考最近由 Kitai 编辑的著作中的若干章节[25]。

## 10.4.2　发光二极管和半导体激光器

根据掺杂的本质不同，半导体可以分为 n 型或 p 型两种。这里需要考虑的是 p-n 结，即一个 n 型和一个 p 型半导体之间的界面。图 10.14 示意性画出了该结的带结构和电子分布。

在 p-n 结上施加一个可以使电子涌向该 p-n 结 n 型端的电势（正向偏压）后，其中 n 型半导体导带中的电子就会进入 p 型半导体价带上的空穴中（参见图 10.15）。对于半导体性质合适的 p-n 结，这种跃迁所吸收的能量会以辐射的

---

①　即"alternating current electroluminescence"的缩写。——译者注

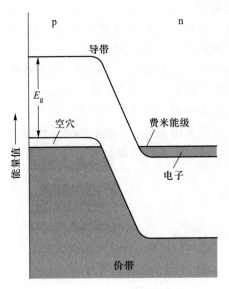

图 10.14　p-n 结的能级结构

形式被发射出来，尤其直接半导体( direct semiconductor)①更是如此。后者是一种具有光学允许的带－带跃迁的半导体。基于这种办法就可以获得发光二极管。这些可由 p-n 结产生电致发光的材料可以应用于电子显示领域。

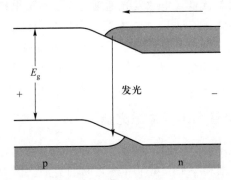

图 10.15　如图 10.14 所示 p-n 结施加正向偏压后的结果。经允许，图 10.14 和 10.15 转载自参考文献[38]

　　这种发光二极管还不是激光器。不过，利用这种 p-n 结处的电子－空穴辐射复合可以作为实现激光的基础。通过快速移走电子，使之落入价带中的空穴中就

---

　　①　直接带隙跃迁半导体或者直接带隙半导体，它们属于价带与带之间的跃迁不需要声子辅助的半导体。而间接半导体则需要声子辅助。——译者注

可以实现激光所需的粒子数布居反转。这类激光器在当前已经被广泛应用(包括光通信、CD 播放器等)。它们的另一个重大优势就是实现了小尺寸(<1 mm)。

采用 GaAs 并通过 p-n 结就可以轻松产生红外发射。如何将这种辐射上转换为可见光辐射可以参见第 10.2 节的讨论。通过将 GaAs 与磷结合,其带隙可以增加并且发光会移向可见光。比如 GaAs$_{0.6}$P$_{0.4}$ 可以给出红光发射,而 GaP 则是绿光。前一种材料仍然是直接半导体,然而后一种则转为间接半导体(indirect semiconductor)。由于此时的光学跃迁被禁阻了,即发光衰减变慢,而无辐射过程也逐渐显著,因此这类二极管的效率并不高。

半导体 ZnS 和 ZnSe 也有较大的带隙,可以进一步降低辐射速率①。不过这类材料要获得 n 或 p 型半导体也存在困难。虽然目前已经有了一些进展,但是基于 Ⅱ-Ⅵ 半导体的二极管的成果仍然不是很理想[26]。

### 10.4.3　高场电致发光

有关粉体 ACEL 现象的发现可以回溯到 1936 年由 Destriau 所做的研究。然而,到目前为止,正如 Allen 在综述[27]中所言,对这种现象的基础过程的理解尚未完善。Allen 强调高场电致发光与气体放电灯中发生的过程是类似的。在这种放电灯中,电子从所施加的电势中获得能量,随后这些高能电子通过与原子的碰撞使其被激发或者电离(也可对照图 6.1 和 6.2 节)。从相应发光照明的成功可以明白,这类体系的发光能够获得高效率。然而,其固态类似物(即高场电致发光)实际上却并没有产生这么高的效率。

固体中的电子(或空穴)可以通过电场而被加速,但是也容易通过声子发射(即通过激发晶格的振动)而损耗能量。因此高场电致发光首先需要高的电场强度,以便从电场中获得的能量可以超过在声子中所消耗的。其次,由于所用固体的厚度小,因此发光中心浓度就要高,不过这可能要受到浓度猝灭的限制。图 10.16 示意性地给出了高场条件下固体中需要考虑的各种碰撞过程:

(1)带-带碰撞电离所产生的电子与空穴可以通过发光中心实现有辐射地复合。这种碰撞的弱点在于电流随电势增加很快(这就不利于器件的稳定工作),同时所需的电场强度也很高。

(2)两步带-带碰撞电离中,一个入射的热载流子②会电离出一个处于深

---

①　原书可能有误,因为除了 ZnS 等为直接带隙半导体,有助于快发光,而且一般能隙较大,自发辐射速率(发光)也更快。不过按照 Andries 教授的建议,基于当时的材料和测试条件或许有这个结论,因此此处仍然维持原文,但是建议读者不能据此认为"带隙越大,辐射速率越慢"是普适的。——译者注

②　温度是粒子微观运动速度的宏观显示结果,因此高能物理等领域常将具有较高能量的粒子称为"热"粒子。——译者注

能级的电子，随后另一个热载流子又将某个电子从价带提升到这个深能级。利用这种方式可以产生大量的自由电子和空穴。在 ZnS 和 ZnSe 中，产生可观数量的这类载流子所需的场强要比上述的单步带-带电离低一个数量级。这种碰撞吸引人之处就在于可碰撞电离的中心具有高浓度，而发光中心则可以为了避免浓度猝灭而具有较低的浓度。

（3）发光中心的碰撞激发：商用器件中的 ZnS: $Mn^{2+}$ 的发光通常被认为是采用了这一机制。其功率效率可以如下估算：

$$\eta \sim h\nu\sigma N/(eF)^{①} \qquad\qquad (10.1)$$

式中，$F$ 为电场强度；$h\nu$ 是发射能；而 $(\sigma N)^{-1②}$是两次碰撞间热电子经过的间距（$\sigma$ 是交叉截面，而 $N$ 是最优发光中心浓度）。与实验匹配的这些参量的典型取值分别是 $h\nu = 2$ eV，$\sigma = 10^{-16}$ cm²，$N = 10^{20}$ cm⁻³ 以及 $F = 10^6$ V/cm，相应地 $\eta \sim 2\%$。

（4）发光中心的碰撞电离。稀土掺杂的 SrS 和 CaS 的电致发光被认为源自这种机制。到目前为止，还是很难看出高场电致发光的效率可以有多少显著的提高。

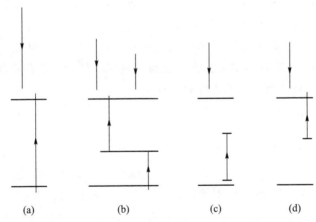

图 10.16　固体中的碰撞过程示意图。（a）带-带电离；（b）两步带-带电离；
（c）碰撞激发；（d）碰撞电离。经允许转载自 J. W. Allen[27]③

---

① 公式中的"$e$"表示一个电子的电量，实际计算中用来同场强 $F$ 的单位中的"V"构成能量单位"eV"。——译者注

② 原书将"$\sigma$"误写为"$s$"，下面的赋值也是一样。——译者注

③ 图中距离较远的两条水平线分别代表导带（上）和价带（下），导带之上的带向下箭头的线段代表热电子从高能跃迁到低能态（损失能量），其中图（b）有两个热电子（文中为热载流子）；而下方带向上箭头的线段表示具体的激发过程，比如图（a）是价带电子进入导带，图（c）是发光中心由基态进入激发态。——译者注

在薄膜电致发光中使用了一个透明的前电极(front electrode)和一个不透明的背电极(back electrode)。前者可以是一片铟锡氧化物薄层,而后者则是一层薄铝。在 20 世纪 70 年代早期就提出的采用 $ZnS:Mn^{2+}$ 电致发光层的金属-绝缘体-半导体-绝缘体-金属(metal - insulator - semiconductor - insulator - metal, MISIM)器件可以在几千个小时内维持明亮的发光,其中的绝缘体有大量的氧化物可供选用。

这种复合薄层及其可用的电致发光材料的制备方法在参考文献[28]中已经做了综述。所用的技术包括溅射、真空蒸发、金属-有机物化学气相沉积(metal-organic chemical - vapor deposition, MOCVD)和原子层外延法(atomic layer epitaxy, ALE)等。

在 MISIM 器件中,应用最为成功的电致发光材料就是 $ZnS:Mn^{2+}$。它的发光是黄色的(也可参见图 10.17),相关跃迁就是众所周知的 $^4T_1 \rightarrow {}^6A_1$ 跃迁(参见 3.3.4.3 节),最优 Mn 浓度大约是 1 mol%①。

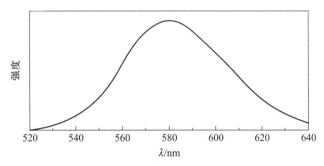

图 10.17　$ZnS:Mn^{2+}$ 的电致发光发射光谱

为了获得多色电致发光器件,针对其他材料的研究在全球范围内蓬勃开展。不过并没有发现一种可以在效率上与 $ZnS:Mn^{2+}$ 相匹敌的新型材料。这些材料中的一个例子就是 $ZnS:Ln^{3+}$(Ln = 稀土元素)薄膜。当 Ln = $Tb^{3+}$ 时,这种薄膜发出绿色的电致发光,而 Ln = $Sm^{3+}$ 时则是红光。另一个例子就是 MS(M = Ca, Sr):$Ce^{3+}$ 或 $Eu^{3+}$(分别发绿光和红光)。有关其他更多材料的报道可以参见相应的文献。

薄膜电致发光(thin-film electroluminescent, TFEL)器件可以用于显示领域[29]。从 1983 年开始,赫尔辛基机场的到达大厅中就采用了基于 $ZnS:Mn^{2+}$ 的显示屏。目前多色显示器件已经进入市场,预计今后会占据平板显示市场大约

---

① 原文误为 mole%,通常为"mol%",表示摩尔百分比,此处表示 Mn 占(Zn+Mn)的总摩尔数的 1%。——译者注

5%的份额(主要部分仍然是彩色液晶显示器)。通过过滤器的 $ZnS:Mn^{2+}$ 发射可以实现红光和绿光(对照下图 10.17),麻烦的是无法实现蓝光,而且目前依旧没有发现这类优良材料。不过,$SrS:Ce$ 有望成为填补这一空隙的最佳选择。最近也有人提出了铈激活的碱土硫代硫酸盐来解决这个问题[29]。

## 10.5 光纤放大器与激光

首个光纤激光器在 1964 年提出并且实现于 1974 年[30]。自从 2 μm 左右光谱区域可用放大器的生产取得了巨大成功后,这些年来针对这一应用领域的探索出现了爆炸性的增长。2 μm 是中长距离光通信感兴趣的一种波长,掺 $Er^{3+}$ 的石英光纤是用于这一领域的商品。

由于要讨论的重点是 $Er^{3+}$,因此图 10.18 所给的 $Er^{3+}$ 的能级示意图就十分重要。$Er^{3+}$ 可以被来自半导体激光器(参见 10.4 节)的 0.98 μm 或 1.48 μm 辐射分别泵浦,即发生 $^4I_{15/2} \rightarrow {}^4I_{11/2}$ 或 $^4I_{13/2}$ 跃迁。(受激)发射则分别为 2.5 μm ($^4I_{11/2} \rightarrow {}^4I_{13/2}$) 或 1.5 μm ($^4I_{13/2} \rightarrow {}^4I_{15/2}$)。

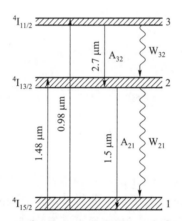

图 10.18　$Er^{3+}$ 的低能级分布图,也可参照表 10.3

在 3.6 节中已经讨论过三能级激光并不能像四能级激光那样容易实现。其原因就在于三能级激光需要实现泵浦跃迁的饱和,而四能级激光仅需要补偿光损耗而已。不过,光纤具有晶体或其他块体没有的一个巨大优势,即它们的几何构造特殊(半径小而长度大)。这种构造使得光纤很容易满足三能级激光所需的条件——虽然它对于块体样品是不可能的[30,31]。

另外,针对掺 $Er^{3+}$ 光纤的兴趣也源自这样一个事实,即石英和氟化物玻璃在上述的发射区域内具有很低的吸收(参见图 10.19)。其中,石英玻璃对

$^4I_{13/2} \rightarrow {}^4I_{15/2}$发射的透射最好，而氟化物玻璃则是对$^4I_{11/2} \rightarrow {}^4I_{13/2}$发射的吸收较小。图 10.19 给出了有关的吸收谱，对于光纤而言，给定波长的光信号在其内部的衰减以 dB/km 为单位来表示。图 10.20 同时给出了 ZBLAN:Er$^{3+}$块体及其光纤关于 2.7 μm 的 Er$^{3+}$的$^4I_{11/2} \rightarrow {}^4I_{13/2}$发光的发射光谱（对照 10.1.2.3 节）。在做成光纤的条件下，这种发光谱带显著的窄化符合利用受激发射的光放大的需求。

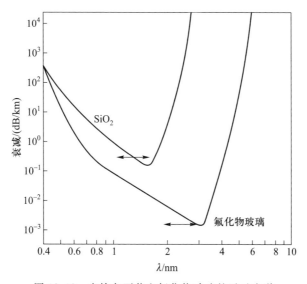

图 10.19 未掺杂石英和氟化物玻璃的透过光谱

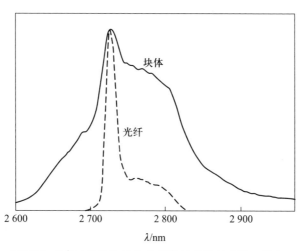

图 10.20 ZBLAN：Er$^{3+}$玻璃的块体和光纤样品的发射光谱。摘自 F. Auzel[30]

237

比较 $Er^{3+}$ 在石英和氟化物玻璃中的发光是有意义的。表 10.3 给出了一些数据，其中所用的符号可以参考图 10.18 中的能级示意图。两者的辐射速率基本一样，但是无辐射速率则有很大的差别。后者是由于它们的最大振动频率存在着差异(石英玻璃是 1 100 $cm^{-1}$，而氟化物玻璃则是 500 $cm^{-1}$)(也可以参照 4.2.1 节)。表 10.3 中的这些数据说明，石英玻璃中的 $Er^{3+}$ 的发射主要是 1.5 $\mu m$ 的 $^4I_{13/2} \rightarrow {}^4I_{15/2}$ 跃迁，而氟化物玻璃除了这种发射，同时也有 2.7 $\mu m$ 的 $^4I_{11/2} \rightarrow {}^4I_{13/2}$ 发射[①]。

表 10.3　玻璃中 $Er^{3+}$ 跃迁的有关数据，也可参照图 10.18

| 跃迁速率 | | 跃迁概率/$s^{-1}$ | |
|---|---|---|---|
| 有辐射型 | 无辐射型 | 石英 | 氟化物 |
| $A_{32}$ | | 10 | 10 |
| | $W_{32}$ | $10^6$ | 50 |
| $A_{21}$ | | 100 | 100 |
| | $W_{21}$ | 250 | $2 \times 10^{-4}$ |

总之，掺杂光纤可以产生巨大的信号增益，甚至在块体样品中不能用于实现放大器作用的光学跃迁也可以在光纤中发挥作用。目前，光纤已经是电子通信网络的一部分，而且几乎不可能被取代。

## 10.6　纳微米颗粒的发光

小颗粒，尤其是小颗粒半导体发光的发展是物理化学领域中令人激动的进步，哪怕当前预测这些颗粒的应用潜力还为时过早。这一领域的关键点就在于组分相同的条件下，微小半导体颗粒的物理性质与块体的性质不同，也与分子的性质存在着差异。当半导体颗粒尺寸下降时，一般可以看到它们的光吸收边发生蓝移。这种现象被归因于量子尺寸效应。采用盒内电子运动模型(electron-in-a-box model)来理解它是最容易的做法。基于这个模型，电子的动能由于它们所处空间的限制而增加，其结果就是带隙增大。

这里以 ZnS 胶体作为例子。这些胶体包含的颗粒可以被做成不同的尺寸

---

① 从表 10.3 可以看出，在氟化物玻璃中，无辐射跃迁的 $W_{21}$ 极慢，而自发辐射 $A_{21}$ 很强，从而 1.5 $\mu m$ 发光较强，但是对于光纤激光器而言，由于氟化物玻璃在 1.5 $\mu m$ 吸收较大，并且这个跃迁的自发辐射太快而无辐射跃迁极慢，因此布居反转状态很难实现，所以该玻璃的激光其实以 2.7 $\mu m$ 为主。——译者注

（直径最低可以到 17 Å，相当于颗粒中包含大约 60 个 ZnS 分子）。光吸收偏移从 334 nm 开始（大颗粒与块体的数值）下降到 288 nm（17 Å 的颗粒直径）。这些颗粒都有发光，如果颗粒尺寸下降，那么其发射光谱最大值也移向更短的波长位置。

最近发现具有规则结构的这类团簇样品是存在于沸石中的 CdS 超级团簇（super-clusters）[32]。该文献的作者在沸石中制备了很小的 CdS 团簇。比如沸石 Y 中存在着方钠石笼（5 Å）和超笼（13 Å）。利用这些笼可以制备具有规则结构的团簇。其操作是先将该沸石与 $Cd^{2+}$ 进行离子交换，随后在 $H_2S$ 中煅烧，最后得到白色的沸石产物（需要注意的是 CdS 是黄色的）。这种产物经多种手段表征后表明，CdS 处于该沸石的空隙结构中，即 $(CdS)_4$ 立方体离散地分布在方钠石笼内。这些立方体由 Cd 和 S 组成的四面体彼此互联而成。如果 CdS 的浓度足够高，那么这些团簇还可以进一步彼此连接起来。随着这种簇间连接的加强，吸收光谱的带边就从 290 nm 增加到 360 nm。内部团簇不同的这些材料都可以存在发光。可以观测到的发射有不同的 3 种，即黄绿色（归因于 Cd 原子）、红色（归因于硫空位）和蓝色（归因于产生浅能级缺陷的施主）。一个很有趣的地方是，在这些材料中，与无辐射跃迁有关的振动模式对应的频率是 $500\sim600$ $cm^{-1}$，这比 CdS 具有的最高声子频率还要大，从而意味着界面和基质（沸石）的声子也影响了这些振动过程。

近年来，同一课题组还合成了一种化合物 $Cd_{32}S_{14}(SC_6H_5)_{36} \cdot DMF_4$[33]。其结构中包含了一颗由 82 个 CdS 分子①组成的核，大致相当于一个由立方闪锌矿晶胞组成的直径 $\sim12$ Å 的球。这种化合物晶体可以发射最大值约为 520 nm 的绿光，相应的激发最大值位于 384 nm。图 10.21 给出了它在 6.5 K 下的发光光谱。

比较 CdS 的激发光谱和吸收光谱（参见图 10.21）可以清楚看到，这种微小的 CdS 簇可吸收的最高能量要比 CdS 块体的大。CdS 发出的宽带发射通常归因于缺陷中心的发光（参见 3.3.9.1 节）。不过，$Cd_{32}S_{14}(SC_6H_5)_{36} \cdot DMF_4$ 中的这种 CdS 核并不存在缺陷。因此 Herron 等将这种发射归因于电荷转移跃迁[33]。

由于 CdS 块体在低温下有自由激子发光[34]，因此将上述有关 CdS 的结果与 3.3.9.2 节中有关从半导体到绝缘体的相变的讨论进行对比是有意义的。如果这种激发态的非局域化的程度下降，那么自由激子发射就从窄线光谱变成宽带的局域化发射。因为在 CdS 中，从价带到导带的跃迁在本质上就是 $S^{2-} \rightarrow Cd^{2+}$ 的电荷转移跃迁，所以此时有关 CdS 的表现就会与前述不同起源所得的结果（参见 3.3.9.2 节）相似。总之，在反映可产生量子尺寸效应的结构规则团簇的

---

① 原文误为"原子"。——译者注

发光规律方面，$Cd_{32}S_{14}(SC_6H_5)_{36} \cdot DMF_4$ 是一个有代表性的例子。

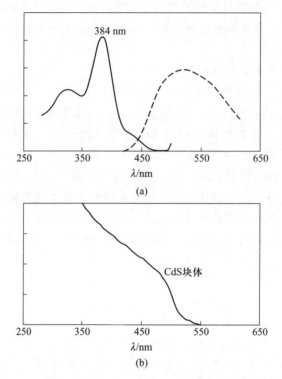

图 10.21　（a）$Cd_{32}S_{14}(SC_6H_5)_{36} \cdot DMF_4$ 在 6.5 K 下发光的发射（虚线）和激发光谱；
（b）块体 CdS 的吸收光谱。数据取自参考文献[33]

　　近年来这个领域中有意义的进展之一是 Dameron 等报道的成果[35]。他们在光滑念珠菌和粟酒裂殖酵母这两种酵母细胞中实现了量子尺寸 CdS 晶体的生物合成。当被暴露在 $Cd^{2+}$ 前的时候，这些细胞会合成可以促进硫化物产量的某种肽，从而在细胞内形成微小的 CdS 晶体。这些 CdS 结晶为岩盐结构（并非热力学稳定的六方构造）。酵母细胞控制着颗粒的成核和生长，因此可以得到大约 20 Å 的均一大小的 CdS 颗粒。这种晶体具有显著的量子尺寸效应。这是第一个量子尺寸半导体晶粒生物合成的案例。该生物合成过程就是被 $Cd^{2+}$ 感染的活体细胞进行解毒的一种代谢方式。

　　毫无疑问，这些半导体超团簇体提供了可以调控三维结构的一种新型材料。不管是对合成化学还是物理化学，要理解它们都是一个挑战。最新的进展可以进一步参考文献[36]和[37]。

# 参 考 文 献

[1]　Auzel F（1985）In Jezowska · Trzebiatowska B, Lengendziewicz J, Strek W（eds.）Rare earth spectroscopy. World Scientific, Singapore, p 502.

[2]　Auzel F（1973）Proc. IEEE 61：758.

[3]　Auzel F（1966）C. R. Ac. Sci（Paris）262：1016 and 263：819.

[4]　Sommerdijk JL, Bril A（1974）Philips Techn. Rev. 34：24.

[5]　Blasse G, de Pauw ADM（1970）unpublished.

[6]　Oomen EWJL（1991）Adv. Mater. 3：403.

[7]　Ouwerkerk M（1991）Adv. Mater. 3：399.

[8]　Genet M, Huber S, Auzel F（1981）C. R. Ac. Sci.（Paris）293：267.

[9]　DeKalb EL, Fassel VA（1979）In Gschneidner Jr KA, Eyring L（eds.）Handbook on the physics and chemistry of rare earths Holland, Amsterdam, chap 37D; D'Silva AP, Fassel VA（1979）ibid. chap 37E.

[10]　de Vries AJ, Smeets WJJ, Blasse G（1987）Mat. Chem. Phys. 18：81.

[11]　de Haart LGJ, Blasse G（1986）J. Solid State Chem. 61：135.

[12]　Blasse G（1968）J. Inorg. Nucl. Chem. 30：2091.

[13]　Boulon G（1987）Mat. Chem, Phys. 16：301.

[14]　Durville F, Champignon B, Duval E, Boulon G（1985）J. Phys. Chem. Solids 46：701.

[15]　Blasse G（1990）Adv. Inorg. Chem. 35：319.

[16]　Basun SA, Kaplyanskii AA, Feofilov SP（1992）Sov. Phys. Solid State 34：1807.

[17]　Tallant DR, Wright JC（1975）J. Chem. Phys. 63：2074.

[18]　Draai WT, Blasse G（1974）Phys. Stat. Sol.（a）21：569.

[19]　Lammers MJJ, Blasse G（1986）Chem. Phys. Letters 126：405; Berdowski PAM, Lammers MJJ, Blasse G（1985）J. Chem. Phys. 83：476.

[20]　Hazenkamp MF, Blasse G（1990）Chem. Mater. 2：105.

[21]　Hazenkamp MF, Blasse G（1992）J. Phys. Chem. 96：3442;（1993）Research Chem. Intermediates 19：343.

[22]　Sabbatini N, Guardigli M, Lehn JM（1993）Coord. Chem. Revs 123：201; Sabbatini N, Guardigli M（1993）Mat. Chem. Phys. 31：13.

[23]　Soini E, Hemmila I（1979）Clin. Chem. 25：353.

[24]　Bredol M, Kynast U, Ronda C（1991）Adv. Mater. 3：361.

[25]　Kitai AH（ed.）（1993）Solid state luminescence. Chapman and Hall, London.

[26]　Walker CT, DePuydt JM, Haase MA, Qiu J, Cheng H（1993）Physica B 185：27.

[27]　Allen JW（1991）J. Luminescence 48, 49：18; Chadha SS（1993）chap 6 in Ref.

[ 25 ].

[ 28 ]　Leskelä M, Tammenmaa M ( 1987 ) Mat. Chem. Phys. 16; 349; Muller GO ( 1993 )
　　　　chap 5 in Ref. [ 25 ].

[ 29 ]　Morgan N ( 1993 ) Opto and Laser Europe 4 ( March ) p 26; ( July ) p 29; Mach R
　　　　( 1993 ) chap 7 in Ref. [ 25 ].

[ 30 ]　Auzel F ( 1993 ) In; Proceedings int. conf. defects insulating materials, Nordkirchen.
　　　　World Scientific, Singapore, p 39. Snitzer E ( 1994 ) J. Luminescence, 60/61; 145.

[ 31 ]　Yen WM ( 1989 ) In Iezowska – Trzebiatowska B, Legendziewicz J, Strek W ( eds.)
　　　　Excited states of transition metal elements. World Scientific, Singapore, p 621.

[ 32 ]　Herron N, Wang Y, Eddy MM, Stuckey GD, Cox DE, Moller K, Beitz T ( 1989 )
　　　　J. Am. Chem. Soc. 111 ; 530; Wang Y, Herron N ( 1988 ) J. Phys. Chem. 92; 4988.

[ 33 ]　Herron N, Calabrese JC, Farneth WE, Wang Y ( 1993 ) Science 259; 1426.

[ 34 ]　See, for example, Shionoya S ( 1966 ) In; Goldberg P ( ed.) Luminescence of inorganic
　　　　solids. Academic New York, p 205.

[ 35 ]　Dameron CT, Reese RN, Mehra RK, Kortan AR, Carroll PJ, Steigerwalt ML, Bras
　　　　LE, Winge DR ( 1989 ) Nature ( London ) 338; 596.

[ 36 ]　Bawendi MG, Carroll PJ, Wilson WL, Brus LE ( 1994 ) J. Chem. Phys. 96; 946.

[ 37 ]　Bhargava R, Gallagher D, Welker T ( 1994 ) J. Luminescence 60/61; 275; Bhargava
　　　　R, Gallagher D, Hong X, Nurmikko A ( 1994 ) Phys. Rev. Letters 72; 416.

[ 38 ]　Atkins PW ( 1990 ) Physical chemistry, 4th ed. Oxford University Press, Oxford.

# 附录 1
# 有关发光的文献

专注于发光学领域的入门介绍是本书的鲜明特色。由于发光学方面的文献种类繁多，因此想要进一步了解或者同步跟踪这方面的文献并不是一项轻松的任务。下面建议的文献资料是基于我们个人的经验和喜好提出来的，有兴趣的读者可以自行参考。

## 书籍

（1）A. H. Kitai 编，*Solid State Luminescence*；*Theory*，*Materials and Devices*，Chapman and Hall 出版社，伦敦，1993。该书由多个作者撰写而成，涉及发光和发光材料领域的许多内容。书中讨论了多个主题，而电致发光是其中的重点。

（2）B. Henderson 和 G. F. Imbusch 著，*Optical Spectroscopy of Inorganic Solids*，Oxford Science 出版分部，Clarendon 出版社，牛津，1989。该书详细讨论了固体中的发光中心，其中包含了有关色心、激光和实验技术的章节。

（3）S. W. S. McKeever 著，*Thermoluminescence of Solids*，Cambridge

University 出版社，剑桥，1985。这是一本优秀的有关热释光及其相关现象的著作。

（4）B. Di Bartolo 编，*Proceedings of the Summer Schools on Spectroscopy*，Plenum 出版社，纽约。第一届光谱暑期学校开始于 1975 年，地点位于西西里岛的埃里切（Erice）。每两年一届。每一册会议论文集都包含好几章有关光谱学和发光各个方向的前沿内容，有时也会涉及发光材料（内容较少）。

（5）*Mat. Chem. Phys.* 16（1987）No. 3-4，这是 G. Blasse 编辑的有关新型发光材料的特刊。该期由几篇重点介绍材料的综述组成（X 射线发光粉、灯用发光粉、玻璃和电致发光薄膜）。

（6）K. H. Butler 著，*Fluorescent Lamp Phosphors*，The Pennsylvania State University 出版社，帕克大学，1980。本书的亮点在于其中的有关发光材料发展史和发光材料应用的章节。不过，本书没有涉及稀土发光粉面世之后发光材料的发展。

（7）L. Ozawa 著，*Cathodoluminescence*，VCH 出版社，韦因海姆，1990。

（8）T. Hase，T. Kano，E. Nakazawa 和 H. Yamamoto 著，*Phosphor Materials for Cathode-Ray Tubes*。这其实是 P. W. Hawkes 编的一期杂志，即 *Adv. Electr. Electron Physics*，79（1990）271 中排在后面的两篇，其中介绍了阴极射线发光的理论和应用。

（9）F. De Notaristefani，P. Lecoq 和 M. Schneegans 编，*Heavy Scintillators for Scientific and Industrial Applications*，Frontières 出版社，吉夫伊维特，1993，这是 2000 年举办的晶体讲习班会议论文集。它是介绍闪烁体领域前沿成果的优秀综述。

## 期刊

*Journal of Luminescence* 杂志主要发表有关发光基础研究的文章。它的亮点在于有关国际发光学会议（每三年一次）论文集和激发态动力学（dynamics of the excited state，DPC）会议（每两年一次）的特刊。另外，这本杂志每年都会发表大量介绍整个发光学领域前沿方向的相对短小精悍的文章。

在与固体物理有关的多种杂志上可以找到涉及发光学领域的其他许多基础研究类文章。这里要提及的杂志有 *Physical Review B*（美国）、*Journal of Physics：Condensed Matter*（英国）、*Journal of Physics and Chemistry of Solids* 和 *Journal of Experimental and Theoretical Physics*（俄罗斯）以及 *Physica Status Solidi*（德国）。

在过去，*Journal of the Electrochemical Society* 这本杂志包含了发光材料领域的内容。不过现在完全不同了，这类文章更趋向于出现在其他杂志上，比如

*Journal of Solid State Chemistry*、*Materials Research Bulletin* 和 *Chemistry of Materials*(美国)、*Journal of Materials Chemistry*(英国)、*Journal of Materials Science*、*Japanese Journal of Applied Physics* 以及 *Journal of Alloys and Compounds*。其中，最后一本杂志设有特刊来发表国际稀土会议的论文集，其中有很多文章与包含稀土材料的发光和光谱有关。

专利类的文献就不做介绍了。

# 附录 2
# 从波长转为波数以及其他转换

  假设有一个光学中心存在两个能级，能量值分别为 $E_1$ 和 $E_2$（$E_2 > E_1$）。通过对外来辐射的吸收，该中心可以从较低的能级被激发到较高的能级。这种辐射的频率 $\nu$ 可以表示为众所周知的关系式 $\Delta E = E_2 - E_1 = h\nu$。频率的单位是 $s^{-1}$（每秒的振动数目）。而光谱学家常用波数（wavenumber），即 $\tilde{\nu} = \nu/c$ 来表示频率，其中 $c$ 是光速。$\tilde{\nu}$ 的单位是 $cm^{-1}$。需要注意的是，不管是 $\nu$ 还是 $\tilde{\nu}$，都是与能量成线性正比关系的。

  光谱仪通常使用的是辐射的波长（$\lambda$）数值，而波长遵循另一个有名的关系式，即 $\nu\lambda = c$。波长单位可以是 $nm$（$10^{-9}$ m）或 $\mu m$（$10^{-6}$ m）。这里要提醒的是，$\lambda$ 与能量不成正比关系。

  表 A2.1 给出了具有给定能量的辐射对应的颜色、波长、波数和频率，其中可见光区域相应于 400 nm $< \lambda <$ 700 nm，紫外辐射 $\lambda <$ 400 nm，而红外辐射 $\lambda >$ 700 nm。在波数中，这些区域可以如下表示：14 300 $cm^{-1} < \tilde{\nu} <$ 25 000 $cm^{-1}$ 是可见光、$\tilde{\nu} >$ 25 000 $cm^{-1}$ 是紫外光，而 $\tilde{\nu} <$ 14 300 $cm^{-1}$ 是红外光。

  半导体物理专业经常用电子伏特（eV）来表示能量的大小：1 eV

的能量等于一个电子在 1 V 电势差下被加速后所得的能量。1 eV 的能量相应于 8 065.5 $cm^{-1}$。

表 A2.1　若干彩色光的具体单位转换

| 波长 $\lambda$/(nm) | 频率 $\nu$/($10^{14}$ $s^{-1}$) | 波数 $\tilde{\nu}$ /($10^3$ $cm^{-1}$) | 能量/eV | 颜色 |
|---|---|---|---|---|
| 1 000 | 3.0 | 10.0 | 1.24 | 红外 |
| 700 | 4.3 | 14.3 | 1.77 | 红色 |
| 620 | 4.8 | 16.1 | 2.00 | 橙色 |
| 580 | 5.2 | 17.2 | 2.14 | 黄色 |
| 530 | 5.7 | 18.9 | 2.34 | 绿色 |
| 470 | 6.4 | 21.3 | 2.64 | 蓝色 |
| 420 | 7.1 | 23.8 | 2.95 | 紫外 |
| 300 | 10.0 | 33.3 | 4.15 | 近紫外 |
| 200 | 15.0 | 50.0 | 6.20 | 远紫外 |

# 附录 3
# 发光、荧光和磷光

　　刚开始涉猎发光学文献的读者经常会对术语的混乱感到迷茫。"发光（luminescence）"是描述发光现象的一般用语。本书通常情况下都用它来指代发光现象。采用这种做法就可以避免用错了术语。"荧光（fluorescence）"和"磷光（phosphorescence）"两个术语在专注于碳水化合物的专家中特别受欢迎。其中"荧光"对应很快衰减的自旋允许跃迁（$\Delta S = 0$），而"磷光"则是衰减很慢的自旋禁阻跃迁（$\Delta S = 1$）。对于更轻元素组成的化合物，比如碳水化合物，其中的自旋耦合很弱，因此自旋量子数是"好"的量子数，即不会有明显的 $S = 0$ 和 $S = 1$ 态的混合发生，从而自旋选律被严格执行，此时很容易就可以区分荧光和磷光。

　　"荧光"和"磷光"这两个术语也经常被用于更重元素组成的化合物。这在某些时候是合理的，比如，$Cr^{3+}$ 的 $^2E \rightarrow {}^4A_2$ 发射（参见 3.3.4 节）可以被称为"磷光"，而 $^4T_2 \rightarrow {}^4A_2$ 发射则是"荧光"。同理，$Eu^{3+}$ 的 $^5D_0 \rightarrow {}^7F_J$ 发射（参见 3.3.2 节）也可以被称为"磷光"。将 $Cr^{3+}$ 的 $^2E \rightarrow {}^4A_2$ 发射或 $Eu^{3+}$ 的 $^5D_0 \rightarrow {}^7F_J$ 发射定义为"荧光"是错

误的行为——虽然实际上经常有人这样做。不管如何，我们认为将所有这些发射都称为"发光"是更好的做法。实际上，以前面 $Cr^{3+}$ 的 $^4T_2 \rightarrow {}^4A_2$ 发射为例，基于宇称选律，它并不是一种允许跃迁；另一方面，造成 $Eu^{3+}$ 的 $^5D_0 \rightarrow {}^7F_J$ 慢速发射的首要原因同样也不是自旋选律（此时宇称选律所起的作用更大），因此通过自旋选律要严格定义是"荧光"还是"磷光"其实并不容易。

有些文献的作者忙上添乱，他们喜欢用"磷光"一词来表示余辉（afterglow）（参见 3.4 节）。然而毋庸讳言，"磷光"是特定的发射跃迁（即 $\Delta S = 1$，慢衰减）的专有术语，而"余辉"则与电子或空穴被位于其他地方①的陷阱捕获后产生的某种发射跃迁有关。

本文总结的术语的专一用法其实在很早以前就已经由 Garlick 提出，有兴趣的读者可以自行参考文献[1]。

# 参 考 文 献

[1]　Garlick GFJ（1958）In：Flügge S（ed）Handbook der Physik，Springer，Berlin Heidelberg New York，Vol XXVI，p1.

---

① 此处的意思是产生电子或空穴的晶格位置与捕获它们的位置不是同一个地方。——译者注

# 附录 4
# 发射光谱的绘制

　　有关发光的发射光谱数据通常包括两列数据，即每个固定波长间隔内的相对发射能量值 $\Phi_\lambda$ 及其对应的波长值 $\lambda$。这两列数据所绘制的曲线的最大值就是该发射带的峰值。

　　不过，从理论的角度来考虑，以固定能量间隔内的相对发射能量值 $\Phi_E$ 对能量 $E$ 作图是必要的。正如附录 2 所示，此时横坐标可以采用频率($\nu$)或者波数($\tilde{\nu}$)——因为它们正比于 $E$。经常被一般的文献所忽略的一个现象是，这种 $\Phi_E$-$E$ 光谱所得的相应于 $\Phi_E$(最大值)的 $E$ 值并不会等于把对应于 $\Phi_\lambda$(最大值)的波长 $\lambda$ 转换为能量 $E$ 后所得的 $E$ 值。此处以一个简单的例子对此进行说明：如果在 $\Phi_\lambda$-$\lambda$ 光谱中，发射带的最大值位于 500 nm，那么在对应的 $\Phi_E$-$E$ 光谱中，其最大值并不是位于 $\tilde{\nu}$ = 20 000 cm$^{-1}$ 处，而是要更低一些。其原因如下：

　　$\Phi_\lambda$ 和 $\Phi_E$ 之间的关系可用如下的方程式表示：

$$\Phi_E = \Phi_\lambda \lambda^2 (hc)^{-1} \tag{A4.1}$$

这里的 $c$ 为光速，$h$ 是普朗克常量。只要记住如下的事实，即 $\Phi_\lambda$-

$\lambda$ 光谱是每隔一个固定波长间隔 d$\lambda$ 而绘制的，也就是画的是 $\Phi_\lambda$d$\lambda$ 值，那么就可以轻松地导出上面的式(A4.1)。这是因为为了将 d$\lambda$ 转化为能量间隔 d$E$，就要用到公式 $E = hc\lambda^{-1}$，而将其微分之后可以得到 d$E = hc\lambda^{-2}$d$\lambda$，从而进一步得到式(A4.1)。

实际上，在发射谱为锐线的条件下，$\Phi_\lambda$-$\lambda$ 和 $\Phi_E$-$E$ 光谱各自的最大值在实验误差范围内是一致的。与此相反，在宽带的条件下，它们会有所不同。另外，只有在采用 $\Phi_E$-$E$ 绘图的方式下，宽发射带才有望呈现高斯线形。图A4.1 给出了有关这些效应的一个简单示例。相关的文献示例可以参见文献

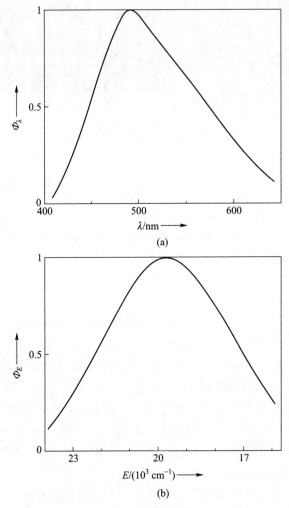

图 A4.1　$Ba_2WO_3F_4$[2] 发射光谱的 $\Phi_\lambda$-$\lambda$(a) 和 $\Phi_E$-$E$(b) 形式，其中(a)中的最大值位于 490 nm。而(b)中为 19 700 $cm^{-1}$。需要注意的是 490 nm 相应于 20 400 $cm^{-1}$

[1]。最后要注意的是式(A4.1)理所当然是不能用于激发光谱的[①]。

# 参 考 文 献

[1] Curie D, Prener JS (1967) In: Aven M, Prener JS (eds.) Physics and chemistry of Ⅱ-Ⅵ compounds. North Holland, Amsterdam, chap 9.

[2] Blasse G, Verhaar HCG, Lammers MJJ, Wingefeld G, Hoppe R, de Maayer P (1984) J. Luminescence 29: 497.

---

　① 因为激发光谱的强度值是所监控的发射光(单一波长或单一能量值)的强度，相当于 $dE = 0$，换句话说，不要将与式(A4.1)相关的 $dE$ 与激发光谱横坐标的波长变化或能量变化等同起来。另外，式(A4.1)推导中假定 $\Phi_E dE = \Phi_\lambda d\lambda$。——译者注

# 索引

# 材料科学经典著作选译

### 已经出版

焊接冶金学（第二版）
Sindo Kou
闫久春　杨建国　张广军　译

ISBN 978-7-04-030127-4

晶体材料中的界面
A. P. Sutton, R. W. Balluffi
叶飞　顾新福　邱冬　张敏　译

ISBN 978-7-04-043153-7

透射电子显微学（第二版，上册）
David B. Williams, C. Barry Carter
李建奇　等　译

ISBN 978-7-04-043150-6

粉末衍射理论与实践
R. E. Dinnebier, S. J. L. Billinge
陈昊鸿　雷芳　译，陈昊鸿　校

ISBN 978-7-04-044970-9

材料力学行为（第二版）
Marc Meyers, Krishan Chawla
张哲峰　卢磊　等　译，王中光　校

ISBN 978-7-04-046336-1

晶体生长初步：成核、晶体生长和外延基础（第二版）
Ivan V. Markov
牛刚　王志明　译

ISBN 978-7-04-050061-5

固态表面、界面与薄膜（第六版）
Hans Lüth
王聪　孙莹　王蕾　译

ISBN 978-7-04-047854-9

透射电子显微学（第二版，下册）
David B. Williams, C. Barry Carter
李建奇　等　译

ISBN 978-7-04-052413-0

**发光材料**
G. Blasse, B. C. Grabmaier
**陈昊鸿　李江　译，陈昊鸿　校**

ISBN 978-7-04-052656-1

**即将出版**

先进陶瓷制备工艺
M. N. Rahaman
宁晓山　译

水泥化学（第三版）
H. F. W. Taylor
沈晓冬　陈益民　许仲梓　译

材料的结构（第二版）
Marc De Graef, Michael E. McHenry
李含冬　王志明　译

位错导论（第五版）
D. Hull, D. J. Bacon
黄晓旭　吴桂林　译